跟韩老师学 SQL Server 数据库设计与开发

主　编　韩立刚

副主编　马龙帅　王艳华　韩利辉

中国水利水电出版社
www.waterpub.com.cn

·北京·

内 容 提 要

本书是一本数据库设计与开发的创新型教材。

本书以 SQL Server 为平台，在满足知识系统性的前提下，重点解决数据库设计与开发学习过程中的重点难点问题。全书力求深入浅出、生动有趣、贴合职业需求，以好教、好学、有用为标准，是一本真正具有创新意义的数据库技术教材经典。

本书适合作为本专科计算机专业或相关专业的数据库教学用书，也适合数据库管理员、软件开发人员、企业 IT 运维人员及广大数据库爱好者自学使用。

图书在版编目（ＣＩＰ）数据

跟韩老师学SQL Server数据库设计与开发 / 韩立刚
主编. -- 北京：中国水利水电出版社，2017.2（2018.4 重印）
　　ISBN 978-7-5170-5182-4

　　Ⅰ. ①跟… Ⅱ. ①韩… Ⅲ. ①关系数据库系统 Ⅳ.
①TP311.138

中国版本图书馆CIP数据核字(2017)第027436号

责任编辑：周春元　张玉玲　　　　　　　封面设计：李　佳

书　　名	跟韩老师学 SQL Server 数据库设计与开发 GEN HANLAOSHI XUE SQL Server SHUJUKU SHEJI YU KAIFA
作　　者	主　编　韩立刚 副主编　马龙帅　王艳华　韩利辉
出版发行	中国水利水电出版社 （北京市海淀区玉渊潭南路 1 号 D 座　100038） 网址：www.waterpub.com.cn E-mail：mchannel@263.net（万水） 　　　　　sales@waterpub.com.cn 电话：(010) 68367658（营销中心）、82562819（万水）
经　　售	全国各地新华书店和相关出版物销售网点
排　　版	北京万水电子信息有限公司
印　　刷	三河市铭浩彩色印装有限公司
规　　格	184mm×240mm　16 开本　18 印张　398 千字
版　　次	2017 年 2 月第 1 版　2018 年 4 月第 2 次印刷
印　　数	3001—6000 册
定　　价	58.00 元

推荐序——基础不牢，地动山摇

何去何从？

也许你正在大学学习数据库课程，也许你已从计算机或相关专业大学毕业，无论如何，你或多或少已听说了 SQL、SQL Server、Oracle、DB、MySQL、Access 等一大堆相关概念。到底从哪里开始学？

SQL 的英文全称是 Structured Query Language，也就是结构化查询语言。SQL Server、Oracle、DB、MySQL、Access 这些都是数据库系统，是关系型数据库系统。而 SQL 正是我们与这些数据库系统进行交流活动所使用的语言。

所以，可以说 SQL 是关系型数据库的基础。

不必在意你选择的是 SQL Server、Oracle 还是其他什么数据库系统，只要把 SQL 吃透，用哪个数据库系统开发、学习都大同小异，易如反掌。而考虑到实验环境搭建的便利性等因素，从 SQL Server 开始学习数据库知识是现在主流的教学实践。

基础不牢，地动山摇

自从韩老师在 51CTO 网站发布数据库视频课程以来，极短时间内已经有几十万人学习了他的课程，好评如潮。经过对学生的构成信息进行分析发现，超过 70%的学生都已在大学期间学习过这门课程，那么他们为什么还要再次进行数据库知识学习呢？

从传统的计算机、网络、软硬件开发，到炙手可热的大数据、云计算、物联网，所有这些技术像一座座高楼大厦拔地而起，数据库正如承载着这些建筑的地基。这就要求希望在 IT 领域谋求发展或成功的我们必须把数据库技术的学习作为一项基础任务，对任何概念或原理的不理解或似懂非懂都可能让大厦面临不可预知的风险。

但是很显然，要想把数据库学好，下面列出的几个困难是显而易见的。

其一，传统的数据库技术教材一般较为晦涩难懂。这当然有其历史原因，IT 技术多数源自西方，我们起步时把西方的一些图书翻译过来作为我们的资料，很多教材也是源自这些最初的翻译资料。翻译这个事情，"失真"情况很不稀罕，对于初学者，书上有些内容看不懂时不必过早归结为"自己"笨的原因。举个例子，"用例"这个词是面向对象编程中最常用的术语之一，对这个词，很多初学者一头雾水，咱们中国本来没这个词儿啊！到底是什么意思？关于用例的概念，很多教材中不吝笔墨叽啦叽啦讲一大堆，结果是越讲越糊涂。有些同学为了弄懂就各种查呀找呀，最终发现人家英文名本来叫"case"，一般我们可翻译为"案例"，如果我们把书上的"用例"换成"案例"，那么将有多少学生会因此在软件道路上可以走得更远更好？历史原因很客观，但这不能成为我们在学习过程中不求甚解的理由，更不能成为教材编写者"人云亦云"的理由。

其二，我们的传统教材对理论及重难点的讲解创新极少，一般是别人怎么讲我就怎么讲。所谓创新，并不是要求我们老师来推翻理论。古时候养孩子，没那么多适合婴儿吃的食品，一般是母亲把大人吃的东西嚼碎然后再喂给孩子吃。学生在学习新知识时，其实与婴儿吃饭无异，教材中涉及的对于学生来说难以消化的理论或知识点，老师如果仅是照本宣科地给学生讲一遍，那么意义不大，一定得把这些东西先行掰开嚼碎再喂给学生。根本的办法是，编写教材的老师能够用心，争取让自己编写的教材对难点的讲解更通俗、更易懂、更有趣。

其三，传统的教材与职业需求脱节。限于教材编写者自身的业务水平与讲师的业务水平，有时候授课老师只讲会讲的，不讲有用的。这样学生毕业后，如果想找到理想工作，必须重新学习提高。

基础不牢，地动山摇。学习过程困难万万千，工作岗位上更是如此，克难而进还是得过且过，是职业生涯卓越与平庸的分水岭。

数据库之 Why & How

很多同学在总结为什么自己的数据库技术没有学好的时候，会把原因归结为自己不努力、自己不刻苦等。自我反省是必需的，但很多同学都没有想到或者想到也不敢说："这个教材编写的水平太差！"

好教材的标准很多，但有几个标准是必不可少的：一要让人看得懂，二要让人容易懂，三要让人喜欢看，四要学会后有用。

我以数据库学习过来人的名义，以及51CTO视频学院中数十万学过韩老师视频课程的学员的名义，向广大数据库初学者推荐韩老师的这本书。韩老师的这本书，完全体现了其视频课程的生动有趣、深入浅出、紧贴职业需求的特点，系统性却有大幅度提升。这是一本充满创新、真正经典、与时俱进、与众不同的数据库教科书。

周春元

本书策划编辑

前　　言

我最初学习数据库是 2001 年，感觉学习 SQL 语句很难，而且学完后时间稍微一长就忘了。现在回想起来，当时学习的难点非常关键的一点就是使用微软 SQL Server 2000 的示例数据库来学习，作为初学者，根本不知道 Northwind 数据库是用来做什么的，更不知道其中各个表之间的关系，也不知道为什么要把数据放到多张表，查询时再连接成一张表。使用陌生的数据库学习新知识自然带来不少困难。不理解数据库为什么要设计出多张表来存放数据以及各表之间的关系，也就不清楚如何写多表联合查询的条件。

独立为几家企业开发了几款软件后，熟悉了整个软件开发流程，从客户的需求分析到数据库设计，再到软件开发、测试部署和维护。在此期间使用自己设计的数据库写 SQL 语句真是得心应手，也因此找到了学习 SQL 的正确方法，即先学习数据库设计，再学习对这些表增删改查的 SQL 语句。

本书使用微软 SQL Server 2008 搭建学习环境，以软件开发过程中的需求分析文档为基础设计本书学习数据库，然后使用自己设计的数据库来学习 SQL 语句。本书提供了生成学习环境的数据库表和插入记录的 SQL 语句。为你的学习准备好了数据。

本书延续了本人视频课程生动有趣、深入浅出、贴合职业需求的特点，在知识的系统性上又有大幅度提高，希望能够对各位读者的数据库学习有所帮助。

本书主要内容

● 数据的结构化集合称为数据库。数据模型可分为层次模型、网状模型和关系模型。关系模型是目前最普遍使用的一种数据模型，它采用人们所熟知的二维表格来描述现实世界中的实体以及各实体之间的各种联系，概念清晰、使用方便。在其被提出之后，就得到数据库开发商的积极支持而迅速成为继层次模型和网状模型之后一种崭新的数据模型，如今在数据库技术领域占据了统治地位，市场上流行的数据库产品几乎都支持关系数据模型。本章通过一张表和一个简单的教学管理系统案例来讲解关系模型，以及如何利用关系模型来设计数据库。

● SQL 的全称是结构化查询语言，是 Structured Query Language 的缩写。随着关系数据库理论的提出，美国国家标准协会（ANSI）首次定义了 SQL 标准，随后国际标准化组织（ISO）将 SQL 标准采纳为国际标准。SQL 语言在不断发展的过程中经历了多次修改和完善。各大数据库厂商在遵循 ANSI 标准的同时，根据自己的产品特点对 SQL 进行再开发和扩展，于是就有了 SQL Server 的 Transact-SQL（简称 T-SQL）、Oracle 的 PL/SQL 等语言。本书以 T-SQL 为基础进行 SQL 语言介绍，大部分 SQL 语言内容同样适用于其他数据库产品。本章讲述最基本的 SQL 内容，这些知识虽然基础简单，但是对学好本书的后续内容起着至关重要的作用。

● 从本章开始将踏上对数据的操作之旅，这正是 SQL 的目的，也是学习 SQL 语句乐趣的开始。数据的查询，是 SQL 中使用最频繁的操作，也是最重要的知识之一。在 SQL Server

中，大量的组件和技术都是为了查询而存在，这正说明了查询的重要性。在本章的数据查询中会大量使用上一章中介绍的 T-SQL 语法、运算符等基础知识，这些基础知识还会贯穿在后续的章节中。

- 第 3 章中讲述了基础查询，其涉及的都是在单个表上的查询。但是单表查询常常不能满足查询需求。在关系数据库设计时，出于规范化，需要将数据分散在多个表中。T-SQL 因关系型数据库而生，因此在使用 T-SQL 进行查询时会经常涉及两表或多表中的数据，这就需要使用表的联接来实现多个表数据之间的联接查询。联接查询是关系型数据库的一个主要特点，同时也是区别于其他类型数据库管理系统的一个主要标志。本章将详细讲述多表联接的类型，UNION 合并结果集及增强型分组函数 CUBE、ROLLUP 和 GROUPING SETS 的使用方法。

- 如果说多表联接使查询语句变得复杂，那么子查询则使得查询变得更灵活、更有逻辑。所谓子查询，就是一个嵌套在 SELECT、INSERT、UPDATE、DELETE 语句或其他子查询中的查询。在很多情况下，查询并不是一蹴而就的，往往需要其他载体充当中间角色，而子查询正是充当着中间集这样一种角色。子查询也是内部查询，返回的结果集供外部查询使用。子查询根据返回结果集中值的数量可以分为标量子查询、多值子查询和表子查询，也可以根据对外部查询的依赖性分为独立子查询和相关子查询。本章会按这两种分类方式穿插介绍子查询。

- 在设计表的时候，很多情况下都以方便数据存储为目的，导致有时候直接阅读这些表数据比较困难。前面几章介绍的 SQL 查询，数据的检索范围都是针对一张表或多张表进行的，而窗口计算则是在表内按用户自定义规则进行每组数据的检索和计算。在使用 GROUP BY 子句时，总是需要将筛选的所有数据进行分组操作，它的分组作用域是整张表，分组以后，查询为每个组只返回一行。而使用基于窗口的操作，则是对表中的一个窗口进行操作。行列转换是通过语句将行数据转换成列或列数据转换成行显示出来。

- 在前面各章中详细地讲述了有关数据查询 SELECT 的知识，也在必要的地方略有涉及数据修改语句。在本章中，将会详细介绍数据操作语言（DML）中的 INSERT、UPDATE 和 DELETE 语句以及使用 MERGE 进行数据合并。

- 数据完整性是用来保证数据库中数据一致性的一种物理机制，主要用于防止非法、不合理或赘余数据存在于数据库中。SQL Server 提供了诸如数据类型、主键、外键、默认值约束、检查约束和规则等的措施来实现这种机制。数据类型的实现机制不言自明，规则已经逐渐被淘汰，并且可以使用约束来替代它，因此本章中主要介绍数据完整性的基础知识和实现数据完整性的各种约束。

- 无论是数据库的开发人员、管理人员还是用户，他们都希望能够快速地从数据库中查询到期望的数据。如果表中数据量小，可能都能立即得到结果，但随着数据量的不断增大，查询所花费的时间也在急剧增加。使用合理的索引可以对查询进行优化，但是不合理的索引也可能产生很大的副作用。

- 在本章中将详细介绍另一种表表达式：视图（VIEW）。表表达式的基本目的是一样的，都是通过查询语句将满足条件的数据筛选出来作为中间结果集以作他用。相比前面介绍的两种表表达式，视图和表一样是数据库的一种对象，它实实在在存储在数据库中，只要不显式删除它们就可以重复使用。

- 存储过程（Stored Procedure）是"过程"的，和其他编程语言的过程相似。存储过程是一段可执行的服务端程序，一个存储过程可以集合多条 SQL 语句，当它和服务器进行数据交互时，不管存储过程中包含有多少条 SQL 语句，服务器都会将它们作为一个事务进行处理并缓存它的执行计划。存储过程封装了语句，从编程角度考虑，它提高了复用性。和视图类似，它隐藏了数据库的复杂性，通过和视图类似的授权方式它还提高了数据库的安全性。同时，作为一种数据库对象，存储过程可以在需要时直接调用。本章主要介绍存储过程的创建、修改和注意事项，以及存储过程的特性。

● 在第 2 章中介绍了一些内置的系统函数，如聚合函数 AVG()和 SUM()、字符串函数 SUBSTRING()和 LTRIM()等，这些函数的作用就是实现特定的功能，简化并封装频繁执行的逻辑操作。除了这些内置函数，SQL Server 还允许创建用户自定义函数（User-Defined Functions，UDF）来扩展 SQL 语句的功能。

● 触发器实现的是一种通过某些操作的触发来完成另一个操作过程的功能。例如，当删除一张表中的某些记录时同时希望删除另一张表中的某些相关记录，当然这可以通过外键引用来实现，但是对有些表没有必要定义外键，这时候就可以通过触发器来触发实现。触发器是被动触发执行的，它不像函数、存储过程一样可以被显式调用。本章中会详细讲述常用的 AFTER 触发器及其工作原理，在介绍过程中会涉及简单的事务概念。

● 多个用户对同一数据进行交互称为并发。如果不加以控制，并发可能引起很多问题。数据库提供了可以合理解决并发问题的方案。在本章中，从事务开始介绍，然后介绍并发带来的问题，最后详细介绍锁的机制和事务隔离级别。本章内容贯穿整个数据库系统，理解本章内容对数据库其他方面的学习有极大帮助，由于涉及较多理论，这些内容应当着重理解并通过实验进行验证。

本书适用于

● 数据库管理员
● 软件开发人员
● 企业 IT 运维人员

学生评价

韩立刚老师数据库开发视频教程：
http://edu.51cto.com/course/course_id-904.html
http://edu.51cto.com/course/course_id-926.html
下面是 51CTO 学院学生听完韩老师"数据库设计与开发"课程后的评价。

| 课程目录 | 课程介绍 | 课程问答 | 学员笔记 | 课程评价 | 资料下载 |

★ ★ ★ ★ ★ 5分
韩老师的课程说得非常到位、非常详细，不仅仅是教你如何做，更多的是直接将原理告诉你，告诉你为什么要这样做。非常好，看完韩老师的视频，你也可以受教了。

★ ★ ★ ★ ★ 5分
韩老师的课总是通俗易懂、由浅入深、循循善诱，个人受益匪浅！由于时间和精力的原因，我要一课一课慢慢学习。

★ ★ ★ ★ ★ 5分
学习了几章，感觉韩老师的讲课风格非常好，浅显易懂，适合初学者。

★ ★ ★ ★ ★ 5分
老师很有教学经验，很了解学生，所以讲的内容很适合学生，老师讲得很有条理性，听了很有收获。

★ ★ ★ ★ ★ 5分
好棒啊。韩老师讲的我都能理解呢，通俗易懂。

★ ★ ★ ★ ★ 5分
听了两个视频，理论与实践结合，非常好，比看书快，也容易懂。

★ ★ ★ ★ ★ 5分
韩立刚老师讲得很细，表达很清晰，通俗易懂。因为一门课，通过学习达到最起码的入门，然后在工作或者以后的学习过程中进一步掌握才有意义，有的老师讲个不停，学生却无从下手。感谢韩立刚老师。

★ ★ ★ ★ ★ 5分
我从来没听过这么好的老师讲课，讲得很细，而且有耐心，让我们在深入了解具体SQL操作的同时拓宽思路，让数据库学习充满乐趣，而不再枯燥，学得很快，给老师一个大大的赞。

技术支持

技术交流和资料索取请联系韩老师。

韩老师 QQ：458717185。

韩立刚 IT 技术交流群：301678170。

韩老师视频教学网站：http://www.91xueit.com。

韩老师微信：hanligangdongqing，微信支付书费，韩老师签名寄书。

韩老师微信公众号：han_91xueit。

致谢

　　河北师范大学软件学院采用"校企合作"的办学模式：在课程体系设计上与市场接轨；在教师的使用上，大量聘用来自企业一线的工程师；在教材及实验手册建设上，结合国内优秀教材的知识体系，大胆创新，开发了一系列理论与实践相结合的教材（本教材即是其中一本）。在学院新颖模式的培养下，百余名学生进入知名企业实习或已签订就业合同，得到了用人企业的广泛认可。这些改革及成果的取得，首先要感谢河北师范大学校长蒋春澜教授的大力支持和鼓励，同时还要感谢河北师范大学校党委对这一办学模式的肯定与关心。

　　在此对河北师范大学数学与信息科学学院院长邓明立教授、软件学院副院长赵书良教授和李文斌副教授表示真诚的谢意，是他们为本书的写作提供了良好的环境，为本书内容的教学实践保驾护航，他们与编著者关于教学的沟通与交流为本书提供了丰富的案例和建议。感谢河北师范大学软件学院教学团队中的每一位成员，感谢河北师范大学软件学院的每一位学生，是他们的友好、热情、帮助和关心促成了本书。

　　最后，感谢我的家人在本书创作过程中给予我的支持和理解。

韩立刚

2016 年 12 月

目　　录

1

关系数据库

 主要内容

📖 了解关系型数据库
📖 掌握 E-R 模型到关系模型的转化
📖 掌握数据库设计的三个规范

数据的结构化集合称为数据库。数据库模型可分为层次模型、网状模型和关系模型。关系模型是目前最普遍的一种数据模型,它采用人们所熟知的二维表格来描述现实世界中的实体以及各实体之间的各种联系,概念清晰、使用方便。在其被提出之后,就得到数据库开发商的积极支持,使其迅速成为继层次模型和网状模型之后一种崭新的数据库模型,如今在数据库技术领域占据了统治地位,市场上流行的数据库产品几乎都支持关系模型。

本章通过一张表和一个简单的教学管理系统案例来讲解关系模型以及如何利用关系模型来设计数据库。

1.1 关系模型基本概念

关系模型是由美国 IBM 公司的 E.F.Codd 博士提出的,是一种用二维表的形式来描述现实世界中实体以及实体间联系的数据模型。

现在通过图 1-1 所示的学生信息二维表来介绍关系模型中的基本概念。

（1）关系：一个关系对应一张没有重复行、重复列的二维表。

（2）表结构：即表中的第一行,表示组成该表的各个字段的名称。在表中,还应该包括各字段的数据类型等。

（3）属性：二维表中垂直方向的每一列称为一个属性，在表中对应一个字段。每一列有一个属性名，即字段名，如表中的学号、姓名、性别、生日等。

（4）关系模式：是指对关系结构的描述，一般表示如下：

关系名(属性1,属性2,属性3,…,属性n)

例如图1-1所示的关系模式可以描述为：

学生(学号,姓名,性别,生日,邮箱,班级)

（5）属性值：表中行和列的交叉位置表示某个属性的值，如"郭力月""男"。

（6）空值：表示属性值"不确定""不知道"，用 NULL 表示。例如图 1-1 中学号为 0000000003 的学生没有给出邮箱，属性值为 NULL，因为不确定该学生的邮箱是什么。

（7）域：属性的取值范围，如性别的域是(男,女)。

学号	姓名	性别	生日	邮箱	班级
0000000001	马文霞	男	1982-02-01	mawenxia@91xueit.com	测试
0000000002	郭力月	男	1987-01-15	guoliyue@91xueit.com	开发
0000000003	崔霄晨	女	1985-11-04	NULL	网络
0000000004	钟霭翔	女	1986-08-06	zhongaixiang@91xueit.com	开发
0000000005	夏可炎	男	1989-03-25	xiakeyan@91xueit.com	网络
0000000006	常亮思	女	1984-01-26	changliangsi@91xueit.com	开发
0000000007	邓咏桂	男	1982-11-18	dengyonggui@91xueit.com	开发
0000000008	方伊家	女	1985-03-02	fangyijia@91xueit.com	测试

图 1-1　学生信息表

（8）主键：在关系中能够唯一标识表中不同行的属性或属性组合，并且这些属性值不包括空值和重复值，用 Primary Key 表示。如果是属性组合的主键，则称为联合主键。一张表中只能有一个主键，联合主键虽然包含了两列甚至多列，但也是一个联合主键。

例如在学生信息表中，一个学号值可以唯一地确定一个学生的所有信息，而且学号不能为空，也不可能重复，因而可以作为主键。因为学生可能重名，因此"姓名"列不能作为主键。

（9）外键：如果 A 表中的一个字段引用了 B 表中的字段，两表之间根据这个引用的字段建立联系，那么引用的这个字段称为 A 表的外键，用 Foreign Key 表示。一般作为外键的字段具有唯一性和非空性，因此某个表的主键常常被引用为另一个表的外键。

例如在图 1-2 所示的学生成绩表中，"学号""课程号"和"分数"都不能唯一地标识每个学生的成绩信息，只有学号和课程号组合起来才能区分每个学生的每科成绩，因此该表的主键是属性组(学号,课程号)组成的联合主键。学号是学生信息表的主键，而不是学生成绩表的主键，在两表相关联的时候学号称为学生成绩表的外键。

（10）主表和从表：是指通过外键相关联的两个表，其中被引用字段所在的表称为主表，另一张表称为从表。

例如图 1-2 中，学生信息表以学号作为主键，而学号是学生成绩表的外键，所以学生信息表是主表，学生成绩表是从表。

学生信息表

学号	姓名	性别	生日	班级
0000000001	马文霞	男	1982-02-01	测试
0000000002	郭力月	男	1987-01-15	开发
0000000003	崔霄晨	女	1985-11-04	网络
0000000004	钟霭翔	女	1986-08-06	开发
0000000005	夏可炎	男	1989-03-25	网络
0000000006	常亮思	女	1984-01-26	开发

学生成绩表

学号	课程号	分数
0000000001	0001	59
0000000001	0002	55
0000000001	0003	70
0000000002	0001	58
0000000002	0002	77
0000000002	0003	63

图 1-2　学生信息表和学生成绩表

（11）关系数据库：是指一些相关的表和其他数据库对象的集合。一个关系数据库包含多个数据表，这些表之间的关联性是由主键和外键所体现的参照关系来实现的。数据库不仅包含表，而且包含了其他数据库对象，如视图、存储过程、索引等。

1.2　E-R 模型到关系模型的转化

数据库设计案例：某学校设计学生教学管理系统，学生实体包括学号、姓名、性别、生日、名族、籍贯、登记照，每名学生选择一个主修专业，专业包括专业号、专业名和专业类别，一个专业属于一个学院，一个学院可以有若干个专业。学院信息要存储学院号、学院名、院长。教学管理还要管理课程表和学生成绩。课程表包括课程号、课程名、学分，每门课程由一个学院开设。学生学习每门课程获得一个成绩。

如图 1-3 所示，有学生、专业、学院和课程 4 个实体和每个实体对应的属性，实体用方框表示，属性用椭圆表示，这种模型称为 E-R 模型。所谓 E-R 模型，它是一种工具，将实体与属性转化为关系模型，作为连接实际对象与数据库的桥梁。

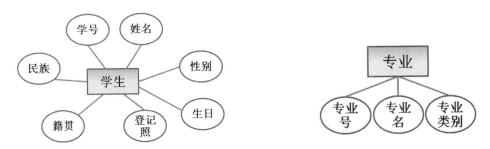

图 1-3　4 个实体的 E-R 图

图 1-3　4 个实体的 E-R 图（续图）

针对案例，可以初步设计成 4 张二维表，分别为学生表、专业表、学院表和课程表。每张表都有一个主键，分别是学号、专业号、学院号和课程号。

根据上面的案例需求，一个学生只能主修一个专业，一个专业可以由多名学生主修，因此专业和学生是一对多的关系；一个学院可以设置多个专业，一个专业只能属于一个学院，因此学院和专业是一对多的关系；一个学院可以开设多门课程，一门课程只能由一个学院开设，因此学院和课程是一对多的关系；一个学生可以学习多门课程，一门课程可以由多名学生学习，因此课程和学生的关系是多对多的关系。

1. E-R 模型到关系模型的转化

（1）E-R 模型中的实体映射为关系表。

（2）E-R 模型中的属性映射为关系属性，即字段。

2. 一对多（1:n）到关系模型的转化

要转化 1:n 的关系，需要在 n 方实体表中增加一个属性，该属性对应 1 方的主键属性。例如专业和学生两个实体，学生实体是 n 方，专业实体是 1 方，需要在学生实体表中增加专业表中的主键，即专业号。通过增加该属性可以唯一确定双方之间的联系，知道了学号可以立即对应到该学生所修的专业。

图 1-4 所示的模型转化为关系模型为：

学生(学号,姓名,性别,生日,民族,籍贯,登记照,**专业号**)

专业(专业号,专业名,专业类别)

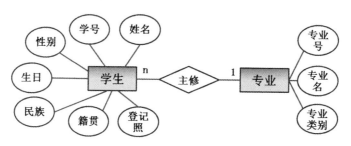

图 1-4　1:n 到关系模型的转化

3. 多对多（m:n）到关系模型的转化

转化一个 m:n 的关系，除了对两个实体分别转化以外，还需要单独建立一个关系模式，该关系模式以两个实体的主键作为它的外键，以表示两个实体间的 m:n 关系。例如，学生和课程之间的关系是 m:n，新建一个关系成绩表，成绩表中有学号和课程号两个属性。

图 1-5 所示的模型转化为关系模型为：

学生(学号,姓名,性别,生日,民族,籍贯,登记照)

课程(课程号,课程名,学分)

成绩(**学号**,**课程号**,成绩)

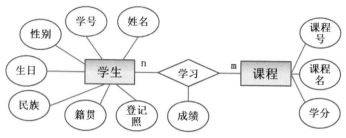

图 1-5　m: n 到关系模型的转化

4. 一对一（1:1）到关系模型的转化

在转化这种关系的时候，在任意一方实体表里添加另一方的主键属性即可满足要求。例如班级和班长的关系，一个班级只能有一个班长，一个班长只能属于一个班级，它们的关系是一对一的关系。

图 1-6 所示的模型转化为关系模型为：

班级(班号,专业,人数,**学号**)

班长(学号,姓名,专长)

也可以转化为：

班级(班号,专业,人数)

班长(学号,姓名,专长,**班号**)

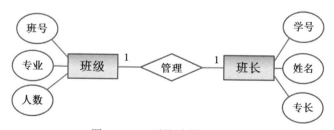

图 1-6　1:1 到关系模型的转化

通过上面的分析，案例中的模型可以如图 1-7 所示。

由 E-R 模型转化的关系模型是：

学生(学号,姓名,性别,生日,民族,籍贯,登记照,**专业号**)

专业(专业号,专业,专业类别,**学院号**)

学院(学院号,学院,院长)

课程(课程号,课程名,学分,**学院号**)

成绩(**学号**,**课程号**,成绩)

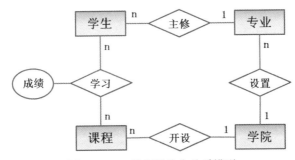

图 1-7　E-R 模型转化为关系模型

1.3　数据库设计规范

上面的设计已经满足了这个简单的教学管理系统数据库设计的大部分要求。像这样简单的小规模数据库处理起来比较轻松，但随着数据库规模的扩大，用户操控数据库将变得笨拙、复杂，性能也不好，更糟糕的是很有可能导致数据不完整、不准确。所以针对复杂的数据库，需要更规范更严谨的设计。

一个良好的数据库设计，能够节省数据存储空间，确保数据完整性，方便数据库应用系统的开发。而一个糟糕的数据库设计，往往存在数据冗余、数据更新、数据插入和数据删除的缺陷。

怎样使数据库设计更加规范呢？一般来说，满足以下三个范式即可避免糟糕的数据库设计：第一范式、第二范式和第三范式。

1.3.1　第一范式（1NF）

如图 1-8 所示，该表的地址栏包含了省份、城市和详细地址信息，如果对省份或地址有操作需求，比如需要按省份挑选学生，这样的设计就不合理。这样的设计需求称为第一范式。也就是说第一范式要求数据库表中的字段都是单一属性且字段值不可再分解。第一范式的目标是保证每一列的原子性。

可以将该表设计成如图 1-9 所示，这样的设计满足第一范式。

当然，第一范式是根据实际需求来决定的。同样是图 1-8 所示的数据库表，如果关于这个表的操作都不涉及省份、城市，那么对地址这个字段也就没有进一步分解的要求。在这样的情况下，图 1-8 所示的表设计也符合 1NF。

学号	姓名	性别	地址
2012001	韩立刚	男	河北省石家庄市南二环东路20号
2012002	韩力挥	男	河北省藁城市廉州西路002
2012003	张静	女	河北省晋州市滨河路28号
2012004	王国涛	男	贵州省贵阳市南明区中华南路99号
2012005	靳灵	女	山东省临沂市兰山区通达路18号
2012006	李华东	男	福建省厦门市集美区盛光路56号
2012007	许东	男	浙江省温州市鹿城区五马街11号
2012008	崔栋	男	广东省广州市白云区天明路148号

图 1-8　违反第一范式的表

学号	姓名	性别	省份	城市	详细地址
2012001	韩立刚	男	河北省	石家庄	南二环东路20号
2012002	韩力挥	男	河北省	藁城	廉州西路002
2012003	张静	女	河北省	晋州市	滨河路28号
2012004	王国涛	男	贵州省	贵阳市	南明区中华南路99号
2012005	靳灵	女	山东省	临沂市	兰山区通达路18号
2012006	李华东	男	福建省	厦门市	集美区盛光路56号
2012007	许东	男	浙江省	温州市	鹿城区五马街11号
2012008	崔栋	男	广东省	广州市	白云区天明路148号

图 1-9　符合第一范式的表

1.3.2　第二范式（2NF）

第二范式要求一张表只包含一个实体信息，并且每行记录由主键唯一标识这一行。

如图 1-10 所示，学生课程表描述了学生及主修的课程信息。表中所有字段不可再分，因此该表满足第一范式。同时在该表中，字段"学号""姓名"和"性别"属于学生信息，这是该表描述的第一件事，字段"课程编号""课程"和"学分"属于课程信息，这是该表描述的另一件事。一张表中同时描述两件事，这样的设计不满足第二范式。

学生课程表

字　段	例　子
学号	2010452011
课程编号	001
课程	数学
姓名	韩立刚
学分	2
性别	男
…	…

图 1-10　不满足第二范式的设计

可以改进表设计，将该表分成学生信息表和课程信息表，学生信息表中包含字段学号、姓名和性别，学号作为该表的主键，课程信息表中包含字段课程编号、课程和学分，课程编号作为该表的主键，如图 1-11 所示，这样的设计就能满足第二范式。

学生信息表

字　段	例　子	
学号	2010452011	主键
姓名	韩立刚	
性别	男	

课程信息表

字　段	例　子	
课程编号	001	主键
课程	数学	
学分	2	

图 1-11　满足第二范式的设计

1.3.3　第三范式（3NF）

第三范式要求数据表只能引用其他表中的主键，而不能引用其他表中的非主键列。

在 1:n 的关系中，从表的设计要满足第三范式，即从表只引用主表的主键。

一个学生可能有多个手机号，因此需要设计一个联系方式表来存储学生的多个手机。其中学生信息表是主表，联系方式表是从表，从表引用主表的主键。图 1-12 所示不满足第三范式，图 1-13 所示满足第三范式，因为在联系方式表中不应该出现姓名列，通过联系方式表的学号可以从学生信息表中找到学生姓名，姓名在这张从表属于冗余字段，因此在从表中只需引用主表的主键字段即能满足第三范式。

图 1-12　不符合第三范式的设计　　　　　图 1-13　符合第三范式的设计

在 m:n 的关系中，关系表的设计也要满足第三范式，即关系表只引用实体表的主键。

学生信息表记录学生信息，课程信息表记录课程信息，如果想记录学生考试成绩，这个表应该怎样设计呢？

要记录考试成绩，需要新增一张关系表——成绩表。成绩表中需要记录学生信息、考试的课程信息和考试的成绩。虽然在这张表中记录三个信息，但是学生信息和课程信息可以通过外键来查找具体的值。因此在图 1-14 中，姓名字段属于冗余字段，这样的设计不满足第三范式。成绩表中只需引用课程信息表和学生信息表的主键，如图 1-15 所示，这样就能满足第三范式。

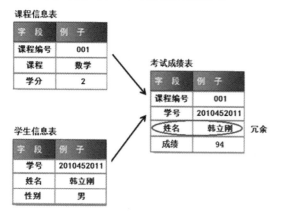

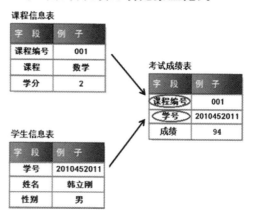

图 1-14　不符合第三范式的设计　　　　图 1-15　符合第三范式的设计

综上可知，主、从表之间的设计和实体、关系表之间的设计都需要满足第三范式。

上面介绍了三个范式，更严格的数据库设计还有第四范式、第五范式和 BC 范式。所有的范式都在前提范式的基础上进一步满足了更多要求。需要注意的是，更严格的范式可能会带来性能上的一些不足，因为对数据的操作可能需要频繁地进行表结合。一般来说，数据库只需满足第三范式（3NF）就足够了。

2

Transact-SQL 概述

 主要内容

- 📖 掌握 Transact-SQL 语句的类型
- 📖 掌握 Transact-SQL 语法
- 📖 理解常见的数据类型
- 📖 熟练使用常见的函数
- 📖 学会基本的流程控制语句

SQL 的全称是结构化查询语言，是 Structured Query Language 的缩写。随着关系数据库理论的提出，美国国家标准协会（ANSI）首次定义了 SQL 标准，随后国际标准化组织（ISO）将 SQL 标准采纳为国际标准。SQL 语言在不断发展的过程中经历了多次修改和完善。各大数据库厂商在遵循 ANSI 标准的同时，根据自己的产品特点对 SQL 进行再开发和扩展，于是就有了 SQL Server 的 Transact-SQL（简称 T-SQL）、Oracle 的 PL/SQL 等语言。

本书以 T-SQL 为基础进行 SQL 语言介绍，大部分 SQL 语言内容同样适用于其他数据库产品。本章讲述最基本的 SQL 内容，这些知识虽然基础简单，但是对学好本书的后续内容起着至关重要的作用。

2.1　启动 SQL Server Management Studio（SSMS）

SSMS 是 SQL Server 中最重要的组件，通过此工具可以完成数据库主要的管理、开发和测试任务。

以 SQL Server 2008 R2 为例，启动 SSMS 的具体步骤如下：

（1）在 Windows 中选择"开始"→"程序"→Microsoft SQL Server 2008 R2→SQL Server Management Studio，也可以通过 WIN+R 键打开"运行"对话框，在其中输入 SSMS 来打开 SSMS。出现"连接到服务器"对话框，如图 2-1 所示。

图 2-1　"连接到服务器"对话框

（2）采用默认值，直接单击"连接"按钮即可打开 SQL Server Management Studio 管理工具，如图 2-2 所示。

图 2-2　SSMS 管理工具

在图 2-2 中，单击左上角的"新建查询"按钮就会出现图中的代码输入区域 2，在此区域可以输入 SQL 语句。执行输入的代码，结果或返回的消息将显示在区域 3。另外，在区域 1 中可以查看服务器的各个子对象。

2.2　T–SQL 语句的类型

T-SQL 语言的类型主要有数据定义语言（Data Definition Language，DDL）、数据控制语言（Data Control Language，DCL）和数据操纵语言（Data Manipulation Language，DML）。为了增强灵活性，T-SQL 还提供了用于编程的流程控制语句和其他语句。

如图 2-3 所示，这是一张学生信息表，后面的学习将经常使用到它。如何创建这样一张表呢？

StudentID	Sname	Sex	Birthday	Email	Class
0000000001	邓咏桂	男	1981-09-23 00:00:00.000	dengyonggui@91xueit.com	网络班
0000000002	蔡毓发	男	1987-09-26 00:00:00.000	caiyufa@91xueit.com	开发班
0000000003	袁冰琳	男	1989-11-03 00:00:00.000	yuanbinglin@91xueit.com	开发班
0000000004	许艺莉	女	NULL	xuyili@91xueit.com	网络班
0000000005	袁冰琳	男	1984-04-27 00:00:00.000	yuanbinglin@91xueit.com	开发班
0000000006	康固绍	男	1987-02-23 00:00:00.000	kanggushao@91xueit.com	开发班
0000000007	NULL	女	1983-03-20 00:00:00.000	NULL	网络班
0000000008	潘昭丽	女	1988-02-14 00:00:00.000	panzhaoli@91xueit.com	测试班

图 2-3　学生信息表

2.2.1　DDL 语句

DDL 语句用于定义和管理数据库及数据库对象，包括 CREATE、ALTER、DROP。一般情况下，数据库中的对象使用 CREATE 创建，使用 ALTER 修改，使用 DROP 删除。

1. CREATE

要创建如图 2-3 所示的学生信息表，需要使用 CREATE 语句。

通常在创建表之前需要考虑几个问题：表名、列（字段）名、主键列、每列的数据类型、列长度和列是否可以为空等。

根据这些基本问题，这张学生信息表中包含了 6 个字段，其中 StudentID 是主键，不能为空，其他字段可以为空。根据这些信息，再使用 CREATE TABLE 语句创建这张表就很简单了。

首先创建一个数据库作为存放表和其他对象的容器，使用 CREATE 语句。

```
CREATE DATABASE SchoolDB
```

然后执行下面的语句在 SchoolDB 数据库下创建这张表。

```
USE SchoolDB              --切换到 SchoolDB 数据库
GO
CREATE TABLE Tstudent              --创建 Tstudent 表
(   StudentID varchar(10)PRIMARY KEY NOT NULL,
    Sname varchar(10),
```

```
Sex char(2),
Birthday datetime,
Email varchar(40),
Class varchar(20)
)
```

在这个语句里，Tstudent 是表名，表名后面是一对圆括号"()"，圆括号中定义了每个字段的属性，包括字段名、字段的数据类型、主键信息和是否允许为空。不同字段之间的定义需要使用逗号","隔开。关于字段的数据类型将在 2.5 节中详细介绍。

注意：创建表时的 NULL

列的默认属性是 NULL，所以在 CREATE TABLE 语句里不必明确设置，但 NOT NULL 的列必须明确指定。

2. ALTER

CREATE TABLE 定义了表的结构和属性。如果想修改这张表的属性，例如添加一个 Age 字段，则使用 DDL 的另外一个语句 ALTER。

```
ALTER TABLE Tstudent ADD Age varchar(4)
```

如果要删除字段，则使用 ALTER TABLE table_name DROP COLUMN column_name，如删除 Age 列。

```
ALTER TABLE Tstudent DROP COLUMN Age
```

同样，ALTER 也用于修改数据库或其他数据库对象。

3. DROP

要删除数据库或数据库对象，则使用 DROP 语句。

下面的操作将创建一张与实验无关的表，然后删除表。

```
CREATE TABLE Test(ID varchar(3),Name varchar(8))
GO
DROP TABLE Test
```

上面介绍了 CREATE、ALTER 和 DROP 语句对表的操作，它们还可以操作数据库（DATABASE）、视图（VIEW）、索引（INDEX）、存储过程（PROCEDURE）、触发器（TRIGGER）等。数据库和数据库对象的创建、修改和删除基本都通过 DDL 语句来实现。

2.2.2　DCL 语句

DCL 语句用来控制对数据库和数据库对象的访问，主要是权限控制，包括 GRANT、DENY、REVOKE。

这三种语句授权的状态为：

（1）GRANT：授予权限，即权限被允许。

（2）DENY：拒绝权限，即权限被显式拒绝（优先级高于 GRANT）。

（3）REVOKE：消除 GRANT 和 DENY 的影响，即移除权限。

图 2-4 描述了这三种语句对权限的控制行为。

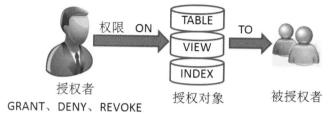

图 2-4　控制权限

假如有一位用户名为 public 的老师（public 并不是一个用户，此处只是为了便于理解）想要修改上面的表，但不能删除表中的内容。可以执行下面的语句对 public 进行授权。

```
GRANT ALTER ON Tstudent TO public
DENY DELETE ON Tstudent TO public
```

使用 REVOKE 回收 ALTER 权限和拒绝的 DELETE 权限。

```
REVOKE ALTER ON Tstudent TO public
REVOKE DELETE ON Tstudent TO public
```

2.2.3　DML

DML 用于检索和操作表（TABLE）或视图（VIEW）等对象的数据，包括对数据的 INSERT（增）、DELETE（删）、UPDATE（改）、SELECT（查）。

1．INSERT 插入行

上面用 CREATE 创建了 Tstudent 表，定义了表结构，但是在表中并没有写入任何一条数据。此时表中只具有图 2-5 中方框里的结构区，而没有下面的数据区。

StudentID	Sname	Sex	Birthday	Email	Class
0000000001	邓咏桂	男	1981-09-23 00:00:00.000	dengyonggui@91xueit.com	网络班
0000000002	蔡毓发	男	1987-09-26 00:00:00.000	caiyufa@91xueit.com	开发班
0000000003	袁冰琳	男	1989-11-03 00:00:00.000	yuanbinglin@91xueit.com	开发班
0000000004	许艺莉	女	NULL	xuyili@91xueit.com	网络班
0000000005	袁冰琳	男	1984-04-27 00:00:00.000	yuanbinglin@91xueit.com	开发班
0000000006	康固绍	男	1987-02-23 00:00:00.000	kanggushao@91xueit.com	开发班
0000000007	NULL	女	1983-03-20 00:00:00.000	NULL	网络班
0000000008	潘昭丽	女	1988-02-14 00:00:00.000	panzhaoli@91xueit.com	测试班

图 2-5　未插入数据的表

要插入数据，使用 INSERT 语句。它的关键字是 INSERT、INTO 和 VALUES。

执行以下语句插入第一行数据：

```
INSERT INTO Tstudent(StudentID,Sname,Sex,Birthday,Email,Class)
VALUES('0000000001','邓咏桂','男','1981-09-23','dengyonggui@91xueit.com','网络班')
```

上面的 INSERT 语句是 ANSI 标准的语句，每次只能插入一行数据。Tstudent 是要插入数据的表，Tstudent 后面接一对圆括号，圆括号中是要插入数据的目标列，VALUES 后面的圆括号里是对应字段要插入的数据。字段位置可以调换，但是要插入的数据值必须对应字段位置。

它的语法如下：

INSERTINTO table_name(column_list)VALUES(value_1,value_2...value_n)

如果向表中所有字段插入值，则可以省略 column_list，但此时字段值 value 必须对应表中所有的字段顺序。

下面的语句也可以达到一样的效果。

INSERT INTO TstudentVALUES
('0000000001','邓咏桂','男','1981-09-23','dengyonggui@91xueit.com','网络班')

在 T-SQL 中，对 INSERT 语句进行了一些改进：INTO 关键字可以省略不写；一条 INSERT 语句可以插入多行数据，只需要每行数据之间用逗号隔开，避免了每条 INSERT 语句只能插入一行数据的麻烦。

执行下面 T-SQL 中的 INSERT 语句，完成图 2-3 中数据的插入。

INSERTTstudent VALUES
('0000000002','蔡毓发','男','1987-09-26','caiyufa@91xueit.com','开发班'),
('0000000003','袁冰琳','男','1989-11-03','yuanbinglin@91xueit.com','开发班'),
('0000000004','许艺莉','女',NULL,'xuyili@91xueit.com','网络班'),
('0000000005','袁冰琳','男','1984-04-27','yuanbinglin@91xueit.com','开发班'),
('0000000006','康固绍','男','1987-02-23','kanggushao@91xueit.com','开发班'),
('0000000007',NULL,'女','1983-03-20',NULL,'网络班'),
('0000000008','潘昭丽','女','1988-02-14','panzhaoli@91xueit.com','测试班')

2. UPDATE 更新数据

当需要更新表中的数据记录时，使用 UPDATE 语句，关键字是 UPDATE 和 SET。

下面的语句将 StudentID 为 0000000003 同学的 Sname 由"袁冰琳"改为"袁冰霖"，并且修改 Sex 为"女"，然后将其改回。

UPDATE Tstudent SET Sname='袁冰霖',Sex='女' WHERE StudentID ='0000000003'
UPDATE Tstudent SET Sname='袁冰琳',Sex='男' WHERE StudentID ='0000000003'

UPDATE 语句通过 WHERE 来指定需要修改的行，可以是一行，也可以是多行。然后在这些指定的行中通过 SET 将某列或某几列更新为新的数据，不同列之间以逗号隔开。

不写 WHERE 条件时将对整张表更新。

3. SELECT 查询数据

SELECT 用于查询数据。下面是一个最简单的查询。

SELECT * FROM Tstudent

其中符号"*"表示查询所有列，因此上面的语句是查询 Tstudent 表中的所有数据。

下面是查询某些指定字段的记录，关键字 AS 表示为字段取一个别名。

SELECT StudentID AS 学号,Sname AS 姓名 FROM Tstudent

4. DELETE 删除行

使用 DELETE 语句删除表中的数据，再重新插入删除的数据。

```
DELETE Tstudent WHERE StudentID='0000000008'
INSERT Tstudent VALUES
('0000000008','潘昭丽','女','1988-02-14','panzhaoli@91xueit.com','测试班')
```

上面的语句表示删除 StudentID 为 0000000008 的整行数据，通过配合 WHERE 来指定删除满足条件的数据行。

如果不使用 WHERE 指定条件，则删除整张表数据。

下面的语句会删除整张表的数据。由于后面的操作需要使用表中数据，因此请勿执行此条命令删除此表。在使用 DELETE 时请确定是否需要使用 WHERE 来指定条件。

```
DELETE Tstudent
```

DML 语句在 SQL 中的运用相对更频繁，在后面的章节中将详细介绍 DML 语句。

2.3 T–SQL 语法要素

T-SQL 具有一些大多数语句都会使用或受之影响的元素，主要包括批处理、EXEC、标识符、注释符和运算符。

2.3.1 SQL 语句的批处理符号 GO

SQL Server 能以批处理的方式处理单个或多个 Transact-SQL 语句。一个批处理命令通知 SQL Server 分析并运行一个批处理内的所有指令。它实际上并不是 Transact-SQL 语句，只是作为向 SQL Server 发出 Transact-SQL 批处理语句的一种信号。

当执行不包含 GO 的多条 SQL 语句时，会将所有的语句发送给 SQL Server，然后 SQL Server 将这些语句编译成一个执行计划，一次性执行。而包含 GO 的多条 SQL 语句会将它们分成批发送，SQL Server 将它们编译成多个执行计划。当某个批内出现错误时，这个批中的所有 SQL 语句都将不执行。

GO 必须独占一行。

如图 2-6 所示，由于两条语句成整体发送给 SQL Server，数据库 test111 还未创建，因此无法指向 test111。正确的做法是在数据库创建语句后加上 GO。

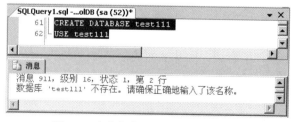

图 2-6　未分批执行失败的 SQL 语句

再比如，在下面的语句中包含 3 个批，选中全部后执行。由于包含了 3 个批，所以会被分批发送，其中第一个和第二个批能正常执行，第三个批中由于第三条 INSERT 语句中的 VALUES 关键字错误（正确的应当是 VALUES），这三条语句发送给 SQL Server 被编译成执行计划时将出现错误，导致该批中三条 INSERT 语句都不执行，而不仅仅是发生错误的第三条 INSERT 语句不执行。

```
USE SchoolDB
GO      --第一个批
CREATE TABLE TestBatch(ID varchar(3),Name varchar(8))
GO      --第二个批
INSERT INTO TestBatch VALUES('1','韩立刚')
INSERT INTO TestBatch VALUES('1','韩利辉')
INSERT INTO TestBatch VALUE ('1','韩秋建')       --语法错误
GO      --第三个批
```

从上面的示例可以看出，理解 GO 的作用是很重要的。

2.3.2 EXEC

EXEC 是 EXECUTE 的简写，用于执行用户自定义的函数、系统存储过程、用户自定义的存储过程或扩展存储过程。

例如执行系统存储过程 sp_helpdb 查看 SchoolDB 数据库的相关信息。

```
EXEC sp_helpdb SchoolDB
```

显示结果如图 2-7 所示。

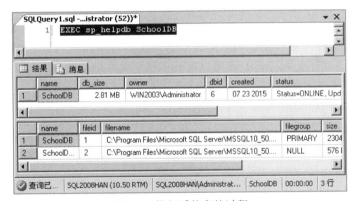

图 2-7　执行系统存储过程

在执行存储过程时，如果语句是批处理中的第一个语句，则可以省略 EXEC 关键字。

2.3.3 注释符

通过注释符可以对语句进行注释。注释是语句中不执行的字符串，用于对语句进行说明或者暂时禁用部分语句。使用注释对语句进行说明，可增强对一堆语句的易读性，也便于将来

对语句进行维护。

在 T-SQL 中有两种注释符：对行进行注释的行注释符"--"和对块进行注释的块注释符"/*...*/"。

1. 行注释符"--"

该注释符可与 SQL 语句在同一行中，也可另起一行。一行中从出现这个符号开始，后面的所有字符均视为注释语句。对于多行注释，需要在每行都使用注释符。这个注释符可以使某一行语句无效。

2. 块注释符/*...*/

该注释符用于对语句块进行注释，可以放在语句中的任何位置。从符号"/*"开始注释，到符号"*/"结束注释，两个符号中间的所有内容均视为注释内容。可用于多行注释。

下面是一些注释示例。

```
--这是测试 GO 作用的注释
USE SchoolDB
GO      --第一个批
CREATE TABLE TestBatch1(ID varchar(3),Name varchar(8))
GO      --第二个批
/*======这是块注释=====
=======这是块注释=====*/
CREATE TABLE TestBatch2(ID varchar(3),Name varchar(8))
--在语句内部用块注释符
CREATE TABLE /*这是句中注释*/ TestBatch3(ID varchar(3),Name varchar(8))
```

2.3.4 标识符

数据库对象的名称即为其标识符。服务器、数据库和数据库对象（如表、视图、列、索引、触发器、过程、约束及规则等）都可以有标识符。对象标识符是在定义对象时创建的，创建完成后便可以通过使用标识符来引用该对象。

例如图 2-3 中的 Tstudent 表包含了 StudentID、Sname、Sex、Birthday、Email 和 Class 六个字段，表名 Tstudent 和六个字段名都是标识符。这些中间无空格无其他符号的标识符属于常规标识符。

常规标识符的第一个字符必须是下列字符之一：

（1）字母 a～z 和 A～Z。

（2）下划线（_）、at 符号（@）或数字符号（#）。

在 SQL Server 中，某些位于标识符开头位置的符号具有特殊意义：@开头代表局部变量或参数，#开头代表本地临时表和存储过程，##开头代表一个全局临时表。

不建议用#开头和两个@@开头来命名常规对象，避免出现名称混淆问题。同时标识符不能使用 SQL 中的关键字，如 SELECT、UPDATE、WHERE 等 SQL 系统本身使用的字符串。

执行下面的语句创建一个本地临时表#t 和一个全局临时表##teacher。

```
CREATE TABLE #t(Tname nvarchar(10),Tage int)
CREATE TABLE ##teacher(Tname nvarchar(10),Tage int)
```

临时表存放在系统数据库下的 tempdb 数据库中，如图 2-8 所示。本地临时表的名称以#开头，只对当前用户连接有效，其他用户无法访问，且在用户断开连接时自动被删除。全局临时表名称以##开头，任何用户都可以访问，当所有引用该表的用户全部断开连接时自动被删除。

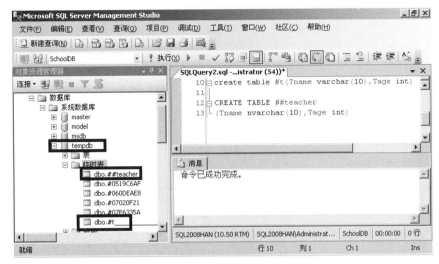

图 2-8　临时表的位置

除了常规标识符外，还有分隔标识符。有些标识符中嵌入了空格或者不符合常规标识符规则的字符，在引用这些标识符时必须使用中括号（[]）或者双引号（""）将这些标识符包起来，否则这些特殊的标识符将无法被正确识别。

例如下面三条语句，前两条可以成功执行，第三条由于 Order 是 ORDER BY 子句里的关键字，不能成功执行。

```
CREATE TABLE [Order Detail_1] (OrderID nvarchar(10),OrderTime datetime)
CREATE TABLE "Order Detail_2" (OrderID nvarchar(10),OrderTime datetime)
CREATE TABLE Order Detail_3 (OrderID nvarchar(10),OrderTime datetime)
```

在使用双引号（""）作为分隔符时，系统默认双引号符号是 ON 状态，如果设置为 OFF，则双引号将不能分隔标识符。通过下面的语句可以设置该符号的开关。

```
SET quoted_identifier [ ON | OFF ]
```

2.4　变量

变量分为局部变量和全局变量。局部变量的名称开头必须是@，它的作用域仅限于一个批的语句处理中，从定义变量开始到批处理结束，中间不能用 GO。

使用 DECLARE 定义局部变量，同时指定变量的数据类型，一次性定义多个变量时在每个变量之间使用逗号隔开。定义变量之后为变量赋值，可以使用 SET 或 SELECT 进行赋值。从 SQL Server 2008 开始，可以直接在定义变量的语句中进行赋值行为。

下面是一个简单的变量定义和赋值示例。定义了一个变量@address，为其赋值"大雪压青松青松挺且直"，最后输出变量值。请注意，这里的等号"="是赋值运算符，而不是数学意义上的相等。

```
DECLARE @address varchar(20)
SET @address='大雪压青松青松挺且直'
SELECT @address
--SQL Server 2008 之后还可以通过下面的方式来赋值
DECLARE @address varchar(20)='大雪压青松青松挺且直'
```

再看下面定义变量和赋值的语句。

```
USE SchoolDB
GO
DECLARE @Sname nvarchar(11),@StudentID nvarchar(20)
SET @StudentID='0000000008'
SELECT @Sname=Sname FROM TStudent WHERE StudentID=@StudentID
SELECT @Sname
```

在上面的语句中，定义了两个局部变量@Sname 和@StudentID，首先为@StudentID 赋值为'0000000008'，然后将赋值后的@StudentID 传给 SELECT 语句中的 StudentID，查出 StudentID 为 0000000008 对应的 Sname，然后将查询得到的 Sname 值赋值给@Sname，最后输出@Sname 的值。结果如图 2-9 所示。

图 2-9 使用变量查询数据

使用 SET 为变量赋值，每次只能为一个变量赋值。使用 SELECT 赋值，则每次可以为多个变量赋值，赋值时变量之间用逗号隔开。

```
DECLARE @Sname nvarchar(11),@StudentID nvarchar(20)
SELECT @Sname='潘昭丽',@StudentID='0000000008'        --一次赋多个值
SELECT @Sname,@StudentID        --查询赋值后的变量
```

还有一些变量以@@开头，这种变量称为全局变量。这些变量实际上是 SQL Server 的系

统函数，它们的语法遵循函数的规则，一般用来测试系统特性和 SQL 命令的执行情况。比如用@@VERSION 查看当前的 SQL Server 和操作系统版本，用@@SERVERNAME 查看本地服务器名称。如图 2-10 所示，显示的是 SQL Server 2008 R2（RTM）版，服务器名称是 SQL2008HAN。

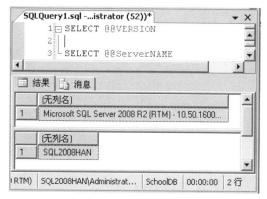

图 2-10 查看版本和服务器名称

2.5 数据类型

在前面创建表 Tstudent 时，为每个字段都定义了各自的数据类型，如 varchar 类型、char 类型和 datetime 类型。这些数据类型描述了这些字段能够包含什么样的数据，比如姓名字段存放字符，生日字段存放日期，成绩字段存放数值。

常见的数据类型有：字符串、Unicode 字符串、日期时间和数值类型。当然还有些其他的数据类型，如二进制字符串、表类型等，这里不做介绍。

2.5.1 字符串类型

字符串类型用于存储汉字、字母、数字符号和其他一些符号，包括 char、varchar 和 text 等。

1. char

char 称为定长字符串，定义形式为 char[(n)]，n 的取值为 1～8000，存储时固定占用 n 个字节，当不写 n 时，默认 n=1。当长度超过指定的 n 时，从 n 开始将被截断；当长度小于指定的 n 时，不足 n 的部分将被空格填充。

例如下面的语句定义两个变量@address1 和@address2，分别是 char(20)和 char(8)。由于"shijiazhuang"长度为 12 个字节，@address1 为 char(20)，剩下 8 个字节用空格填充。@address2 为 char(8)，仅能存 8 个字节的数据，所以将后面的 4 个字节截断了。返回结果如图 2-11 所示。

```
DECLARE @address1 char(20),@address2 char(8)
SELECT @address1='shijiazhuang',@address2='shijiazhuang'
SELECT @address1+'end',@address2+'end'
```

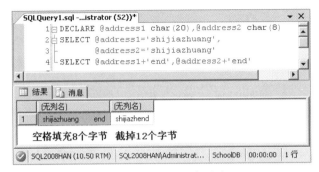

图 2-11 char(n)长度测试

2．varchar

varchar 称为变长字符串，与 char 的结构一致。它们的区别在于，当 varchar 类型的输入长度小于指定的 n 时，不足 n 的部分不被空格填充，因此占用字节长度等于输入长度。

执行下面的语句，显示结果如图 2-12 所示。

```
DECLARE @address1 varchar(20),@address2 varchar(8)
SELECT @address1='shijiazhuang',@address2='shijiazhuang'
SELECT @address1+'end',@address2+'end'
```

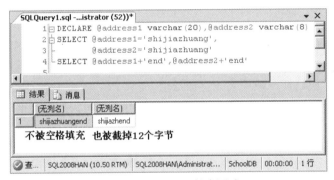

图 2-12 varchar(n)长度测试

3．text

text 数据类型用于存储数据量非常庞大的字符文本数据，char 和 varchar 最多可存储 8000 字节数据，超过 8000 时可以使用 text 类型。text 数据类型占用字节长度可变。它不能用作定义变量时的数据类型。

 小知识：字符和字节的区别与联系

字符是计算机中使用的符号，如数字、字母、标点、汉字等。而字节是计算机存储信息的基本单位，是一种度量单位。

一个字符可能占用两个字节，比如汉字和中文标点符号，也可能只占用一个字节，比如字母和英文标点符号。

2.5.2　Unicode 字符串类型

Unicode 字符串包括 nchar、nvarchar 和 ntext 类型。用法与 char、varchar 和 text 相同。区别在于 Unicode 字符串数据中的每个字符固定占用 2 个字符，包括中文汉字和中文状态下的标点符号。

当输入 Unicode 字符串常量时在前面加个大写字母 N，例如输入'Hanligang'和'韩立刚'时代表的是字符串常量，输入 N'Hanligang'和 N'韩立刚'代表 Unicode 字符类型，此时每个字符占用两个字节。

2.5.3　日期时间类型

SQL Server 日期时间类型主要使用的有 datetime、date 和 time。

（1）datetime：范围从 1753 年 1 月 1 日到 9999 年 12 月 31 日，占用 8 个字节，默认显示格式为 YYYY-MM-DD hh:mm:ss:n*。其中 YYYY 代表 4 位数字的年份，MM 代表 2 位数字的月份，DD 代表月份中 2 位数字的某一天，hh:mm:ss 分别代表 2 位数字的时:分:秒，n*代表 0～999 之间的 3 位数，作为秒的小数部分。例如 1981-09-23 00:00:00.000。

（2）date：存储一个日期，不存储时分秒部分，占用 3 个字节。默认显示格式为 YYYY-MM-DD，例如 1981-09-23。

（3）time：存储一个 24 小时制的时间，占用 3～5 个字节，默认格式为 hh:mm:ss:n*。n*默认位数是 7 位，可以通过 time(n)来指定位数，n 取 0～7，不写 n 时默认 n=7。

下面的语句创建一张临时表并插入系统当前时间 getdate()。

```
CREATE TABLE #tx(a time,b time(0),c time(1),d time(3),e time(7))
INSERT INTO #tx VALUES(getdate(),getdate(),getdate(),getdate(),getdate())
```

查询该临时表，结果如图 2-13 所示，可以看出 time(n)中 n 的取值决定了精确位数。

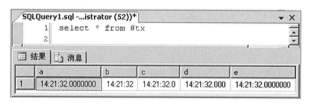

图 2-13　测试 time(n)数据类型

2.5.4　数值类型

数值类型用于存储数值数据，包括精确数据类型和近似数据类型。

1. 精确数据类型

这种数据类型包括只能存放整数的 int、smallint、tinyint、bigint 和可用于存放小数的

decimal、numeric、money、smallmoney。

其中 decimal 和 numeric 这两种类型的定义几乎相同，因此能通用。它们的定义格式如下：

decimal[(p,[,s])]
numeric [(p,[,s])]

其中 p 表示精度，即左边和右边能存储的数字的最大个数，每个数字占用一个精度。s 是刻度，指定小数点后的位数。当不写精度 p 和刻度 s 时，默认为整数类型。

这些数据类型存储数值时占用的长度不同。

2. 近似数值类型

可用于存储包括小数点的数值。小数点后的位数不确定，因此存储的是近似值。

包括 float(n)和 real。float(n)中的 n 指定 float 的精度，取 1～53 之间的整数。当 n 取 1～24 时等同于 real，此时占用 4 个字节；当 n 取 25～53 时系统认为是 float 类型，占用 8 个字节。

图 2-14 列出了数值数据类型和存储长度。

类型	数据类型	存储长度（字节）	说明
精确数字	int	4	只能存储整数值
	smallint	2	
	tinyint	1	
	bigint	8	
	decimal[(p[,s])]和 numeric[(p[,s])]	取决于精度，长度范围5～17	可存储包含小数的精确数值 精度p取1～9时占5个字节 精度p取10～19时占9个字节 精度p取20～28时占13个字节 精度p取29～38时占17个字节
	money	8	可存储包含小数的精确数值
	smallmoney	4	
近似数字	float(n)	4或8	n取1～24时占4字节
	real	4	n取25～53时占8字节

图 2-14　数值类型

需要注意的是，当输入字符类型和日期时间类型的数据时应该使用单引号（"）将数据包围起来，而输入数值类型时则不需要处理。

 小知识

　　数据值在存储（或调入内存）时，以数值型方式存储比字符型或日期时间类型更节省空间。在整数值存储上，0～255 之间的任意整数都只占用一个字节，256～65535 之间的任意整数都占用 2 个字节，而占用 4 个字节时便可以代表几十亿个整数之间的任意一个，这显然比字符型存储时每个字符占用一个字节节省空间得多。例如值"100"存储为字符型时占用 3 个字节，而存储为数值型时将只占用一个字节。因此数据库默认将不使用引号包围的值当作数值型，如果明确要存储为字符型或日期时间型则应该使用引号包围以避免歧义，同时由于非数字的字符（如字母"a"、特殊符号"-"等）无法被识别为数值，它们只能使用引号包围以表明它们是字符型。

2.6   运算符

运算符包括算术运算符、逻辑运算符、比较运算符和连接运算符。运算符有优先级，可以通过使用括号"()"来强制改变运算的优先级。

2.6.1   算术运算符

算术运算符可以进行数学运算，包括加（+）、减（-）、乘（*）、除（/）和取模（%）。它们的优先级和数学意义上的符号优先级相同。

2.6.2   比较运算符

比较运算符用来比较两个表达式是否相同，可用于比较字符、数值和日期时间，包括等于（=）、大于（>）、小于（<）、大于或等于（>=）、小于或等于（<=）和不等于（<> 或 !=）。

比较返回的结果是 FALSE、TRUE 和 UNKNOWN。例如表达式 2>1 返回 TRUE，2=3 返回 FALSE。

一般情况下，当对 NULL 进行比较时，返回结果 UNKNOWN。

2.6.3   逻辑运算符

逻辑运算符用来对条件进行测试，SQL Server 中逻辑运算的返回结果是 TRUE、FALSE 和 UNKNOWN，当和 NULL 运算时可能会出现 UNKNOWN。图 2-15 列出了逻辑运算符的类型。

ALL	如果比较都为 TRUE，那么就为 TRUE。 例如，4>ALL(3,2,1)的结果是 TRUE；4>ALL(3,2,5)的结果是 FALSE。
AND	如果两个表达式都为 TRUE，那么就为 TRUE。 例如，5>3 AND 5>4 的结果为 TRUE；5>3 AND 5>7 的结果为 FALSE。
ANY、SOME	如果比较中任何一个为 TRUE，那么就为 TRUE。 例如，5>ANY(3,6,9)的结果为 TRUE，因为 5 大于 3 为 TRUE。
BETWEEN	如果值在某个范围之内，那么就为 TRUE。 例如，6 BETWEEN 3 AND 8 结果为 TRUE；6 BETWEEN 3 AND 5 结果为 FALSE。
EXISTS	如果子查询包含一些行，那么就为 TRUE。
IN	如果值等于表达式列表中的一个，那么就为 TRUE。 例如，3 IN(2,3,8)结果为 TRUE；a IN(a,c,d)结果为 TRUE；3 IN(2,5,8)结果为 FALSE，因为列表中没有出现 3。
LIKE	如果值与一种模式相匹配，那么就为 TRUE。在 LIKE 中会"_"、"%"等使用通配符，"_"代表一个未知的字符，"%"代表任意字符和字符串。例如，对 LIKE '_立刚'来说，如果是"a立刚"、"韩立刚"、"张立刚"都返回 TRUE。
NOT	对返回结果取反。例如，NOT 3>5，因为 3>5 返回 FALSE，则 NOT 3>5 的结果为 TRUE。
OR	如果两个表达式中的一个为 TRUE，那么就为 TRUE。只有两个表达式都为 FALSE 时，才为 FALSE。 例如，3>4 OR 3>2 结果为 TRUE。

图 2-15   逻辑运算符

2.6.4 连接运算符

加号"+"是字符串连接符，它将两个或多个字符串、列或字符串和列名组合连接起来。例如 'abc'+'def' 表示将"abc"和"def"串联起来，得到的结果为"abcdef"。

当加号的两边是字符型的数值时，使用连接运算符将会得到字符串连接的结果，但如果其中一边是数值型数值时，将得到数学运算的结果。

下面语句中的三个变量分别是 char、int 和 char 类型，在使用"+"的时候，由于 int 类型的优先级高于 char，因此会将 char 类型隐式转换成 int 类型，所以第一个连接运算符得到的结果是 17，而不是"00098"，而第二个连接运算符两边都是字符型，得到的结果将是"00098 "

```
DECLARE @address1 char(4),@address2 int,@address3 char(2)
SELECT @address1='0009',@address2=8,@address3 = '8'
SELECT @address1+@address2
SELECT @address1 + @address3
```

2.7 常用函数

使用函数可以方便地处理一些操作，包括系统函数和用户自定义函数。在本节中介绍一些常用的系统函数，自定义函数将在第 12 章中单独讲述。

在介绍函数之前，先完善后续章节中需要用到的实验环境。在讲述 2.2.1 节的内容时创建了一张 Tstudent 表，现在再创建 Tsubject 表和 Tscore 表。

```
USE SchoolDB
GO
--执行下面的语句创建课程表 Tsubject
CREATE TABLE Tsubject
( SubjectID varchar(4),
SubjectName varchar(30),
BookName varchar(30),
Publisher varchar(20))
--执行下面的语句向 Tsubject 表中插入数据
INSERT INTO Tsubject VALUES
('0001','网络管理','奠基计算机网络','清华出版社'),
('0002','软件测试','功能测试','人邮出版社'),
('0003','软件开发','企业级开发','人邮出版社')
--执行下面的语句创建分数表 Tscore
CREATE TABLE Tscore
(StudentID varchar(10),
subjectID varchar(4),
Mark decimal)
--向分数表 Tscore 中每名学生的三门课程插入数据，共 24 条记录
INSERT INTO Tscore VALUES
```

('0000000001','0001',74),('0000000001','0002',67),('0000000001','0003',57),
('0000000002','0001',67),('0000000002','0002',53),('0000000002','0003',68),
('0000000003','0001',90),('0000000003','0002',79),('0000000003','0003',82),
('0000000004','0001',50),('0000000004','0002',68),('0000000004','0003',59),
('0000000005','0001',98),('0000000005','0002',65),('0000000005','0003',67),
('0000000006','0001',66),('0000000006','0002',96),('0000000006','0003',95),
('0000000007','0001',99),('0000000007','0002',81),('0000000007','0003',93),
('0000000008','0001',66),('0000000008','0002',91),('0000000008','0003',85)

2.7.1 聚合函数

聚合函数是对一组值进行计算并返回单个值的结果。常见的聚合函数有计数函数 COUNT()、平均值函数 AVG()、汇总函数 SUM()、最小值函数 MIN()和最大值函数 MAX()，其中除了 COUNT()以外，其他聚合函数都对 NULL 值进行忽略处理。

下面的语句查询 Tscore 表中的记录数量、平均分、总分、最低分和最高分。

```
SELECT   COUNT(*) AS 总数,
AVG(Mark)AS 平均分,
SUM(Mark)AS 总分,
MIN(Mark)AS 最低分,
MAX(Mark)AS 最高分
FROM Tscore
```

下面创建一个包含 NULL 值的临时表#T 并插入 3 条记录，测试 NULL 对 COUNT()和其他聚合函数的影响。

```
CREATE TABLE #T(a int)                --创建临时表
INSERT INTO #T VALUES(30)             --插入一条数据
INSERT INTO #T VALUES(NULL)           --插入 NULL 值
INSERT INTO #T VALUES(40)             --插入一条数据
SELECT COUNT(*),AVG(a),SUM(a),MIN(a),MAX(a)FROM #T        --查询结果
```

查询结果如图 2-16 所示。

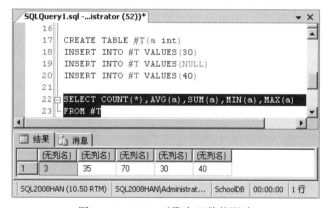

图 2-16　NULL 对聚合函数的影响

从图中可以看出，计数函数 COUNT(*)也将 NULL 值进行了记录，而其他的聚合函数都忽略了 NULL 值记录。如 AVG(a)=(30+40)/2=35，而不是(30+40+NULL)/3 或(30+40+0)/3。

2.7.2 数值函数

1. 使用 ROUND()、FLOOR()和 CEILING()对值进行舍或入

ROUND(value,n)对 value 值进行四舍五入处理，n 指定四舍五入的精度。

FLOOR(value)取小于或等于 value 的最大整数，CEILING(value)取大于或等于 value 的最小整数。可以将 FLOOR()理解为"地板"函数，取低于或等于 value 的值，而将 CEILING()理解为"天花板"函数，取高于或等于 value 的值。

执行下面的语句来分析这三个函数的用法，执行结果如图 2-17 所示。

```
SELECT ROUND(125.45,2),ROUND(125.45,1),ROUND(125.45,0),
    ROUND(125.45,-1),ROUND(125.45,-2),ROUND(125.45,-3)
SELECT FLOOR(-125.45),FLOOR(125.45)
SELECT CEILING(-125.45),CEILING(125.45)
```

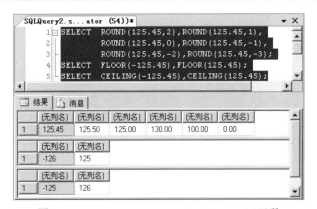

图 2-17　ROUND()、FLOOR()、CEILING()函数

从执行结果分析，对 ROUND(value,n)，如果 n 为正数，则将 value 值舍入到 n 指定的小数位数；如果 n 为负数，则将 value 值小数点左边部分舍入到 n 指定的长度。

2. 使用 RAND()取随机数

随机函数 RAND()每次取 0～1 之间不包括 0 和 1 的随机值，且每次结果都不相同。

```
SELECT RAND(),RAND(),RAND()*100
```

如果想取单边界整数值，可以联合 FLOOR()或 CEILING()使用。例如下面的语句两列都取 0～100 之间的整数，第一列包括 0 但不包括 100，第二列包括 100 但不包括 0。

```
--RAND()联合 FLOOR()和 CEILING()获取单边界值
SELECT   FLOOR(RAND()* 100)AS [取 0～99],
         CEILING(RAND()* 100)AS [取 1～100]
```

如果想获取 RAND 的双边界整数值，则可以通过拓宽数值的方法。例如要获取 0～100 之间包括两边界的随机整数值，可以将 100 变为 101，参考下面的语句。

```
SELECT   CEILING(RAND()* 101 - 1)AS [方法一：取 0～100 包括两边界],
         FLOOR(RAND()* 101)AS [方法二：取 0～100 包括两边界]
```

2.7.3　字符串函数

1．使用 LOWER()和 UPPER()改变字符串的大小写

```
SELECT LOWER('AbCdE'),UPPER('AbCdE')
```

返回结果为"abcde"和"ABCDE"。

2．使用 LEN()获取字符串长度

LEN()函数返回的结果是字符串长度，而不是占用字节长度。下面的语句返回的长度为 8 而不是 11。

```
SELECT LEN('AbCdE 韩立刚')
```

3．使用 LEFT()、RIGHT()和 SUBSTRING()截取字符串

LEFT(string,n)返回从左边开始的 n 个字符，RIGHT(string,n)则是从右边开始。

例如下面的语句将返回"韩立刚"和"老师"。

```
SELECT LEFT('韩立刚老师',3),RIGHT('韩立刚老师',2)
```

SUBSTRING(string,start,length)将对 string 从 start 位置开始截取 length 个字符，start 表示开始截取的位置，length 表示截取的长度。

例如下面的语句表示从字符串"韩立刚老师"中的第二个字符"立"开始截取 4 个字符，返回结果为"立刚老师"。

```
SELECT SUBSTRING('韩立刚老师',2,4)
```

4．使用 LTRIM()和 RTRIM()修整字符串

LTRIM(string)和 RTRIM(string)分别表示删除 string 字符串中的前导空格和后导空格，然后返回修整后的字符串。

例如下面的语句返回结果为"韩立刚老师　　and　　韩利辉老师"，其中"and"前后有空格。

```
SELECT LTRIM('    韩立刚老师    ')+'and'+RTRIM('    韩利辉老师    ')
```

5．使用 CHARINDEX()查找字符串

CHARINDEX(string1,string2,start)表示从 string2 中的 start 位置开始查找 string1，start 如果是负数或 0，则表示从 string2 的开头查找。如果查找到了 string1，则返回查找到的位置，否则返回 0。

例如下面的语句分别返回 3 和 0。因为在第二个 CHARINDEX()中，是从第 4 个字符开始查找"刚老"，而"刚"的位置是 3，因此查找不到结果，返回 0。

```
SELECT CHARINDEX('刚老','韩立刚老师',2),CHARINDEX('刚老','韩立刚老师',4)
```

6．使用 REPLACE()和 STUFF()替换字符串

REPLACE(string1,string2,string3)表示将 string1 中的字符串 string2 替换为 string3。如果 string2 不是 string1 中的字符串，则不替换。

例如下面的语句返回结果"韩利辉老师"和"韩立刚老师"。

```
SELECT REPLACE('韩立刚老师','立刚','利辉'),REPLACE('韩立刚老师','小刚','利辉')
```

STUFF(string1,start,length,string2)表示从字符串 string1 的 start 位置开始删除 length 个字符，然后在删除的位置插入 string2。

例如下面的语句从第一个字符串"韩立刚老师"的第 2 个位置（字符"立"）开始删除 3 个字符，然后在删除的位置插入"某某"字符，最终返回结果为"韩某某师"。

```
SELECT STUFF('韩立刚老师',2,3,'某某')
```

7. 使用 SPACE()来用空格填充

SPACE(n)可以返回指定数量的空格，n 是空格数量。

```
SELECT  '韩立刚'+SPACE(5)+'老师'
```

8. 使用 REPLICATE()来重复字符串

可以使用 REPLICATE(string,n)来重复字符串，其中 string 是要重复的字符串，n 是重复次数。

例如下面的语句返回"abcabcabc"。

```
SELECT REPLICATE('abc',3)
```

2.7.4 日期时间函数

1. GETDATE()和 CURRENT_TIMESTAMP

可以使用 GETDATE()和 CURRENT_TIMESTAMP 函数获取当前系统的日期和时间。前者是 T-SQL 中的语法，后者是标准 SQL 语法，因此后者可以和其他数据库系统兼容。

2. 使用 YEAR()、MONTH()和 DAY()获取给定时间的年月日部分

YEAR(datetime)、MONTH(datetime)和 DAY(datetime)三个函数分别获得日期的年、月、日。

下面的语句获取当前日期时间并将当前的日期分开。

```
SELECT GETDATE()AS  当前时间,
YEAR(GETDATE()) AS  年,
MONTH(GETDATE())AS  月,
DAY(GETDATE()) AS  日
```

3. 使用 DATEADD()获得加上指定日期时间后的新日期时间

DATEADD(datepart,number,date)表示将 date 的 datepart 部分加上 number 后的新 date。

其中 datepart 格式如图 2-18 所示。当使用到 datepart 时，也可以使用其对应的缩写形式。

datepart	缩写形式	值和范围
year	yy ,yyyy	年（1753～9999）
quarter	qq ,q	季度（1～4）
month	mm ,m	月份（1～12）
dayofyear	dy ,y	一年中的日期（1～366）
day	dd ,d	一月中的日期（1～31）
week	wk ,ww	一年中的星期（1～53）
weekday	dw ,w	一周中的日期（1～7），周日算一周的第一天
hour	hh	小时（0～23）
minute	mi ,n	分钟（0～59）

图 2-18 datepart 格式

下面的语句是为指定的 datepart 增加了 2 个数量之后返回的新时间。

```
SELECT DATEADD(yy,2,GETDATE())AS 加 2 年    --或者使用 year 替代 yy
SELECT DATEADD(qq,2,GETDATE())AS 加 2 季度
SELECT DATEADD(mm,2,GETDATE())AS 加 2 月
SELECT DATEADD(wk,2,GETDATE())AS 加 2 周
SELECT DATEADD(dy,2,GETDATE())AS 加 2 日
SELECT DATEADD(dd,2,GETDATE())AS 加 2 日
SELECT DATEADD(dw,2,GETDATE())AS 加 2 日
```

number 也可以为负数，表示减去指定时间。

4. 使用 DATEDIFF()获取时间差

DATEDIFF(datepart,startdate,enddate)返回 enddate 与 startdate 在指定的 datepart 上的时间差，如果 enddate 比 startdate 小，则得到负值。datepart 参考图 2-18。

假如当前的 GETDATE()日期部分为 2015-07-27，则下面的语句分别返回 0 和 20。因为在月份上没有差值，在天上相差 20 天。

```
SELECT DATEDIFF(mm,'20150707',GETDATE())
SELECT DATEDIFF(dy,'20150707',GETDATE())
```

5. 使用 DATENAME()、DATEPART()得到给定日期的指定部分和指定部分的整数值

格式分别为 DATENAME(datepart,date)和 DATEPART(datepart,date)，它们都得到指定 date 的 datepart 部分的值，返回结果在意义上等价，但返回方式不一样：DATEPART()返回的永远是一个数字，而 DATENAME()的结果和本地语言相关。例如，使用 dw 格式的 DATEPART()返回值是 4 时，在中国 DATENAME()返回的是"星期三"，在美国返回的则是"Wednesday"。

下面的语句可以说明它们的异同点。

```
SELECT DATENAME(mm,GETDATE()),DATEPART(mm,GETDATE())    --当前月份
SELECT DATENAME(dy,GETDATE()),DATEPART(dy,GETDATE())    --当前年已经过去的天数
SELECT DATENAME(dd,GETDATE()),DATEPART(dd,GETDATE())    --当前月已经过去的天数
SELECT DATENAME(dw,GETDATE()),DATEPART(dw,GETDATE())    --星期几、数字型的周几
```

2.7.5　数据类型转换函数

数据类型转换函数只有两个：CAST()和 CONVERT()，其中 CAST()是标准 SQL 语法。它们功能相似，都将一种数据类型显式转化为另一种数据类型。在满足一定条件时，字符类型可以和数值类型、日期时间类型进行转换。

它们的格式如下：

```
CAST(express AS date_type[(length)])
CONVERT(date_type[(length)],express [,style])
```

express 是表达式，date_type 是目标数据类型。style 是日期时间类型转换为字符类型时的显示格式，例如不写 style 时的默认设置为 0 或 100，显示格式 mon dd yyyy hh:miAM（或 PM），当 style 设置为 101 时，代表美国显示标准，显示格式为 mm/dd/yyyy。在这里不对 style 多做介绍。

　　下面给出了几种格式的字符型转换为日期型的示例和其他类型的转换，最后还给出了一个指定 style 值将日期转换为字符串的示例。

```
SELECT CAST('20100505' AS DATE)
SELECT CAST('2010-5-5' AS DATE)
SELECT CAST('2010/05/05' AS DATE)
SELECT CAST('2010 05 05' AS DATE)
SELECT CONVERT(INT,'00001')
SELECT CONVERT(DATETIME,'2015-03-03')
SELECT CONVERT(CHAR(20),GETDATE(),101)
```

2.7.6　控制 NULL 的常用函数

　　NULL 值的处理在数据库系统中非常重要，往往不经意的一个 NULL 值被忽略可能导致整个语句出错，也可能导致查询性能严重降低。在本书中将会经常看到把 NULL 的情况单独列出并给出解释。

　　SQL Server 中用于控制 NULL 值的函数有 3 个：NULLIF()、COALESCE()和 ISNULL()。

　　1.　NULLIF()

　　NULLIF(express1,express2)用于指示当 express1 等于 express2 时返回 NULL 值，否则返回 express1。注意 express1 的值不能为 NULL，否则将出错。

　　例如下面的语句返回"a""NULL"和"b"。

```
SELECT NULLIF('a',NULL),NULLIF('a','a'),NULLIF('b','a')
```

　　2.　COALESCE()

　　COALESCE(express1,express2,…,expressN)用于返回第一个非 NULL 表达式，要求参数中必须至少有一个非空表达式。

　　下面的语句返回"a"。

```
SELECT COALESCE(NULL,NULL,'a');
```

　　3.　ISNULL()

　　ISNULL(check_express,express)是特殊的 COALESCE()函数，用于检查 check_express 是否为空，如果不为 NULL，则返回该表达式的值，如果为 NULL，则将 express 转换为 check_express 的数据类型之后返回该值。

　　下面的语句返回"a"和"b"。

```
SELECT  ISNULL('a', 'b'),ISNULL(NULL, 'b');
```

2.8　流程控制语句

　　几乎所有的语言都有流程控制语句，因为它们提供了处理简单或复杂逻辑问题的方案。在 SQL 这样的数据处理语言中，只要具备了常见的流程控制语句，就能处理几乎所有业务逻辑上的问题。

2.8.1　条件判断语句 IF…ELSE 和 CASE

1．IF…ELSE

IF 语句用于条件的测试。当表达式满足某个条件时执行什么样的语句，不满足条件时执行什么样的语句。

它的语法如下：

```
IF expression {statement | statement_block}
[ ELSE {statement | statement_block } ]
```

其中，大括号{}表示里面的选项必选其一，中括号[]表示可选可不选；expression 是布尔类型的表达式，即它只能返回 TRUE 或 FALSE 类型；statement 和 statement_block 分别表示可能要执行的语句或语句块；IF…ELSE 的执行取决于是否指定了可选的 ELSE 语句：

（1）指定 IF 而无 ELSE。

在不指定 ELSE 时，即 "IF expression { statement | statement_block }"，当 express 取值为 TRUE 时，执行 IF 语句后的语句或语句块。IF 语句取值为 FALSE 时，则不执行。

（2）指定 IF 并有 ELSE。

在指定 ELSE 时，当 express 取值为 TRUE 时，执行 IF 语句后的语句或语句块，执行完后跳出该 IF 判断语句；当 express 取值为 FALSE 时，跳过 express 后的语句或语句块，而执行 ELSE 语句后的语句或语句块。

例如下面的语句定义一个变量，赋值为 50～100 的随机值，判断值的大小，返回不同结果。多执行几次，将返回不同的结果。

```
DECLARE @score decimal            --定义变量@score
SET @score=50+ RAND()*50          --给@score 赋值
IF @score<75                      --判断条件
PRINT '*****不及格*****'
ELSE PRINT '****及格****'
```

也可以将上面的整行 ELSE 语句注释掉，测试没有指定 ELSE 的语句是怎样执行的。

2．BEGIN…END

一个 IF…ELSE 语句只能控制一条语句或一个语句块的执行与否，这显然并不能满足处理问题的需求。而 BEGIN…END 可以包括一系列的 SQL 语句，它对编写 IF…ELSE 语句有非常大的作用。

现在将上面的语句改写成下面的语句。如果@score 小于 75，则打印两次不及格。

```
DECLARE @score decimal            --定义变量@score
SET @score=50+RAND()*50           --给@score 赋值
IF @score<75                      --判断条件
BEGIN                             --开始一组语句，打印两次不及格
PRINT '*****不及格*****'
PRINT '*****不及格*****'
```

```
END
ELSE PRINT '****及格****'
```

3. CASE 语句

CASE 语句在 SQL 中强大而又常用。使用它能根据每一个条件判断并返回一个对应的结果，多个条件和结果之间可以并列。

但是要注意，CASE 语句是一个表达式，而不是一个语句，因此它不能用于流程控制，也不能根据条件逻辑来做出某些处理，相反，它只是根据条件判断返回一个对应判断的值，搞清楚这一点对 CASE 的使用很重要。使用一个通俗易懂的例子来说明 CASE 和流程控制之间的区别：当判断存在 A 值时，使用 CASE 可以且只能返回一个 B 值，使用流程控制（如 IF 语句）则可以删除某个 C 记录或者进行其他操作。

有两种 CASE 语句，这两种 CASE 语句的 ELSE 部分都是可选的。

（1）CASE WHEN...THEN。

```
CASE WHEN express_1 THEN value_1
     WHEN express_2 THEN value_2
  …
     ELSE value_n
END
```

这种 CASE WHEN 可以进行多个判断，当 express_1 为 TRUE 时，返回 value_1；当 express_2 为 TRUE 时，返回 value_2；当所有 WHEN 后面的 express 都是 FALSE 时，返回 value_n。

例如将 Tscore 表的分数 Mark 进行分段比较。

```
SELECT StudentID,
     CASE WHEN Mark < 60 THEN '不及格'
          WHEN Mark >= 60 AND Mark < 70 THEN '及格'
          WHEN Mark >= 70 AND Mark < 80 THEN '良好'
          ELSE '优秀'
     END
FROM Tscore
```

（2）CASE...WHEN...THEN。

```
CASE express WHEN value1 THEN value_1
             WHEN value2 THEN value_2
    ...
     ELSE value_n
END
```

这种 CASE...WHEN，express 只能与 value 进行等同性检查。

例如上例分数分段的情况，当写上 CASE mark WHEN 后，并没有办法去写出用于分段的 value 值，因为要进行非等同性的比较运算。只有 mark 与 value 进行等同性比较时，才可以使用这种类型的 CASE...WHEN。

还是上面分数分段的例子，如果要使用 CASE...WHEN 达到分段的要求，可以参考下面的方法使用 FLOOR() 函数。

```
SELECT StudentID,
        CASE FLOOR(Mark / 10)
            WHEN 5 THEN '不及格'
            WHEN 6 THEN '及格'
            WHEN 7 THEN '良好'
            ELSE '优秀'
        END
FROM Tscore
```

2.8.2 循环语句

使用 WHILE 语句可以设置 SQL 语句重复执行的次数。每次循环前都要检查条件，如果条件为 TRUE 则执行，否则跳出循环。通常与 IF...ELSE 和 BEGIN...END 联合使用。

下面的语句打印一个由星号*组成的三角形形状，如图 2-19 所示。

图 2-19　循环语句打印的三角形

```
DECLARE @sum INT ,
        @a VARCHAR(10)
SET @sum = 0
SET @a = '*'
WHILE @sum <= 3
    BEGIN
        PRINT SPACE(3 - @sum)+ @a
        SET @sum = @sum + 1
        SET @a = @a + '**'
    END
```

3

查询基础

 主要内容

📖 理解简单查询逻辑处理的过程

📖 使用 WHERE 子句筛选满足条件的数据

📖 在 SELECT 语句中使用运算符

📖 掌握格式化结果集的方法

📖 使用 ORDER BY 排序

📖 使用 GROUP BY 分组

从本章开始将踏上对数据的操作之旅，这正是 SQL 的目的，也是学习 SQL 语句乐趣的开始。数据的查询，是 SQL 中使用最频繁的操作，也是最重要的知识之一。在 SQL Server 中，大量的组件和技术都是为了查询而存在，这正说明了查询的重要性。在本章的数据查询中会大量使用上一章中介绍的 T-SQL 语法、运算符等基础知识，这些基础知识还会贯穿在后续的章节中。

3.1 简单查询逻辑处理过程

在本章的开始介绍查询的逻辑处理过程，其中涉及一些尚未讲述的知识，如排序、分组、连接等。这看似不太合适，但是在了解查询的逻辑处理步骤之后却能够更好地理解这些知识和各种复杂的原理，同时在学习这些尚未讲述的知识点时可以对照本节内容进行学习。

之所以说是"逻辑处理"过程，是因为语句在实际执行过程中需要经过查询优化器的优化和选择，这个实际的物理处理过程可能和将要介绍的逻辑处理过程有所不同。但是，介绍查询的逻辑处理过程有助于正确理解查询的逻辑关系和执行顺序，这也是基于 SQL 语句进行优化的一部分理论。

编写如下例所示的简单查询语句，用以统计开发班和网络班学生人数并按人数排序。

```
SELECT    Class,COUNT(*)AS 人数
FROM      dbo.TStudent
WHERE     Class IN( '网络班', '开发班' )
GROUP BY Class
ORDER BY 人数;
```

下表是查询结果。

Class	人数
网络班	3
开发班	4

在得到最终返回结果前是分阶段进行处理的，每个阶段都会产生一个虚拟表，该虚拟表会作为下一阶段的输入表，而这些虚拟表对用户是不可用的，只有最终阶段产生的虚拟表（即查询结果）才返回给查询用户。

在这个简单的查询语句中，它们的阶段执行顺序是这样的：

第一阶段：使用 FROM 确定输入表。

该步骤先识别被查询的表，如果指定了表操作符，则还要按条件处理这些操作符。上面的语句只对一张表操作，因此在语句执行的开始，确定 Tstudent 表是将要进行操作的表，并将 Tstudent 的所有行输出到图 3-1 所示的虚拟表 1 中，作为下一阶段的输入表。

图 3-1　虚拟表 1

第二阶段：使用 WHERE 筛选数据。

在该阶段，将对虚拟表 1 中的所有行使用 WHERE 筛选器，只有符合 Class 为"网络班"和"开发班"条件的行才会放入到图 3-2 所示的虚拟表 2 中，虚拟表 2 将作为下一阶段的输入表。

第三阶段：进行数据分组。

在该阶段，将根据 GROUP BY 子句中指定的分组列 Class 对虚拟表 2 进行分组，开发班

分为一个组，网络班分为另一个组，得到图 3-3 所示的虚拟表 3，虚拟表 3 将作为下一阶段的输入表。

	StudentID	Sname	Sex	Birthday	Email	Class
1	0000000001	邓咏桂	男	1981-09-23 00:00:00.000	dengyonggui@91xueit.com	网络班
2	0000000002	蔡毓发	男	1987-09-26 00:00:00.000	caiyufa@91xueit.com	开发班
3	0000000003	袁冰琳	男	1989-11-03 00:00:00.000	yuanbinglin@91xueit.com	开发班
4	0000000004	许艺莉	女	NULL	xuyili@91xueit.com	网络班
5	0000000005	袁冰琳	男	1984-04-27 00:00:00.000	yuanbinglin@91xueit.com	开发班
6	0000000006	康固绍	男	1987-02-23 00:00:00.000	kanggushao@91xueit.com	开发班
7	0000000007	NULL	女	1983-03-20 00:00:00.000	NULL	网络班

图 3-2　虚拟表 2

组	原始行						
Class	StudentID	Sname	Sex	Birthday		Email	Class
网络班	0000000001	邓咏桂	男	1981-09-23 00:00:00.000		dengyonggui@91xueit.com	网络班
	0000000004	许艺莉	女	NULL		xuyili@91xueit.com	网络班
	0000000007	NULL	女	1983-03-20 00:00:00.000		NULL	网络班
开发班	0000000002	蔡毓发	男	1987-09-26 00:00:00.000		caiyufa@91xueit.com	开发班
	0000000003	袁冰琳	男	1989-11-03 00:00:00.000		yuanbinglin@91xueit.com	开发班
	0000000005	袁冰琳	男	1984-04-27 00:00:00.000		yuanbinglin@91xueit.com	开发班
	0000000006	康固绍	男	1987-02-23 00:00:00.000		kanggushao@91xueit.com	开发班

图 3-3　虚拟表 3

实际上分组后得到的没有图 3-3 中左边加粗部分的分组列，但是为了便于理解分组后的行为，因此在图中加入了它。

第四阶段：使用 SELECT 列表筛选列。

SELECT 列表在查询语句中虽然是最先指定的，但是由于它要处理返回的查询结果的列列表，因此几乎总是被最后处理。

从虚拟表 3 中筛选 SELECT 后的列 Class，并得到一个计算列 COUNT(*)统计按班级分组后的班级人数。取这两列的结果集，得到图 3-4 所示的虚拟表 4，作为下一阶段的输入表。

Class	人数
开发班	4
网络班	3

图 3-4　虚拟表 4

第五阶段：使用 ORDER BY 子句排序查询结果。

在此阶段，将按 ORDER BY 子句中的列列表对上面返回的虚拟表 4 进行排序，本例中是对别名"人数"代表的计算列 COUNT(*)进行默认的升序排序，排序后得到最终结果。

Class	人数
网络班	3
开发班	4

在书写 SQL 查询语句后，关键字总是以如下顺序排列：

1. SELECT
2. FROM
3. WHERE
4. GROUP BY
5. HAVING
6. ORDER BY

而实际的逻辑处理过程中则是以如下顺序执行：

1. FROM
2. WHERE
3. GROUP BY
4. HAVING
5. SELECT
6. ORDER BY

其中 HAVING 将会在本章中讲解，现在只需要知道 HAVING 执行的顺序是在 GROUP BY 分组之后 SELECT 选择列列表之前。

也就是说上例语句中执行的先后顺序是这样的：

（4）SELECT Class,COUNT(*)AS 人数
（1）FROM dbo.TStudent
（2）WHERE Class IN('网络班','开发班')
（3）GROUP BY Class
（5）ORDER BY 人数

当不理解执行顺序时，一个最容易出现的错误就是在某个阶段引用该阶段后才定义的别名。例如，下面的语句将报错，原因是在 WHERE 子句中引用了 SELECT 列列表阶段才定义的别名"学号"，而 SELECT 阶段在 WHERE 阶段之后。

```
SELECT StudentID AS 学号,Sname AS 姓名
FROM Tstudent
WHERE 学号='0000000001'
```

同样地，在 GROUP BY 之后的阶段，由于分组的影响，只能引用 GROUP BY 列表中所包含的列，如果要引用其他列，则必须对它们进行聚合运算。

对于更复杂的查询，将有更为具体的逻辑处理过程，这将在后续涉及到的章节中进行讲述。

3.2　数据库对象的引用规则

对数据库对象的引用应当遵循一定的规则，避免引起歧义。

完整的对象引用格式为：database_name.schema_name.object_name，即限定数据库名和架构名。

在图 3-5 中，数据库名是 AdventureWorks2008R2，架构名为方框选中的 dbo 和 Human-Resources。

图 3-5　架构名

在一个数据库中有可能出现两张表同名的情况，它们位于不同的架构下。例如，表名为 tableX，架构分别为 dbo 和 person，为了区分这两张表，则使用限定架构名的方法表示：dbo.tableX 和 person.tableX。

当引用的对象不在当前数据库中时，应当以数据库名和架构名来限定对象名。例如下面的语句明确指定引用 Schooldb 数据库中的 Tscore 表。

SELECT * FROM Schooldb.dbo.Tscore

引用默认架构下的对象时架构名可以省略不写。

SELECT * FROM Schooldb..Tscore

在某些情况下，对列的引用也需要使用表名进行限定。例如下面的语句指定了 Tstudent 表的 Sname 列。

SELECT Tstudent.Sname FROM Tstudent

3.3　指定表的返回列来筛选列

对于 SELECT * FROM Tstudent 这样一个简单的查询，它返回的结果是 Tstudent 表中的所有行所有列数据。可以在 SELECT 后指定所需的特定列。

SELECT StudentID,Sname
FROM Tstudent

上面的语句指定了两列：StudentID 和 Sname，将检索出这两列的数据，这是在纵向上筛选表数据。

3.4 使用 WHERE 筛选行

在查询时，往往需要的不是表中的所有行，而是满足部分条件的部分行，这就需要使用 WHERE 子句。在 WHERE 子句中可以包含多个条件，在各个条件之间可以使用逻辑运算符 AND 或 OR 进行连接，还可以使用 NOT 进行求反。使用 WHERE 筛选数据时是横向筛选。

3.4.1 使用比较运算符过滤数据

可以使用=、>、<等比较运算符指定过滤条件。

例如查询 Tscore 表中分数 Mark 小于等于 60 分的信息。

```
SELECT * FROM Tscore WHERE Mark<=60
```
查询分数在 70～80 之间的行。
```
SELECT * FROM Tscore WHERE Mark>=70 AND mark <=80
```
当 WHERE 子句中使用了多个逻辑运算符时，计算顺序依次为：NOT、AND、OR。
```
SELECT * FROM Tscore WHERE Mark<=60OR Mark >=80 AND Mark<=90
```
上面的语句先检索分数在 80 分到 90 分之间的行，再检索低于 60 分的行，因此返回的结果如图 3-6 所示。

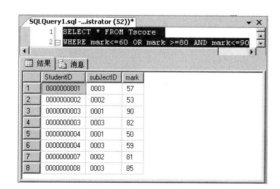

图 3-6 AND 和 OR 的计算顺序

而在使用比较运算符比较字符串时，抛去排序规则的影响，尾随空格将在比较中被忽略。下面的语句是等效的：
```
SELECT * FROM Tstudent WHERE Class='网络班'
SELECT * FROM Tstudent WHERE Class='网络班 '          --网络班后有空格
SELECT * FROM Tstudent WHERE Class='网络班'+SPACE(2)
```
但是含有前导空格时并不会被忽略。下面的语句检索不出数据。
```
SELECT * FROM Tstudent WHERE Class='  网络班'
```

3.4.2 搜索范围内的值

可以使用 BETWEEN...AND 关键字来检索两个值之间（包含边界）的值。可以对数值和日期值使用 BETWEEN...AND 来检索。

SELECT * FROM Tstudent
WHERE Birthday BETWEEN '1981-01-01' AND '1989-01-01';
SELECT * FROM Tscore WHERE mark BETWEEN 70 AND 80

BETWEEN...AND 可以使用<=和>=来等价替换。

SELECT * FROM Tscore WHERE mark>=70 AND mark<=80

可以使用 NOT 来指定检索范围之外的值。

SELECT * FROM Tscore WHERE mark NOT BETWEEN 70 AND 80

3.4.3　使用 IN 指定列表搜索条件

可以使用 IN 关键字指定条件列表，列表中的值以逗号隔开。IN 和 OR 可以相互转换。例如指定查询班级为网络班和开发班的学生。下面的语句是等价的。

SELECT * FROM Tstudent WHERE Class IN('网络班','开发班')
SELECT * FROM Tstudent WHERE Class='网络班' OR Class='开发班'

IN 关键字更重要的是应用在子查询上。子查询的内容将在第 5 章中详细讲述。

3.4.4　使用 LIKE 关键字进行模糊匹配

使用 LIKE 关键字搜索与指定条件相匹配的字符串、日期或时间值，在指定条件时需要使用通配符，如图 3-7 所示。

通配符	含义
%	代表任意字符串
_（下划线）	代表单个任意字符
[]	指定范围（如[韩,马,郭]）内的任意单个字符
[^]	不在指定范围内的任意单个字符

图 3-7　通配符

使用%查询姓"许"的学生。

SELECT * FROM Tstudent WHERE Sname LIKE '许%'

查询姓名中第二个字为"冰"字的学生。

SELECT * FROM Tstudent WHERE Sname LIKE '_冰%'

查询姓名中含有"许""发""冰"字的学生。注意，不能在[]中对字符使用单引号（''），可以使用双引号或者省略不写。

SELECT * FROM Tstudent WHERE Sname LIKE '%[许,发,冰]%'

查询不姓"许""发""冰"的学生。

SELECT * FROM Tstudent WHERE Sname LIKE '[^许,发,冰]%'

使用 NOT 求反，查询不姓"许"的学生。

SELECT * FROM Tstudent WHERE Sname NOT LIKE '许%'

3.4.5　使用 NULL 比较搜索条件

当指定 NULL 条件时，使用 IS NULL 或者 IS NOT NULL，而不使用= NULL。

SELECT * FROM Tstudent WHERE Sname IS NULL
SELECT * FROM Tstudent WHERE Sname IS NOT NULL

> **注意**：NULL 和"和''（含有空格）三者是不同的。执行下面的示例语句能够很好地理解三者的区别。

INSERT INTO Tstudent(StudentID,Sname,Sex,Email)
VALUES('0000000009','','',' ')　--Email 列插入一个空格

如图 3-8 所示，可以看出"代表的是空白信息，是 0 长度的字符串；NULL 代表的是尚未插入的值，也就是不确定的值；''代表的是空格字符，已明确插入的值是空格。

	StudentID	Sname	Sex	Birthday	Email	Class
1	0000000001	邓咏桂	男	1981-09-23 00:00:00.000	dengyonggui@91xueit.com	网络班
2	0000000002	蔡毓发	男	1987-09-26 00:00:00.000	caiyufa@91xueit.com	开发班
3	0000000003	袁冰琳	男	1989-11-03 00:00:00.000	yuanbinglin@91xueit.com	开发班
4	0000000004	许艺莉	女	NULL	xuyili@91xueit.com	网络班
5	0000000005	袁冰琳	男	1984-04-27 00:00:00.000	yuanbinglin@91xueit.com	开发班
6	0000000006	康固绍	男	1987-02-23 00:00:00.000	kanggushao@91xueit.com	开发班
7	0000000007	NULL	女	1983-03-20 00:00:00.000	NULL	网络班
8	0000000008	潘昭丽	女	1988-02-14 00:00:00.000	panzhaoli@91xueit.com	测试班
9	0000000009			NULL		NULL

图 3-8　比较 NULL 和"和''

下面的语句指定了这 3 种不同的条件。

SELECT * FROM Tstudent WHERE Sname IS NULL
SELECT * FROM Tstudent WHERE Sname="
SELECT * FROM Tstudent WHERE Email=' '　　--含空格

结果如图 3-9 所示。

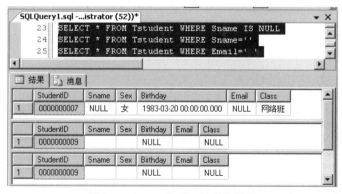

图 3-9　NULL 和"和''的查询结果

当 ANSI_NULLS 选项设置为 ON 时，NULL 不能与其他任何值进行逻辑比较。因此不能在比较运算符中使用 NULL，否则无法检索出数据。事实上，它返回的是 UNKNOWN。

当 ANSI_NULLS 选项设置为 OFF 时，可以用 NULL 值进行逻辑比较。

```
--设置当前会话 ANSI_NULLS 为 OFF
SET ANSI_NULLS OFF
SELECT * FROM Tstudent WHERE Sname=NULL
SELECT * FROM Tstudent WHERE Sname IS NULL
```

此时这两个查询是等价的。

删除刚才插入的行并将 ANSI_NULLS 设置为 ON。

```
DELETE Tstudent WHERE StudentID='0000000009'
SET ANSI_NULLS ON
```

3.4.6 筛选时影响性能的注意事项

在进行数据筛选时需要注意以下三点：

（1）尽量不要使用求反操作，如 NOT BETWEEN、NOT LIKE、NOT NULL 等，这会影响数据检索性能。因为要先检索正向逻辑的数据行，即 BETWEEN、LIKE、NULL 的数据，然后再在此基础上进行求反操作。

（2）如果能够使用一个更确定的查询，就尽量避免使用关键字 LIKE，使用 LIKE 查询，数据查询速度可能会降低。

（3）只要有可能，尽量在搜索条件中使用精确的比较或值的域。

3.5 格式化结果集

3.5.1 在选择列表中使用常量、函数和表达式

在 SELECT 的选择列表中可以使用常量、函数和表达式。

1. 使用常量

下面的语句使用了常量并定义了常量列的别名，返回的结果如图 3-10 所示。

```
SELECTStudentID,Sname,Sex,Birthday,Email,Class,'学生信息' AS 常量列
FROM Tstudent
```

	StudentID	Sname	Sex	Birthday	Email	Class	常量列
1	0000000001	邓咏桂	男	1981-09-23 00:00:00.000	dengyonggui@91xueit.com	网络班	学生信息
2	0000000002	蔡毓发	男	1987-09-26 00:00:00.000	caiyufa@91xueit.com	开发班	学生信息
3	0000000003	袁冰琳	男	1989-11-03 00:00:00.000	yuanbinglin@91xueit.com	开发班	学生信息
4	0000000004	许艺莉	女	NULL	xuyili@91xueit.com	网络班	学生信息
5	0000000005	袁冰琳	男	1984-04-27 00:00:00.000	yuanbinglin@91xueit.com	开发班	学生信息
6	0000000006	康固绍	男	1987-02-23 00:00:00.000	kanggushao@91xueit.com	开发班	学生信息
7	0000000007	NULL	女	1983-03-20 00:00:00.000	NULL	网络班	学生信息
8	0000000008	潘昭丽	女	1988-02-14 00:00:00.000	panzhaoli@91xueit.com	测试班	学生信息

图 3-10　在选择列表中使用常量

2. 使用函数

可以在选择列表中使用函数。

例如下面的语句将姓名拆分成姓和名并在中间加上空格，结果如图 3-11 所示。

```
SELECT StudentID,LEFT(Sname,1)+' '+RIGHT(Sname,LEN(Sname)-1)AS 姓名,Sex
FROM Tstudent
```

	StudentID	姓名	Sex
1	0000000001	邓 咏桂	男
2	0000000002	蔡 毓发	男
3	0000000003	袁 冰琳	男
4	0000000004	许 艺莉	女
5	0000000005	袁 冰琳	男
6	0000000006	康 固绍	男
7	0000000007	NULL	女
8	0000000008	潘 昭丽	女

图 3-11　在选择列表中使用函数

3. 使用表达式

例如在选择列表中使用 CASE 结构，返回结果如图 3-12 所示。

```
SELECT StudentID,Sname,Sex,
       CASE WHEN Class = '网络班' THEN '这是网络班学生'
            WHEN Class = '开发班' THEN '这是开发班学生'
            ELSE '这是测试班学生'
       END AS 所在班级
FROM Tstudent;
```

	StudentID	Sname	Sex	所在班级
1	0000000001	邓咏桂	男	这是网络班学生
2	0000000002	蔡毓发	男	这是开发班学生
3	0000000003	袁冰琳	男	这是开发班学生
4	0000000004	许艺莉	女	这是网络班学生
5	0000000005	袁冰琳	男	这是开发班学生
6	0000000006	康固绍	男	这是开发班学生
7	0000000007	NULL	女	这是网络班学生
8	0000000008	潘昭丽	女	这是测试班学生

图 3-12　在选择列表中使用表达式

3.5.2　使用别名

在前面已经介绍过别名的作用。可以对表、列、计算列、表达式等定义别名。

别名的使用方式有 3 种：使用 AS、使用空格和使用赋值符号 "="。下面的语句是 3 种定义别名的方法。

```
SELECT CAST(GETDATE()AS DATE)AS 日期
SELECT CAST(GETDATE()AS DATE)日期
SELECT 日期=CAST(GETDATE()AS DATE)
```

使用别名需要注意以下两点：

（1）定义了表别名后，在语句中对该表的引用都必须使用别名，而不能使用原表名。

（2）引用别名时注意查询的逻辑处理过程。在某一阶段只能引用该阶段前面阶段定义的别名，使用该阶段后才定义的别名将报错。

例如下面的两个查询语句，第一个错误原因是不能引用原表名，第二个错误是因为WHERE 阶段不能引用 SELECT 阶段定义的字段别名。

> SELECT Tstudent.Sname FROM Tstudent AS 学生表
> SELECT Sname,Sex AS 性别 FROM Tstudent WHERE 性别 = '男'

下面是正确的写法。

> SELECT 学生表.Sname FROM Tstudent AS 学生表
> SELECT Sname,Sex AS 性别 FROM Tstudent WHERE Sex = '男'

3.5.3 使用 ORDER BY 子句对结果排序

ORDER BY 子句指定排序列，默认排序方式是升序（ASC），也可以按需要指定降序（DESC）排序。由于 ORDER BY 的逻辑处理过程是唯一在 SELECT 阶段之后执行的，因此 ORDER BY 子句是唯一可以引用 SELECT 列表中定义的列别名的阶段。

1. 按单列排序

指定排序列时，可以是列名或者列别名，还可以是 SELECT 选择列表中所处的位置值。例如下面的语句指定按 mark 升序排序。

> SELECT StudentID,subJectID,mark FROM Tscore ORDER BY mark

也可以指定列别名进行排序。

> SELECT StudentID,subJectID,mark AS 分数 FROM Tscore ORDER BY 分数

而下面的查询则是使用数值 3 代表 mark 在 SELECT 列表中的第 3 个位置进行排序。

> SELECT StudentID,subJectID,mark FROM Tscore ORDER BY 3

2. 按多列排序

按多列排序时，列之间用逗号隔开。当指定的第一个排序列值相同时，将对相同列值的行按第二个排序列排序，对指定的多个排序列依此类推。

下面的语句指定先按 mark 排序，对 mark 相等的行再按 StudentID 排序，结果如图 3-13 所示。

> SELECT StudentID,subJectID,mark FROM Tscore ORDER BY mark,StudentID

	StudentID	subJectID	mark
1	0000000004	0001	50
2	0000000002	0002	53
3	0000000001	0003	57
4	0000000004	0003	59
5	0000000005	0002	65
6	0000000006	0001	66
7	0000000008	0001	66
8	0000000001	0002	67
9	0000000002	0001	67

图 3-13　指定按多列排序

若在指定多列排序时指定排序方式，则需要在每个排序列后指定 ASC 或 DESC。例如下面的语句是对 mark 降序排序，然后对 StudentID 默认升序排序。

SELECT StudentID,subJectID,mark FROM Tscore ORDER BY mark DESC,StudentID

3．使用选择列之外的列排序

ORDER BY 子句可以包括未出现在 SELECT 选择列表中的列。例如下面的语句只查询 StudentID 和 subJectID 列，但是仍按 mark 升序排序。

SELECT StudentID,subJectID FROM Tscore ORDER BY mark

但是，如果指定了 SELECT DISTINCT 或者包含 GROUP BY 子句，则排序列必须包含在选择列表中。DISTINCT 和 GROUP BY 将在稍后讲述。例如下面的两个查询都将报错。

SELECT DISTINCT StudentID,subJectID FROM Tscore ORDER BY mark

SELECT StudentID,SUM(mark)FROM Tscore GROUP BY StudentID ORDER BY mark

4．排序时 NULL 的处理

当排序列中含有 NULL 时，可以将 NULL 作为"无穷小"值（但它并不是一个可以比较的值），升序排列时 NULL 在最前面，降序排序时 NULL 在最后面。

例如下面的语句按 Sname 升序排列，NULL 出现在最前面。

SELECT * FROM Tstudent ORDER BY Sname

在 Oracle 中可以通过使用 NULLS FIRST 或 NULLS LAST 关键字来指定 NULL 在排序时出现在最前面还是最后面。但是在 SQL Server 中并没有可以直接指定 NULL 位置的关键字，但是仍然可以通过使用表达式的方法来达到同样的效果。

如果需要将 NULL 作为"无穷大"值，升序时在最后面，降序时在最前面。例如下面的语句对 Sname 列中的值进行处理，当值为 NULL 时为 1，不为 NULL 时为 0，此时将 NULL 转换为比非 NULL 值更大，然后还指定了 Sname 为排序列，因为如果不指定，非 NULL 值由于都转化为 0，它们并没有进行排序。查询结果如图 3-14 所示。

SELECT * FROM Tstudent
ORDER BY (CASE WHEN Sname IS NULL THEN 1 ELSE 0 END),Sname DESC

图 3-14　排序时将 NULL 转化为"无穷大"

还可以将该语句进行改变，不论升序降序排序，NULL 都可以设置在最前最后。参考下面的语句，NULL 作为"无穷小"值出现在最前面，其他非 NULL 值按降序排序。

SELECT * FROM Tstudent
ORDER BY (CASE WHEN Sname IS NULL THEN 0 ELSE 1 END),Sname DESC

最后需要注意的是，使用 ORDER BY 会大幅降低查询性能，特别是数据量很大的时候。

3.5.4 使用 TOP 限制结果集

使用 TOP 子句限制结果集中返回的行，可以指定具体的返回行数，也可以指定返回百分比数量的行数。

1. TOP 不与 ORDER BY 一起使用

当使用 TOP 子句不指定 ORDER BY 时，TOP 子句返回的数据行是未排序状态的数据行。

```
SELECT TOP 2 * FROM Tscore
```

2. TOP 与 ORDER BY 一起使用

一般情况下，TOP 会与 ORDER BY 一起使用，指定排序后的前 n 行。当 TOP 与 ORDER BY 结合使用时，查询的逻辑处理过程将产生变化，变化如下：

```
SELECT (7)<TOP n>(5)<select_list>
(1)FROM
(2)WHERE
(3)GROUP BY
(4)HAVING
(6)ORDER BY
```

从变化的顺序可以看出，筛选 TOP n 行时需要先经过排序，然后在排序之后的结果中筛选出指定的 n 行。如何筛选数据行，分以下两种情况：

（1）指定的排序列没有重复值。

排序列没有重复值时，TOP n 直接按照排序列筛选。

下面的语句筛选出学号为 0000000001 到 0000000004 的数据行。

```
SELECT TOP 4 * FROM Tstudent
```

（2）指定的排序列有重复值。

当排序列有重复值且重复值在相邻的行时，按照排序列的下一列降序筛选数据行。若不在相邻行，则按正常顺序筛选。下面将详细解释这个结论。

执行下面的语句，查询学号为 0000000001 的学生成绩和指定按 StudentID 排序后取前 2 行成绩。查询结果如图 3-15 所示。

```
SELECT * FROM Tscore WHERE StudentID='0000000001'
SELECT TOP 2 * FROM Tscore ORDER BY StudentID
```

	StudentID	subJectID	mark
1	0000000001	0001	74
2	0000000001	0002	67
3	0000000001	0003	57

	StudentID	subJectID	mark
1	0000000001	0003	57
2	0000000001	0002	67

图 3-15　排序列值重复且相邻

从图中可以看出，学号为 0000000001 的学生有 3 科成绩，指定 TOP 2 选出其中的 2 行，但是筛选出的这两行是 subJectID 为 0003 和 0002 的学科成绩，而不是 0001 和 0002 的成绩。说明在指定 TOP n 和 ORDER BY 一起使用时，由于指定的排序列 StudentID 有 3 个重复值，且这 3 个重复值数据行位置是相邻的，这可以通过 SELECT * FROM Tscore 查看到，此时按排序列的下一列 subJectID 降序筛选数据行。

执行下面的语句，查看相邻和不相邻重复行的数据筛选方式，结果如图 3-16 所示。

SELECT TOP 3 * FROM Tstudent ORDER BY Class
SELECT TOP 5 * FROM Tstudent ORDER BY Class

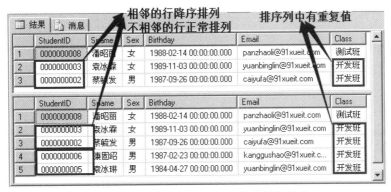

图 3-16　排序列值相邻和不相邻的数据筛选

从图 3-16 发现，指定的排序列 Class 重复行为开发班，TOP 3 筛选出来的行是按 StudentID 降序筛选的。但是筛选 TOP 5 时并未按照 StudentID 降序筛选，因为 "0000000005" 并非和 "0000000003" 相邻，它们中间隔了一行 "0000000004"。这可以从 SELECT * FROM Tstudent 查询的结果（如图 3-17 所示）看出。

	StudentID	Sname	Sex	Birthday	Email	Class
1	0000000001	邓咏桂	男	1981-09-23 00:00:00.000	dengyonggui@91xueit.com	网络班
2	0000000002	蔡毓发	男	1987-09-26 00:00:00.000	caiyufa@91xueit.com	开发班
3	0000000003	袁冰琳	男	1989-11-03 00:00:00.000	yuanbinglin@91xueit.com	开发班
4	0000000004	许艺莉	女	NULL	xuyili@91xueit.com	网络班
5	0000000005	袁冰琳	男	1984-04-27 00:00:00.000	yuanbinglin@91xueit.com	开发班
6	0000000006	康固绍	男	1987-02-23 00:00:00.000	kanggushao@91xueit.com	开发班
7	0000000007	NULL	女	1983-03-20 00:00:00.000	NULL	网络班
8	0000000008	潘昭丽	女	1988-02-14 00:00:00.000	panzhaoli@91xueit.com	测试班

图 3-17　隔开的行

事实上，排序列值重复且相邻的行筛选方式是由最先访问到的行决定的。

要解决这个问题，可以使用 WITH TIES 关键字，也可以在排序列添加列。下面的两个查询都解决了筛选问题，查看返回结果如图 3-18 所示。

SELECT TOP 5 WITH TIES * FROM Tstudent ORDER BY Class
SELECT TOP 5 * FROM Tstudent ORDER BY Class,StudentID

图 3-18　消除排序列值重复相邻的影响

WITH TIES 关键字指定返回包含 ORDER BY 子句返回的有重复值的所有行，因此该关键字必须与 ORDER BY 子句一起使用。如果排序列值有 3 行重复，那么使用 WITH TIES 时指定 TOP 1、TOP 2 或 TOP 3 返回的结果是相同的，因此使用 WITH TIES 时将有可能超过 TOP n 指定返回的数量 n。

例如下面的 3 个查询语句都将返回同样的结果。

```
SELECT TOP 1 WITH TIES * FROM Tscore ORDER BY StudentID
SELECT TOP 2 WITH TIES * FROM Tscore ORDER BY StudentID
SELECT TOP 3 WITH TIES * FROM Tscore ORDER BY StudentID
```

而在图 3-18 的第二个查询语句中新加一列是为了在 Class 重复时使用 StudentID 作为排序依据。

3.5.5　使用 DISTINCT 消除重复行

在 SELECT 后面可以使用 DISTINCT 关键字，该关键字可以消除选择列表中的重复行。选择列表中有几列就消除所有列值都重复的行。

执行下面的语句，第一个查询只消除 Class 列重复的行，第二个查询则消除 Class 和 Sname 两列列值都重复的行。

```
SELECT DISTINCT Class FROM Tstudent
SELECT DISTINCT Class,Sname FROM Tstudent
```

对于 DISTINCT 关键字来说，NULL 将被认为相互重复。当指定 DISTINCT 时，不论遇到多少个 NULL 值，结果中只返回一个 NULL。

使用 DISTINCT 时，查询的逻辑处理过程变化如下，DISTINCT 在选择列表阶段后 ORDER BY 阶段前被执行。

SELECT **(6)**DISTINCT **(8)**<TOP n>**(5)**<select_list>

(1)FROM

(2)WHERE

(3)GROUP BY

(4)HAVING

(7)ORDER BY

仍然要指出的是，指定了 DISTINCT 时，ORDER BY 子句的排序列只能在选择列表中，而不能使用选择列表外的列。原因是：假如 DISTINCT 消除了部分列重复值，将只返回一条重复记录，而如果使用非 SELECT 选择列表的列排序，将要求返回一条重复记录的同时还要返回每个重复值对应的多条记录，关系表中无法整合这样的结果。

例如，对 Class 列使用 DISTINCT 后想使用 StudentID 排序，如果允许将得到图 3-19 所示的返回结果，但是在数据库的关系模型中这是不可能出现的。

Class	StudentID
网络班	0000000001
	0000000004
	0000000007

图 3-19　期望的结果

3.6　使用 GROUP BY 子句和聚集函数进行分组计算

3.6.1　在查询中使用聚集函数

在第 2 章中介绍了聚集函数，包括 COUNT()、AVG()、SUM()、MAX()和 MIN()。在查询中单独使用这些函数时，将对表中所有记录的某个字段进行汇总，然后生成单个的值。

下面的查询分别列出了它们的功能。

SELECT COUNT(*),COUNT(Sname)FROM Tstudent	--统计记录
SELECT COUNT(DISTINCT Class)FROM Tstudent	--统计去重后的记录
SELECT AVG(mark)FROM Tscore	--统计 mark 列总平均分
SELECT SUM(mark)FROM Tscore	--统计 mark 列总分
SELECT MAX(mark)FROM Tscore	--统计 mark 最大的值
SELECT MIN(mark)FROM Tscore	--统计 mark 最小的值

在第一个查询中 COUNT(*)统计的是所有行，统计值中包括含有 NULL 的行。使用 COUNT()时，如果指定统计某列数据，例如统计 Tstudent 表中 Sname 列使用 COUNT(Sname)，则只统计 Sname 值不为 NULL 的行。因此指定列名统计时的统计结果总是小于或等于 COUNT(*)。还可以在 COUNT()中使用 DISTINCT 来统计去除重复记录后的数量，如第二个查询语句。

 注意：还可以在 COUNT()中指定任意数值，例如 COUNT(-1)、COUNT(0)、COUNT(1)，它们在效果上都等价于 COUNT(*)，在性能上也几乎等价。NULL 只在 COUNT(*)时被统计，其他的聚合函数都自动忽略 NULL 值。

3.6.2 GROUP BY 使用基础

在前面几个查询中，使用聚合函数时 SELECT 后的选择列表都只是聚合函数，而没有其他列或表达式。如果在选择列表中使用列名或表达式则将会报错。例如下面的语句将报错。

SELECT Sname,COUNT(*)FROM Tstudent

如果需要添加其他列到选择列表，则需要对字段使用聚合函数或使用 GROUP BY 子句。

GROUP BY 需要和聚集函数协同工作来为每个组生成一个聚合值，而且使用 GROUP BY 关键字时 SELECT 语句后的选择列表中的列必须包含在 GROUP BY 后的分组列表中，否则应当将列包含在聚集函数中。

例如下面的查询分别按班级和性别分组，统计每个班人数、男生人数和女生人数。

SELECT Class,COUNT(*)FROM Tstudent GROUP BY Class　　--按班级分组统计人数
SELECT Sex,COUNT(*)FROM Tstudent GROUP BY Sex　　--按性别分组统计人数

为什么分组后要满足上面几个"怪异"的条件呢？因为分组后，组变成每个操作的操作对象，一切操作要围绕组来进行。

假如对 Class 分组后的结果如图 3-20 所示，其中图中左边加粗部分是为了方便理解分组后的行为而添加上去的，实际结果中不包含该部分。单独理解这部分对理解分组有很大的帮助。

组	原始行					
Class	StudentID	Sname	Sex	Birthday	Email	Class
网络班	0000000001	邓咏桂	男	1981-09-23 00:00:00.000	dengyonggui@91xueit.com	网络班
	0000000004	许艺莉	女	NULL	xuyili@91xueit.com	网络班
	0000000007	NULL	女	1983-03-20 00:00:00.000	NULL	网络班
开发班	0000000002	蔡毓发	男	1987-09-26 00:00:00.000	caiyufa@91xueit.com	开发班
	0000000003	袁冰琳	男	1989-11-03 00:00:00.000	yuanbinglin@91xueit.com	开发班
	0000000005	袁冰琳	男	1984-04-27 00:00:00.000	yuanbinglin@91xueit.com	开发班
	0000000006	康固绍	男	1987-02-23 00:00:00.000	kanggushao@91xueit.com	开发班

图 3-20　Tstudent 表按 Class 分组后的虚拟表

1. 为什么分组之后涉及对组的操作时只允许返回标量值

标量值即单个值，比如聚合函数返回的值就是标量值。在分组之后，组将成为表的工作中心，一个组将成为一个整体，所有涉及分组的查询将以组作为操作对象。组的整体是重要的，组中的个体不重要，甚至可以理解为分组后只有组的整体，即图 3-20 中左边加粗的部分，而组中的个体是透明的。

以图 3-20 中的第一条记录举一个通俗的例子。在分组以前，知道了该学生的姓名"邓咏桂"之后，关注点可能要转化为它的主键列 StudentID 值"0000000001"，因为主键列唯一标识每一行，知道了主键值就知道了该行的所有信息。而在分组之后，关注的中心只有分组列 Class，无论是知道姓名"邓咏桂"还是学号"0000000001"都不是关注的重点，重点是该行记录是"网络班"的。

这就能解释为什么只能以组作为操作对象并返回标量值。例如，在分组之后进行 SUM 汇总，将以网络班作为一个汇总对象，以开发班作为另一个汇总对象，汇总的将是每个分组的总

值，而不是整个表的总值，并且汇总的值是一个标量值，不会为组中的每行都返回这个汇总值。

2. 为什么分组之后只能使用 GROUP BY 列表中的列，如果不在 GROUP BY 列表中必须进行聚合

分组后分组列成为表的工作中心，以后的操作都必须只能为组这个整体返回一个标量值。

如果使用了非分组列表的列，将不能保证这个标量值。例如，分组后对"网络班"返回了一个汇总值，假如同时要使用 StudentID 列和 Sname 列，因为这两列没有被聚合或分组，因此只能为这两列的每个值返回一行，也就是说在返回汇总标量值的同时还要求返回"网络班"组中的每一行，要实现这样的结果，需要整合为如图 3-21 所示的结果，但在关系表中这是违反规范的。就像 3.5.5 节中介绍的 DISTINCT 一样，ORDER BY 的排序列只能使用 DISTINCT 去重的选择列列表。

Class	StudentID	Sname
网络班	0000000001	邓咏桂
	0000000004	许艺莉
	0000000007	NULL
开发班	0000000002	蔡骏发
	0000000003	袁冰琳
	0000000005	袁冰琳
	0000000006	康固绍

图 3-21　期望的整合结果

因此，分组后只能使用分组列表中的列，如果要使用非分组列表中的列，应该让它们也返回一个标量值，只有这样才能实现分组列和非分组列结果的整合。例如下面的语句将会产生错误，因为 SELECT 列表在 GROUP BY 阶段后执行，而且 SELECT 列表中的列没有包含在 GROUP BY 中，也没有使用聚合函数，事实上从严格意义上看待这条语句，它没有实现分组的意义：既然不返回分组列的结果，那么为什么要进行分组呢？

```
SELECT StudentID,Sname FROM Tstudent GROUP BY Class
```

3.6.3　使用 HAVING 子句筛选分组后的数据

当需要对分组后的数据进行筛选时使用 HAVING 关键字。

HAVING 子句和 WHERE 子句的功能相似，都是对数据进行筛选。不同的是，WHERE 是在分组操作之前对数据进行筛选，然后通过 GROUP BY 对筛选后的数据进行分组，如果还有筛选需要，再使用 HAVING 进行分组后的筛选。而且，在 HAVING 子句中可以使用聚集函数或其他表达式，而在 WHERE 子句中则不允许使用聚合函数。

例如对 Tscore 表的 StudentID 分组，统计每个学生的平均分并筛选出平均分大于 60 分的学生。

```
SELECT StudentID,AVG(mark)FROM Tscore
GROUP BY StudentID
HAVING AVG(mark)>=60
```

而在下面的语句中使用 WHERE，则是先筛选学号不为"0000000001"的数据，然后将筛选后的数据分组汇总再 HAVING 筛选。

```
SELECT StudentID,AVG(mark)FROM TscoreWHERE StudentID<>'0000000001'
GROUP BY StudentID
HAVING AVG(mark)>=60
```

对比下面两个查询。

```
--使用 WHERE 筛选
SELECT StudentID,AVG(mark)FROM Tscore WHERE StudentID<>'0000000001'
GROUP BY StudentID
--使用 HAVING 筛选
SELECT StudentID,AVG(mark)FROM Tscore
GROUP BY StudentID HAVING StudentID<>'0000000001'
```

它们在返回结果上是一样的。但是第一个查询先将不需要的数据通过 WHERE 子句过滤掉，然后对更少的数据分组汇总；第二个子句先将所有数据分组汇总，然后在分组汇总好后再过滤掉数据。显然在这种情况下，使用 WHERE 子句的性能要比 HAVING 好。因此，应该尽可能地先在 WHERE 子句中过滤数据。

4

多表联接查询和数据汇总

 主要内容

- 掌握交叉联接
- 熟练使用内联接
- 熟练使用左、右外联接
- 熟练使用自联接
- 理解联接查询的逻辑处理过程
- 熟练编写多表联接查询
- 掌握 UNION 合并结果集
- 掌握 CUBE、ROLLUP、GROUPING SETS 汇总数据

在第 3 章中讲述了基础查询，其涉及的都是在单个表上的查询。但是单表查询常常不能满足查询需求。在关系数据库设计时，出于规范化，需要将数据分散在多表中。T-SQL 因关系型数据库而生，因此在使用 T-SQL 进行查询时会经常涉及到两表或多表中的数据，这就需要使用表的联接来实现多个表数据之间的联接查询。联接查询是关系型数据库的一个主要特点，同时也是区别于其他类型数据库管理系统的一个主要标志。

本章将详细讲述多表联接的类型、UNION 合并结果集，以及增强型分组函数 CUBE、ROLLUP 和 GROUPING SETS 的使用方法。

4.1 联接基础知识

在讲述联接之前，有必要先创建多表查询的实验环境。图 4-1 所示为实验数据一览。

学生表		
学号	姓名	性别
1	韩立刚	男
2	王景正	男
3	郭淑丽	女
4	韩旭	女
5	孟小飞	男

成绩表		
学号	学科	成绩
1	英语	89
1	数学	98
2	英语	87
2	数学	78
3	英语	97
3	数学	86
6	英语	90
6	数学	93

图 4-1　多表查询实验数据

```
CREATE DATABASE joindb
GO
USE joindb
GO
--创建学生表 Student 并插入学生记录
CREATE TABLE Student(StudentID int,Sname nvarchar(10),Sex nchar(1))
INSERT    Student
VALUES    (1,'韩立刚','男'),(2,'王景正','男'), (3,'郭淑丽','女'),
          (4,'韩旭','女'),(5,'孟小飞','男');
--创建成绩表并插入成绩
CREATE TABLE Score (StudentID int,Subjectname nvarchar(20), Mark decimal)
INSERT    Score
VALUES    (1,'英语',89),(1 '数学',59),(2,'英语',79),(2,'数学',86),
          (3,'英语',57),(3,'数学',67),(6,'英语',88),(6,'数学',83);
```

4.1.1　在 FROM 子句中联接

联接通常是在 FROM 子句中指定，在 FROM 子句中指定联接的语法格式如下：

FROM table_1 join_type table_2 [ON join_condition]

将 table_1 和 table_2 通过联接条件 join_condition 联接在一起，联接条件是可选的。联接的类型 join_type 分为交叉联接、内联接和外联接。当不写联接条件时，默认是交叉联接 CROSS JOIN。

4.1.2　在 WHERE 子句中联接

除了在 FROM 子句中指定联接外，还可以在 WHERE 子句中使用联接。例如下面的语句就是在 WHERE 子句中指定联接条件的。

SELECT Sname,Mark
FROM Student,Score
WHERE Student.StudentID=Score.StudentID

所不同的是，WHERE 子句只支持交叉联接和内联接，不支持外联接。联接表时表之间使用逗号相隔，条件在 WHERE 中指定。实际上，它是早期的标准 SQL 语法格式，在后期标准中语法格式转化为使用 JOIN 关键字的联接。虽然 WHERE 子句指定的联接仍被支持，但为了语句规范性，建议在 FROM 子句中使用 JOIN 关键字进行表联接。

4.2　交叉联接

下面的语句是一个标准的交叉联接，使用 CROSS JOIN 关键字将 Student 表和 Score 表进行联接。

```
SELECT Sname,Mark
FROM Student CROSS JOIN Score
```

查询结果如图 4-2 所示。从图中可知，两表交叉联接查询的结果有 40 行，它是交叉联接时得到的笛卡尔乘积。在本例中，笛卡尔乘积就是 Student 表中的每一行与 Score 表中的所有行进行联接，Student 表中有 5 行数据，Score 表中有 8 行数据，因此笛卡尔乘积等于 5*8=40 行数据。

	StudentID	Sname	Sex	StudentID	Subjectname	Mark
33	5	孟小飞	男	1	英语	89
34	5	孟小飞	男	1	数学	59
35	5	孟小飞	男	2	英语	79
36	5	孟小飞	男	2	数学	86
37	5	孟小飞	男	3	英语	57
38	5	孟小飞	男	3	数学	67
39	5	孟小飞	男	6	英语	88
40	5	孟小飞	男	6	数学	83

图 4-2　交叉联接

由于笛卡尔乘积将联接两张表中的所有数据，占用的资源可能会比较多，因此应当谨慎地使用 CROSS JOIN。

4.3　内联接

内联接是典型的联接运算，先经过笛卡尔乘积，然后在笛卡尔乘积虚拟表中使用 ON 筛选器，最终得到内联接后的查询记录。

图 4-3 描述了 Student 表和 Score 表内联接后的结果，它对应的 SQL 语句如下：

```
SELECT *
FROM Student INNER JOIN Score
ON Student.StudentID=Score.StudentID
```

在上面的查询中，使用 INNER JOIN 关键字指定进行内联接，INNER 可以省略，省略后默认为内联接，并使用 ON 关键字指定联接条件 Student.StudentID=Score.StudentID，将得到的笛卡尔乘积 40 行数据根据联接条件进行筛选，两表不匹配的行被消除掉，最终得到图中的 6 行数据。

学生表

学号	姓名	性别
1	韩立刚	男
2	王景正	男
3	郭淑丽	女
4	韩旭	女
5	孟小飞	男

成绩表

学号	学科	成绩
1	英语	89
1	数学	59
2	英语	79
2	数学	86
3	英语	57
3	数学	67
6	英语	88
6	数学	83

内联接后内存中的表

学号	姓名	性别	学号	学科	成绩
1	韩立刚	男	1	英语	89
1	韩立刚	男	1	数学	59
2	王景正	男	2	英语	79
2	王景正	男	2	数学	86
3	郭淑丽	女	3	英语	57
3	郭淑丽	女	3	数学	67

图 4-3　内联接结果

在使用联接查询时，可以对需要联接的表使用别名，增强可读性并方便引用，并且在 SELECT 选择列表中，当联接的两表中都存在的列，如 Student 和 Score 两表都存在的 StudentID 列，需要通过指定表名来限定。例如上面的语句可以改写为如下语句，对 Student 表使用别名 a，对 Score 表使用别名 b。

```
SELECT a.*,b.*
FROM Student a JOIN Score b
ON a.StudentID=b.StudentID
```

可以在使用 ON 联接条件后指定 WHERE 条件，此时应该将两表的联接条件写在 ON 子句中，对表中数据的筛选条件写在 WHERE 子句中。例如在上例查询语句的基础上查询 StudentID 为 "1" 的信息，语句如下：

```
SELECT a.*,b.*
FROM Student a JOIN Score b
ON a.StudentID=b.StudentID
WHERE a.StudentID=1
```

在逻辑处理过程上，SQL Server 会在进行笛卡尔乘积后首先使用 ON 联接条件进行筛选，然后再使用 WHERE 进行筛选。但是在内联接中，查询优化器会使 ON 联接条件和 WHERE 子句的筛选条件处于同一 "水平位置" 上，也就是说，此时内联接的查询不采用查询的逻辑处理过程，而是根据查询优化器的选择对 ON 子句和 WHERE 子句指定的条件一视同仁，没有区别。但是在外联接中，ON 子句和 WHERE 子句的条件是有区别的，将在本章稍后讲述。

根据上面的结论，刚才的查询语句还可以改为如下写法：

```
SELECT a.*,b.*
FROM Student a JOIN Score b
```

```
ON a.StudentID=b.StudentID AND a.StudentID=1
```

根据联接条件中比较运算符的不同，可以将内联接分为等值联接和不等值联接。使用"="进行联接的内联接称为等值联接，例如上面所举的示例都是等值联接；使用"<>"">"">="等进行联接的内联接称为不等值联接，例如下面的语句就是一个不等值联接。

```
SELECT a.*,b.*
FROM Student a JOIN Score b
ON a.StudentID=b.StudentID AND a.StudentID<>1
```

也可以将上面的不等值条件通过 WHERE 指定，对于内联接这并不会对执行结果产生影响，这在前面已经提过。

4.4　外联接

在内联接中，返回的是两表中都符合 ON 联接条件的行，如果不符合联接条件，内联接将不返回行。而外联接会返回 FROM 子句中至少一个表的全部行，被保留全部行的表称为保留表。

例如下面的语句是一个外联接，Student 表保留了全部行，因此是保留表。返回结果如图 4-4 所示。

```
SELECT a.*,b.*
FROM Student a LEFT OUTER JOIN Score b
ON a.StudentID=b.StudentID
```

	StudentID	Sname	Sex	StudentID	Subjectname	Mark
1	1	韩立刚	男	1	英语	89
2	1	韩立刚	男	1	数学	59
3	2	王景正	男	2	英语	79
4	2	王景正	男	2	数学	86
5	3	郭淑丽	女	3	英语	57
6	3	郭淑丽	女	3	数学	67
7	4	韩旭	女	NULL	NULL	NULL
8	5	孟小飞	男	NULL	NULL	NULL

图 4-4　外联接示例

外联接根据保留表位于联接关键字的位置（左边或右边）不同分为三种：左外联接、右外联接和完全外部联接。这三种联接的联接关键字分别是：LEFT OUTER JOIN、RIGHT OUTER JOIN 和 FULL OUTER JOIN，OUTER 关键字可以省略不写。

外联接在查询逻辑处理时经历三个阶段，即笛卡尔乘积、ON 联接条件的筛选和添加外部行。

4.4.1　左外联接

左外联接保留 LEFT JOIN 关键字左边的表的所有行。下面的语句是一个左外联接示例。

```
SELECT a.*,b.*
FROM Student a LEFT JOIN Score b
ON a.StudentID=b.StudentID
```

在查询过程中，首先进行的是笛卡尔乘积得到 40 行数据，然后根据 ON 联接条件筛选出 StudentID 为 1、2、3 的 6 行数据，最后添加 Student 表中有而 Score 表中没有的行，即 StudentID=4 和 StudentID=5 的行，这两行称为外部行。最终得到返回结果，Student 表的所有行数据被保留，对应外部行中的 Score 表在查询结果中被 NULL 填充。

4.4.2 右外联接

右外联接保留 RIGHT JOIN 关键字右边的表的所有行。下面的语句是一个右外联接示例，返回结果如图 4-5 所示，保留表为 Score 表。

```
SELECT a.*,b.*
FROM Student a RIGHT JOIN Score b
ON a.StudentID=b.StudentID
```

	StudentID	Sname	Sex	StudentID	Subjectname	Mark
1	1	韩立刚	男	1	英语	89
2	1	韩立刚	男	1	数学	59
3	2	王景正	男	2	英语	79
4	2	王景正	男	2	数学	86
5	3	郭淑丽	女	3	英语	57
6	3	郭淑丽	女	3	数学	67
7	NULL	NULL	NULL	6	英语	88
8	NULL	NULL	NULL	6	数学	83

图 4-5   右外联接示例

容易发现，左外联接和右外联接是可以相互转化的。下面两个语句是等价的。

```
--右外联接，Score 是保留表
SELECT a.*,b.*
FROM Student a RIGHT JOIN Score b
ON a.StudentID=b.StudentID
--转化的左外联接，Score 是保留表
SELECT a.*,b.*
FROM Score b LEFT JOIN Student a
ON b.StudentID = a.StudentID
```

4.4.3 完全外部联接

完全外部联接会保留关键字两边的表的所有行。例如下面的查询将会返回 Student 表和 Score 表中的全部行，返回结果如图 4-6 所示。

```
SELECT a.*,b.*
FROM Student a FULL JOIN Score b
ON a.StudentID = b.StudentID
```

图 4-6 中，第 7 行和第 8 行是 Student 表中不符合联接条件的行，第 9 行和第 10 行是 Score 表中不符合联接条件的行，它们都是在添加外部行阶段被添加进来的。

	StudentID	Sname	Sex	StudentID	Subjectname	Mark
1	1	韩立刚	男	1	英语	89
2	1	韩立刚	男	1	数学	59
3	2	王景正	男	2	英语	79
4	2	王景正	男	2	数学	86
5	3	郭淑丽	女	3	英语	57
6	3	郭淑丽	女	3	数学	67
7	4	韩旭	女	NULL	NULL	NULL
8	5	孟小飞	男	NULL	NULL	NULL
9	NULL	NULL	NULL	6	英语	88
10	NULL	NULL	NULL	6	数学	83

图 4-6　完全外部联接示例

完全外部联接常用于查找两表之间没有匹配数据的行。参考下面的语句，返回结果如图 4-7 所示。

```
SELECT a.*,b.*
FROM Student a FULL JOIN Score b
ON a.StudentID = b.StudentID
WHERE a.StudentID IS NULL OR b.StudentID IS NULL
```

	StudentID	Sname	Sex	StudentID	Subjectname	Mark
1	4	韩旭	女	NULL	NULL	NULL
2	5	孟小飞	男	NULL	NULL	NULL
3	NULL	NULL	NULL	6	英语	88
4	NULL	NULL	NULL	6	数学	83

图 4-7　查找两表不匹配的行

在外联接中也可以指定 WHERE 子句。前面已经介绍了在内联接中，ON 联接条件和 WHERE 条件是可以合并在一起的，这并不影响执行结果。但是在外联接中，ON 联接条件和 WHERE 筛选条件是不允许合并的，两表的联接条件必须写在 ON 子句中，对表数据的筛选条件则写在 WHERE 子句中。原因是在外联接的逻辑处理过程中存在一个添加外部行的阶段。ON 子句会在笛卡尔乘积之后被执行，然后会添加外部行，最后才对添加了外部行的输出结果执行 WHERE 筛选条件。

下面的两个查询返回的结果是不相同的。执行结果如图 4-8 所示。第二个查询中由于满足 a.StudentID = b.StudentID 的学号为 1、2、3，但同时需要满足 a.StudentID > 3，因此在 ON 筛选阶段后没有记录满足筛选条件，但在添加外部行过程中会将所有行添加进来，Score 表中不匹配的行全部为 NULL。

```
--不合并 ON 联接条件和 WHERE 筛选条件
SELECT a.*,b.*
FROM Student a LEFT JOIN Score b
ON a.StudentID = b.StudentID
WHERE a.StudentID>3
--合并 ON 联接条件和 WHERE 筛选条件
SELECT a.*,b.*
```

```
FROM Student a LEFT JOIN Score b
ON a.StudentID = b.StudentID AND a.StudentID>3
```

	StudentID	Sname	Sex	StudentID	Subjectname	Mark
1	4	韩旭	女	NULL	NULL	NULL
2	5	孟小飞	男	NULL	NULL	NULL

	StudentID	Sname	Sex	StudentID	Subjectname	Mark
1	1	韩立刚	男	NULL	NULL	NULL
2	2	王景正	男	NULL	NULL	NULL
3	3	郭淑丽	女	NULL	NULL	NULL
4	4	韩旭	女	NULL	NULL	NULL
5	5	孟小飞	男	NULL	NULL	NULL

图 4-8　ON 联接条件和 WHERE 条件的区别

4.5　自联接

在前面讲述的不论是交叉联接还是内联接和外联接，都是两个不同表之间的联接，实际上还存在一种自联接。在自联接中，左边表和右边表是同一张表，但是它们以不同的角色出现，并且指定不同的别名进行区分，通过两次打开同一张表进行查询。虽然自联接是表自身的联接，但是自联接可以通过交叉联接、内联接、外联接的任何一种方式进行联接。

下面将通过两个示例来介绍自联接的作用和用法。

4.5.1　使用同一列进行自联接

先执行下面的语句在 Student 表中新增一行重名学生。

```
INSERT INTO Student VALUES(6,'韩旭','男')
```

要查找到重名的学生，可以使用自联接的方法，两次打开 Student 表。图 4-9 中显示了通过姓名自联接并使用内联接的方式得到的结果，共 8 行数据，对应的 SQL 语句如下：

```
SELECT a.*,b.*
FROM Student a JOINStudent b
ON a.Sname=b.Sname
```

从图 4-9 中看出，前 6 行数据是自联接时自己联自己得到的行，第 7 行和第 8 行是重名不重学号的学生，也就是需要的数据。因此使用 WHERE 条件进行筛选得到重名学生信息。

```
SELECT a.*,b.*
FROM Student a JOIN Student b
ON a.Sname=b.Sname
WHERE a.StudentID<>b.StudentID
```

4.5.2　使用不同列进行自联接

先执行下面的语句，在 Student 表中添加一列组长列，以学号记录并更新表，使"韩立刚"成为组长。修改后的数据如图 4-10 所示。

```
ALTER TABLE Student ADD MonitorID varchar(10)
GO
UPDATE Student SET MonitorID='1' WHERE Sname<>'韩立刚'
```

图 4-9　自联接

图 4-10　修改后的数据

如何查出每个学生的组长姓名呢？可以使用自联接，通过 StudentID 和 MonitorID 这两个不同列对应关系联接查询。为了在查询结果中保留"韩立刚"，应当使用左外联接。参考下面的语句。第一次打开表 a，获取 MonitorID 信息，第二次打开表 b，获取 StudentID 和 a 表中的 MonitorID 相匹配的信息。返回结果如图 4-11 所示。

```
SELECT a.StudentID,a.Sname,a.Sex,b.Sname AS 组长
FROM Student a LEFT JOIN Student b
ON a.MonitorID=b.StudentID
```

图 4-11　使用不同列进行自联接

思考：在上面的自联接中，如果把 ON 联接条件换成 a.StudentID = b.MonitorID 会产生什

么结果呢？为什么？

4.6　联接查询的逻辑处理过程

在第 3 章中介绍过查询的逻辑处理过程，在本章前面也多次提过不同联接方式所经历的阶段。对于在 FROM 子句中指定的联接查询，有 3 个阶段：笛卡尔乘积、ON 联接条件筛选、添加外部行。每个阶段会产生一张虚拟表作为下一阶段的输入表。由于是在 FROM 子句中，因此这 3 个阶段都是在 WHERE 子句之前执行。

（1）交叉联接：执行笛卡尔乘积。

（2）内联接：执行笛卡尔乘积、ON 筛选器。

（3）外联接：执行笛卡尔乘积、ON 筛选器、添加外部行。

4.7　多表联接查询

前面讲述的都是两张表之间的联接。在很多时候，需要联接多张表，在多表联接的情况下，由于每次的联接只关联两张表，然后将结果再与下一张表进行联接，依次进行下去。但是在多表联接过程中涉及到一个联接的顺序问题，不同的联接顺序可能产生不同的结果。根据不同的联接顺序，可以将多表联接分为顺序联接和嵌套联接。

顺序联接就是按照 FROM 子句中联接的书写顺序从前往后进行表之间的联接，前两张表联接完成后，联接结果与第三张表进行联接。

嵌套联接就是在联接中存在层次关系，最里层的先执行，逐次向外层联接。与顺序联接不同的是它的 ON 子句是交错放置的。图 4-12 演示了顺序联接和嵌套联接 ON 子句的位置和两种联接执行顺序的差别。

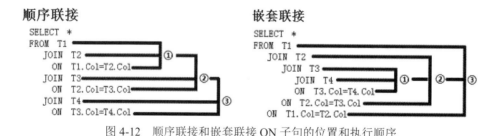

图 4-12　顺序联接和嵌套联接 ON 子句的位置和执行顺序

4.8　UNION 合并结果集

联接无论多么复杂，都被看作一条查询语句，而 UNION 合并结果集则是对两条查询语句的结果进行整理再返回结果。例如下面的语句，先扫描表 Student 查找到性别为男的学生，再第二次扫描表 Student 查找到性别为女的学生，最后通过 UNION 将两次结果集进行合并，得到最终返回结果。

```
SELECT *FROM Student WHERE Sex='男'
UNION
SELECT * FROM Student WHERE Sex='女'
```

联接和合并结果集的区别就在于：联接是根据 SELECT 选择列表将两个表的指定列横向联接在一起；而合并结果集则是把两个或多个查询结果纵向追加在一起，由于是追加操作，因此要求要合并的结果集的列数要相同，并且需要合并的对应列的数据类型也应当相同或者能够进行隐式转换。

4.8.1　UNION 和 UNION ALL

默认情况下,UNION 会将两个结果集中的重复行进行删除操作,但如果使用 UNION ALL,则结果中包含所有行。通过执行下面的语句能够深刻地理解 UNION 合并结果集的方式。

创建 Table1 和 Table2 两张表，并向其中插入部分示例数据，内容如图 4-13 所示。

```
CREATE TABLE Table1(a int,b char(4),c char(4))
CREATE TABLE Table2(x char(4),y decimal(5,4))
INSERT INTO Table1
VALUES (1,'ABC','JKL'),(2,'DEF','MNO'),(1,'GHI','PQR')
INSERT INTO Table2
VALUES ('JKL',1.000),('DEF',2.000 ),('MNO',5.000)
```

Table1

a	b	c
1	ABC	JKL
2	DEF	MNO
3	GHI	PQR

Table2

x	y
JKL	1.000
DEF	2.000
MNO	5.000

图 4-13　Table1 和 Table2 示例数据

下面的 UNION 合并语句考虑了需要合并的对应列的情况,Table2 中的 y 列可以和 Table1 中的 a 列相互兼容,根据数据类型隐式转换时的优先级,在追加结果集时会使用 Table2 中的 y 列值覆盖 Table1 中的 a 列值。由于查询结果中 Table2 的(2.000,DEF)和 Table1 的(2,DEF)重复,在合并时将去除一行重复值。在合并时,合并的列使用 Table1 中的列名 a、b,不使用 x、y,因此该语句返回的结果如图 4-14 所示。

```
SELECT a,b FROM Table1
UNION
SELECT y,x FROM Table2
```

下面的语句将不删除重复行(2.000,DEF)，结果如图 4-15 所示。

```
SELECT a,b FROM Table1
```

```
UNION ALL
SELECT y,x FROM Table2
```

	a	b
1	1.0000	ABC
2	1.0000	JKL
3	2.0000	DEF
4	3.0000	GHI
5	5.0000	MNO

图 4-14　UNION 合并结果集

	a	b
1	1.0000	ABC
2	2.0000	DEF
3	3.0000	GHI
4	1.0000	JKL
5	2.0000	DEF
6	5.0000	MNO

图 4-15　UNION ALL 合并结果集

4.8.2　对合并结果集进行排序

由于合并结果集时使用第一个 SELECT 选择列表的列名，因此在使用 ORDER BY 给合并后的结果集排序时只能指定第一个 SELECT 语句中指定的列名作为排序列。例如下面的语句将报错，应该将排序列改为 a 或者 b。

```
SELECT a,b FROM Table1
UNION ALL
SELECT y,x FROM Table2
ORDER BY y
```

在 UNION 之后使用 ORDER BY 进行排序时只能在最后一个 SELECT 语句的后面使用一个 ORDER BY 子句，这个 ORDER BY 子句应用在合并后的结果集上。不能在非最后一个 SELECT 语句后插入 ORDER BY 子句，那样将会报错，事实上也毫无意义。

ORDER BY 的逻辑处理阶段在 UNION 合并结果集之后。

4.8.3　结果集的合并顺序

可以对多个查询语句使用多个 UNION 进行结果集合并，在合并过程中，默认从前向后合并。若要改变合并顺序，可以改写 SELECT 语句的位置，也可以通过添加“()”来完成顺序的改变。例如下面的两个查询等价，都是先合并 Table2 和 Table3，再合并 Table1。

```
SELECT * FROM Table2
UNION
SELECT * FROM Table3
UNION
SELECT * FROM Table1
--使用括号改变合并顺序
SELECT * FROM Table1
UNION
(SELECT * FROM Table2
UNION
SELECT * FROM Table3)
```

4.9　汇总数据

虽然在第 3 章中介绍了通过 GROUP BY 子句结合聚合函数实现数据汇总，但是使用 GROUP BY 进行数据汇总适用于单列或列数较少时。当需要统计的列较多时，使用聚合函数可能变得非常复杂甚至不可用。为此，在 GROUP BY 子句中增加 CUBE、ROLLUP 等运算符便可在一个查询语句中得到所有可能的分组统计结果。在 SQL Server 2008 中，推荐使用 GROUPING SETS、ROLLUP 和 CUBE 代替不符合 ISO 规范的 WITH ROLLUP 或 WITH CUBE。

下面是一个多列分组汇总示例。在 SchoolDB 数据库中，有 Tstudent、Tsubject 和 Tscore 三张表，它们记录了学生所在班级、课程和成绩，总共有 3 个班级、3 门课程。若要查询每班每科的成绩总分，则使用 GROUP BY 和聚合函数 SUM()，语句参考下面的示例，返回结果如图 4-16 所示。

```
USE SchoolDB
GO
SELECT subJectName,Class,sum(mark)AS 总分
FROM Tstudent a JOIN Tscore b ON a.StudentID=b.StudentID
                JOIN TSubject c ON b.subJectID=c.subJectID
GROUP BY subJectName,Class
```

	subJectName	Class	总分
1	软件测试	测试班	91
2	软件开发	测试班	85
3	网络管理	测试班	66
4	软件测试	开发班	293
5	软件开发	开发班	312
6	网络管理	开发班	321
7	软件测试	网络班	216
8	软件开发	网络班	209
9	网络管理	网络班	223

图 4-16　每班每科总分

对班级、学科和成绩还可以有其他分组要求，如每个班总分、每门课程总分等，如何将这些汇总集合在一个查询语句中呢？

4.9.1　ROLLUP

上面的语句使用 "GROUP BY subJectName,Class" 子句对 subJectName 和 Class 分组进行汇总，但若要在此基础上再次对 subJectName 进行分组汇总，即统计软件测试、软件开发和网络管理这三门课程每门的总成绩，只使用 GROUP BY 一个查询语句已经无法满足要求。可以有下面讲述的两种方法来达成要求。

1. 使用 UNION 合并

下面的语句使用 UNION 合并两个汇总语句。其中第二个查询语句中 MAX(Class)的作用

是拼凑聚合函数，以便在 GROUP BY 子句中可以仅对 subJectName 列进行分组。

```
SELECT subJectName,Class,SUM(mark)AS 总分
FROM Tstudent a
    JOIN Tscore b ON a.StudentID = b.StudentID
    JOIN Tsubject c ON b.subjectID = c.SubjectID
GROUP BY subJectName,Class
UNION
SELECT subJectName,MAX(Class),SUM(mark)AS 总分
FROM Tstudent a
    JOIN Tscore b ON a.StudentID = b.StudentID
    JOIN Tsubject c ON b.subjectID = c.SubjectID
GROUP BY subJectName
```

结果如图 4-17 所示。

图 4-17　使用 UNION 合并汇总结果

2. 使用 ROLLUP

更方便的做法是对 subJectName 和 Class 两列使用 ROLLUP 参数，返回结果如图 4-18 所示。

```
SELECT subJectName,Class,SUM(mark)AS 总分
FROM Tstudent a
    JOIN Tscore b ON a.StudentID = b.StudentID
    JOIN Tsubject c ON b.subjectID = c.SubjectID
GROUP BY ROLLUP(subJectName,Class)
```

ROLLUP 中的列集书写位置不同，汇总的列是不同的。观察下面的语句和示例语句的区别。图 4-19 所示为调换列集位置后的返回结果。

```
SELECT subJectName,Class,SUM(mark)AS 总分
FROM Tstudent a
    JOIN Tscore b ON a.StudentID = b.StudentID
    JOIN Tsubject c ON b.subjectID = c.SubjectID
GROUP BY ROLLUP(Class,subJectName)
```

相比使用 UNION 合并查询，使用 ROLLUP 有以下优点：

（1）ROLLUP 写法更简便。

（2）每科总分更容易区分。在图 4-18 中，第 4 行、第 8 行和第 12 行中 Class 列都使用 NULL 填充，更容易区分出这些行为汇总行。

	subJectName	Class	总分
1	软件测试	测试班	91
2	软件测试	开发班	293
3	软件测试	网络班	216
4	软件测试	NULL	600
5	软件开发	测试班	85
6	软件开发	开发班	312
7	软件开发	网络班	209
8	软件开发	NULL	606
9	网络管理	测试班	66
10	网络管理	开发班	321
11	网络管理	网络班	223
12	网络管理	NULL	610
13	NULL	NULL	1816

图 4-18　使用 ROLLUP 汇总结果

	subJectName	Class	总分
1	软件测试	测试班	91
2	软件开发	测试班	85
3	网络管理	测试班	66
4	NULL	测试班	242
5	软件测试	开发班	293
6	软件开发	开发班	312
7	网络管理	开发班	321
8	NULL	开发班	926
9	软件测试	网络班	216
10	软件开发	网络班	209
11	网络管理	网络班	223
12	NULL	网络班	648
13	NULL	NULL	1816

图 4-19　ROLLUP(Class,subJectName)的结果

（3）执行效率和性能更高。

ROLLUP 的作用是对指定列集进行组合再汇总。ROLLUP(a, b)中，a 是一个列集，b 是一个列集。在 ROLLUP 中，这两个列集的组合结果有(a,b)、(a)和()三种，ROLLUP(a,b)在返回结果上相当于 GROUP BY(a,b)、GROUP BY(a)和 GROUP BY()三个分组结果集的汇总，其中 GROUP BY()是对 a 和 b 的整体汇总，即表示无分组情况。在图 4-20 中演示了 ROLLUP 对示例结果集的组合。

ROLLUP(a,b,c)组合的方法：(a,b,c)、(a,b)、(a)、()。

ROLLUP((a,b),c,d)组合的方法：((a,b),c,d)、((a,b),c)、(a,b)、()。

更多列集的组合依此类推。由此可知 ROLLUP 组合数为列集数加 1。

ROLLUP(subJectName,Class)

	subJectName	Class	总分	
1	软件测试	测试班	91	
2	软件测试	开发班	293	GROUP BY (subJectName,Class)
3	软件测试	网络班	216	
4	软件测试	NULL	600	GROUP BY (subJectName)
5	软件开发	测试班	85	
6	软件开发	开发班	312	GROUP BY (subJectName,Class)
7	软件开发	网络班	209	
8	软件开发	NULL	606	GROUP BY (subJectName)
9	网络管理	测试班	66	
10	网络管理	开发班	321	GROUP BY (subJectName,Class)
11	网络管理	网络班	223	
12	网络管理	NULL	610	GROUP BY (subJectName)
13	NULL	NULL	1816	GROUP BY ()

图 4-20　ROLLUP 组合列集

4.9.2 CUBE

相比于 ROLLUP，CUBE 得到更多的汇总数据。

CUBE(a,b)组合的方法：(a,b)、(b)、(a)、()。

CUBE(a,b,c)组合的方法：(a,b,c)、(a,b)、(a,c)、(b,c)、(c)、(b)、(a)、()。

CUBE((a,b),c)组合的方法：((a,b),c)、(a,b)、(c)、()。

更多列集的组合依此类推。由此可知 CUBE 组合数等于 2 的 n 次方，n 为列集数。

下面的语句比 ROLLUP(subJectName,Class)多汇总了每个班级的总分，返回结果如图 4-21 所示。

```
SELECT subJectName,Class,SUM(mark)AS 总分
FROM Tstudent a JOIN Tscore b ON a.StudentID=b.StudentID
              JOIN TSubject c ON b.subJectID=c.subJectID
GROUP BY CUBE(subJectName,Class)
```

	subJectName	Class	总分
1	软件测试	测试班	91
2	软件开发	测试班	85
3	网络管理	测试班	66
4	NULL	测试班	242
5	软件测试	开发班	293
6	软件开发	开发班	312
7	网络管理	开发班	321
8	NULL	开发班	926
9	软件测试	网络班	216
10	软件开发	网络班	209
11	网络管理	网络班	223
12	NULL	网络班	648
13	NULL	NULL	1816
14	软件测试	NULL	600
15	软件开发	NULL	606
16	网络管理	NULL	610

图 4-21　CUBE 汇总结果

4.9.3　使用 GROUPING SETS

在前面 ROLLUP 和 CUBE 的组合中，它们都限定了组合方式。例如 ROLLUP(a,b)的组合方式有：(a,b)、(a)和( )；CUBE(a,b)的组合方式有：(a,b)、(a)、(b)和()。如何只取其中的某组或某几组进行分组汇总呢？使用 GROUPING SETS 可以灵活地进行组合。例如只取(a,b)和(b)进行汇总，可以写成 GROUPING SETS((a,b),b)。

CUBE(a,b,c)等价于 GROUPING SETS((a,b,c),(a,b),(a,c),(b,c),(a),(b),(c),())。

ROLLUP(a,b,c)等价于 GROUPING SETS((a,b,c),(a,b),(a),())。

图 4-22 给出了常见的等价替换组合。

GROUPING SETS表达方式	UNION表达方式
GROUP BY GROUPING SETS(a,b,c)	GROUP BY a UNION GROUP BY b UNION GROUP BY c
GROUP BY GROUPING SETS(a,b,(b,c))	GROUP BY a UNION GROUP BY b UNION GROUP BY b,c
GROUP BY GROUPING SETS((a,b,c))	GROUP BY a,b,c
GROUP BY GROUPING SETS(a,(b),())	GROUP BY a UNION GROUP BY b UNION GROUP BY()
GROUP BY GROUPING SETS(a,ROLLUP(b,c))	GROUP BY a UNION GROUP BY ROLLUP(b,c)

图 4-22　GROUPING SETS 组合方式

例如不对班级和科目进行总体汇总。下面的语句相当于 ROLLUP(subJectName,Class)的结果集去除最后的总汇总。图 4-23 所示为返回结果。

```
SELECT subJectName,Class,SUM(mark)AS 总分
FROM Tstudent a JOIN Tscore b ON a.StudentID=b.StudentID
          JOIN TSubject c ON b.subJectID=c.subJectID
GROUP BY GROUPING SETS((Class,subJectName),subJectName)
```

	subJectName	Class	总分
1	软件测试	测试班	91
2	软件测试	开发班	293
3	软件测试	网络班	216
4	软件测试	NULL	600
5	软件开发	测试班	85
6	软件开发	开发班	312
7	软件开发	网络班	209
8	软件开发	NULL	606
9	网络管理	测试班	66
10	网络管理	开发班	321
11	网络管理	网络班	223
12	网络管理	NULL	610

图 4-23　特定组合进行汇总

4.9.4　GROUPING 查看汇总行并区分 NULL

在使用 CUBE 和 ROLLUP 操作的过程中都会产生 NULL，但是如果实际数据中含有 NULL，该如何区分查询结果中该行是汇总行还是实际数据行呢？使用 GROUPING 函数可以解决这个问题。如果 NULL 是实际数据，GROUPING 函数将返回 0；如果 NULL 是由 CUBE 或 ROLLUP 操作生成的，则返回 1。

例如下面的语句对 subJectName 和 Class 两列值进行 NULL 值分析。

```
SELECT GROUPING(subJectName)AS 班级汇总,GROUPING(Class)AS 科目汇总,
        subJectName,Class,SUM(mark)AS 总分
FROM Tstudent a
      JOIN Tscore b ON a.StudentID = b.StudentID
      JOIN Tsubject c ON b.subjectID = c.SubjectID
GROUP BY CUBE(subJectName,Class)
```

图 4-24 所示为使用 GROUPING 函数的返回结果。该返回结果中包含以下信息：

（1）第 4 行、第 8 行和第 12 行是对 Class 的汇总。

这些行的 GROUPING(subJectName)值为 1，GROUPING(Class)值为 0，说明这些行 subJectName 列值为 NULL，因此这些行是对 Class 的汇总值，即每班的总分。

（2）第 14 行、第 15 行和第 16 行是对 subJectName 的汇总。

这些行的 GROUPING(Class)值为 1，GROUPING(subJectName)值为 0，说明这些行 Class 列值为 NULL，因此这些行是对 subJectName 的汇总值，即每科的总分。

（3）第 13 行是对 subJectName 和 Class 的总汇总。

第 13 行的 GROUPING(Class)和 GROUPING(subJectName)值都为 1，说明这两列都是汇总列。

	班级汇总	科目汇总	subJectName	Class	总分
1	0	0	软件测试	测试班	91
2	0	0	软件开发	测试班	85
3	0	0	网络管理	测试班	66
4	1	0	NULL	测试班	242
5	0	0	软件测试	开发班	293
6	0	0	软件开发	开发班	312
7	0	0	网络管理	开发班	321
8	1	0	NULL	开发班	926
9	0	0	软件测试	网络班	216
10	0	0	软件开发	网络班	209
11	0	0	网络管理	网络班	223
12	1	0	NULL	网络班	648
13	1	1	NULL	NULL	18...
14	0	1	软件测试	NULL	600
15	0	1	软件开发	NULL	606
16	0	1	网络管理	NULL	610

图 4-24 使用 GROUPING 区分 NULL

若 NULL 是 subJectName 或 Class 列的实际数据，则 GROUPING 函数的值都为 0，说明不是汇总行。

5

子查询

 主要内容

- 了解子查询的作用和分类
- 标量和多值子查询的使用
- EXISTS 和 IN 的区别
- 转化子查询和多表联接查询
- 子查询对 NULL 的处理
- 学会嵌套子查询
- 派生表
- 公用表表达式

如果说多表联接使查询语句变得复杂，那么子查询则使得查询变得更灵活、更有逻辑。所谓子查询，就是一个嵌套在 SELECT、INSERT、UPDATE、DELETE 语句或其他子查询中的查询。在很多情况下，查询并不是一蹴而就的，往往需要其他载体充当中间角色，而子查询正是充当着中间集这样一种角色。

子查询也是内部查询，返回的结果集供外部查询使用。子查询根据返回结果集中值的数量可以分为标量子查询、多值子查询和表子查询；也可以根据对外部查询的依赖性分为独立子查询和相关子查询。本章会按这两种分类方式穿插介绍子查询。

5.1 独立子查询

每个子查询都有它所属于的外部查询。之所以称为独立子查询，是因为独立子查询是独立于其外部查询的子查询，可以选中子查询部分的代码独立运行。在逻辑处理过程中，子查询的位置决定了它被执行的顺序。

下面的语句查询每个学生每科成绩和总平均分的差距。

```
USE SchoolDB
GO
SELECT StudentID,subJectID,mark-(SELECT AVG(mark)FROM Tscore)差距  FROM Tscore
```

其中括号里的查询是子查询，整个查询是外部查询。选中子查询部分，可以独立运行，且不依赖于外部查询得到返回结果，因此它是独立子查询。该子查询位于 SELECT 选择列表，因此它的执行顺序是在 SELECT 阶段被执行的。

5.1.1　独立标量子查询

标量子查询是返回单个值的子查询，例如上例就是一个独立标量子查询。标量子查询可以出现在外部查询中任何期望使用单个值的位置（SELECT、FROM、WHERE 等）。

例如要查询分数最低的学生学号、姓名和该分数对应的课程。参考下面的语句。

```
SELECT a.StudentID,b.Sname,subJectID,mark
FROM Tscore a JOIN Tstudent b ON a.StudentID=b.StudentID
WHERE mark=(SELECT MIN(mark)FROM Tscore)
```

该语句中的子查询只返回了 Tscore 表中的最低分数 50，然后通过两表联接后的结果查出学号、姓名和课程。因此这个查询等价于下面的查询。

```
SELECT a.StudentID,b.Sname,subJectID,mark
FROM Tscore a JOIN Tstudent b ON a.StudentID = b.StudentID
WHERE mark= 50
```

也可以用变量的方式理解该子查询：先将 Tscore 表中的最低分数查询出来存储在变量中，再在查询中使用变量得到需要的结果。

```
DECLARE @mark INT = (SELECT MIN(mark)FROM Tscore)
/*
--SQL Server 2008 之前的版本必须使用单独的 DECLARE 和 SET 语句定义变量：
DECLARE @mark INT
SET @mark= (SELECT MIN(mark)FROM Tscore)
*/
SELECT a.StudentID,b.Sname,subJectID,@mark
FROM Tscore a JOIN Tstudent b ON a.StudentID=b.StudentID
WHERE mark=@mark
```

标量子查询只返回一个值，因此也可以使用其他运算符和标量子查询进行比较，如">""＞=""＜""＜＞"等。例如查询超过总平均分的相关信息。

```
SELECT StudentID,subJectID,mark
FROM Tscore
WHERE mark > (SELECT AVG(mark)FROM Tscore)
```

5.1.2　独立多值子查询

如果使用单值比较运算符和子查询进行比较，则子查询不能返回多个值，也不能返回多列。例如下面的语句将报错。这很容易理解，因为子查询得到 7 个值，使用 ">" 时，SQL Server 不知道要与 7 个值中的哪个值比较。

```
SELECT StudentID,subJectID,mark
FROM Tscore
WHERE mark > (SELECT mark FROM Tscore WHERE mark > 85)
```

若要解决这种问题，可以使用 IN、EXISTS、ALL、ANY 或 SOME 关键字，其中 SOME 是和 ANY 等效的 ISO 标准。ALL 要求比较时要满足子查询得到的每个值，ANY 要求比较时至少要满足子查询得到的任一值。关于 IN 和 EXISTS 谓词将在本章后面详细介绍。

以 ">" 运算符为例，">ALL" 表示大于每个值，也就是大于最大值。例如 "3>ALL(1,2,3)" 等价于 "3>1 AND 3>2 AND 3>3"，即 "3>3"，这是一个错误命题，因此为 FALSE。">ANY" 表示至少大于一个值，即大于最小值。例如 "2>ANY(1,2,3)" 等价于 "2>1 OR 2>2 OR 2>3"，即 "2>1"，返回 TRUE。

可以将上面错误的查询加上 ANY 关键字，语句如下：

```
SELECT StudentID,subJectID,mark
FROM Tscore
WHERE mark > ANY(SELECT mark FROM Tscore WHERE mark > 85)
```

子查询返回 7 个值，则该查询返回除去最小值剩下的 6 个值。

需要引起注意的是，当子查询中包含 NULL 时，使用 ALL、ANY 时不返回任何值，因为 ALL 和 ANY 实际上等价于使用了 AND 或者 OR 连接了条件，与 NULL 进行比较的本质并没有改变。

例如向 Tscore 表中插入一行 mark 列为 NULL 的数据，然后进行查询，将不返回值。参考下面的语句。

```
--插入示例行数据
INSERT INTO Tscore VALUES('0000000009','0003',NULL)
--使用 ALL 关键字操作子查询值，该查询不会返回任何值
SELECT StudentID,subJectID,mark
FROM Tscore
WHERE mark=ALL(SELECT mark FROM Tscore)
--实验结束删除插入的示例数据
DELETE Tscore WHERE mark IS NULL
```

5.2　相关子查询

相关子查询是指引用了外部查询中出现的表的列的子查询。这就意味着子查询要依赖于外部查询，不能独立地调用运行它。在逻辑上，子查询会为每个外部行单独计算一次。因此，子查询需要为外部查询运行的行数据量较大时，性能降低会很明显。

例如下面的语句查询分数大于或等于 85 分的学生信息。

```
SELECT * FROM Tstudent a
```

```
WHERE a.StudentID =
    (SELECT MAX(b.StudentID)FROM Tscore b
     WHERE mark >= 85 AND b.StudentID = a.StudentID)
```

该查询中的子查询部分无法独立外部查询进行计算，它需要 a.StudentID 的值，但是此值随着 SQL Server 扫描 Tstudent 表的不同行而不同。在逻辑上，当运行到 WHERE 子句时，子查询会为每个检查到的 a.StudentID 值运行一次，也就是说该子查询在逻辑上会重复运行多次。由于在 WHERE 子句中，比较运算符 "=" 左右两侧在逻辑处理阶段上处于平行，因此每运行一次子查询还会进行一次比较，即在逻辑上 WHERE 子句会重复多次比较。最终得到该查询的结果如图 5-1 所示。

	StudentID	Sname	Sex	Birthday	Email	Class
1	0000000003	袁冰琳	男	1989-11-03 00:00:00.000	yuanbinglin@91xueit.com	开发班
2	0000000005	袁冰琳	男	1984-04-27 00:00:00.000	yuanbinglin@91xueit.com	开发班
3	0000000006	康固绍	男	1987-02-23 00:00:00.000	kanggushao@91xueit.com	开发班
4	0000000007	NULL	女	1983-03-20 00:00:00.000	NULL	网络班
5	0000000008	潘昭丽	女	1988-02-14 00:00:00.000	panzhaoli@91xueit.com	测试班

图 5-1　相关子查询运行的最终结果

从上面的结果中也可以看出，相关子查询会对外部查询中的每个 StudentID 进行一次运算，当分数大于 85 分时取出 StudentID，如果一个学生多门课程高于 85 分，则通过 MAX(StudentID) 只取其中一个 StudentID 以满足 "=" 运算符的规则。可以思考一下，如果不对每个 StudentID 运行一次子查询，结果将由于 MAX(StudentID) 的存在而只会返回一条记录。

也就是说，每一次相关子查询的运算都是相互独立、互不干扰的，甚至可以将其理解为多次独立子查询。例如，对外部查询 StudentID 为 "0000000001" 的运行一次子查询，对 "0000000003" 的也运行一次子查询，它们的运行都可以认为是独立子查询，两个独立子查询之间是不会有干扰的。

相关子查询通常要比独立子查询难理解得多。一种便于理解它的方法是代入法，将注意力集中于外部表的某一行，将其代入到子查询中，再来理解针对该行所进行的逻辑处理。

例如，将注意力集中在 Tstudent 表中学号为 "0000000006" 的数据行。当运行到子查询时，将该学号代入子查询 a.StudentID 中，查找出该学号成绩等于或高于 85 分的学科，满足条件则保留，不满足条件则滤去，就相当于下面的查询语句。然后再一行一行将剩余的学号进行比对。

```
SELECT MAX(b.StudentID)FROM Tscore b
WHERE mark >= 85 AND b.StudentID = '0000000006'
```

5.3　使用 IN（NOT IN）和 EXISTS（NOT EXISTS）谓词

当子查询返回多个值时，除了可以使用 ALL 或 ANY 关键字概括子查询的返回值外，还可以使用 IN 或 EXISTS 谓词进行处理。

5.3.1　IN 和 NOT IN

例如下面使用 IN 引入子查询，子查询返回 7 个结果值，则该查询等价于从这 7 个值中挑选学号。SQL Server 够聪明，在使用 IN 时它会自动去除这 7 个值中的重复值得到不重复的 5 个学号值，因此最终返回的是 5 行数据。返回结果如图 5-2 所示。

```
SELECT *
FROM Tstudent
WHERE StudentIDIN(SELECT StudentID FROM Tscore WHERE mark >= 85)
```

	StudentID	Sname	Sex	Birthday	Email	Class
1	0000000003	袁冰琳	男	1989-11-03 00:00:00.000	yuanbinglin@91xueit.com	开发班
2	0000000005	袁冰琳	男	1984-04-27 00:00:00.000	yuanbinglin@91xueit.com	开发班
3	0000000006	康固绍	男	1987-02-23 00:00:00.000	kanggushao@91xueit.com	开发班
4	0000000007	NULL	女	1983-03-20 00:00:00.000	NULL	网络班
5	0000000008	潘昭丽	女	1988-02-14 00:00:00.000	panzhaoli@91xueit.com	测试班

图 5-2　使用谓词 IN 的多值子查询

可以使用 NOT IN 关键字对 IN 进行求反，求反时等价于使用 AND 连接。例如，1 NOT IN(1,2,3)等价于 1<>1 AND 1<>2 AND 1<>3。例如对上面的示例查询使用 NOT IN，返回结果如图 5-3 所示。

```
SELECT *
FROM Tstudent
WHERE StudentID NOT IN(SELECT StudentID FROM Tscore WHERE mark >= 85)
```

	StudentID	Sname	Sex	Birthday	Email	Class
1	0000000001	邓咏桂	男	1981-09-23 00:00:00.000	dengyonggui@91xueit.com	网络班
2	0000000002	蔡毓发	男	1987-09-26 00:00:00.000	caiyufa@91xueit.com	开发班
3	0000000004	许艺莉	女	NULL	xuyili@91xueit.com	网络班

图 5-3　NOT IN 求反

5.3.2　EXISTS 和 NOT EXISTS

使用 EXISTS 改写使用 IN 关键词的示例查询，语句如下：

```
SELECT *FROM Tstudent
WHERE EXISTS(SELECT StudentID FROM Tscore WHERE mark >= 85)
```

返回结果如图 5-4 所示。

	StudentID	Sname	Sex	Birthday	Email	Class
1	0000000001	邓咏桂	男	1981-09-23 00:00:00.000	dengyonggui@91xueit.com	网络班
2	0000000002	蔡毓发	男	1987-09-26 00:00:00.000	caiyufa@91xueit.com	开发班
3	0000000003	袁冰琳	男	1989-11-03 00:00:00.000	yuanbinglin@91xueit.com	开发班
4	0000000004	许艺莉	女	NULL	xuyili@91xueit.com	网络班
5	0000000005	袁冰琳	男	1984-04-27 00:00:00.000	yuanbinglin@91xueit.com	开发班
6	0000000006	康固绍	男	1987-02-23 00:00:00.000	kanggushao@91xueit.com	开发班
7	0000000007	NULL	女	1983-03-20 00:00:00.000	NULL	网络班
8	0000000008	潘昭丽	女	1988-02-14 00:00:00.000	panzhaoli@91xueit.com	测试班

图 5-4　使用 EXISTS 谓词

显然，该结果返回的是 Tstudent 表中的所有数据行。为什么会返回所有行呢？这是由 EXISTS 的特性决定的。

谓词 EXISTS 表示的是一种"存在"行为。在该示例中，子查询只要有返回值，那么 EXISTS 就返回 TRUE，由于该子查询是一个独立子查询，因此该处的 WHERE 条件仅相当于外部查询的开关，返回 TRUE 就进行查询，返回 FALSE 就不进行查询。

一般情况下，使用 IN 关键字表示的子查询能和 EXISTS 表示的相关子查询相互转换。

例如使用 EXISTS 关键字修改示例语句得到图 5-2 所示的结果。参考下面的语句。

```
SELECT *
FROM Tstudent a
WHERE EXISTS(SELECT b.StudentID FROM Tscore b
        WHERE b.mark >= 85 AND a.StudentID=b.StudentID)
```

该查询是一个相关子查询，a.StudentID 的值都会代入子查询中进行比较，子查询中只有代入的学生的成绩高于或等于 85 的记录才使 EXISTS 返回 TRUE，对应的外部查询将进行该行记录的查询并返回。从这里也能看出相关子查询其实就是多个独立子查询的结果。

也可以使用 NOT EXISTS 对 EXISTS 进行求反。例如下面使用 NOT EXISTS 的语句，它和前面使用 NOT IN 得到的结果是一样的。

```
SELECT   *
FROM Tstudent a
WHERE NOT EXISTS ( SELECT b.StudentID
                   FROM Tscore b
                   WHERE b.Mark >= 85 AND a.StudentID = b.StudentID )
```

EXISTS 谓词另一个有用的作用是和 IF 连用判断数据库对象是否存在，存在则删除，不存在则不做处理。

例如下面的语句分别判断是否存在表名为 T 的表和是否存在名为 MyTest 的数据库。

```
--判断是否存在表名为 T 的表，存在则删除
IF EXISTS(SELECT OBJECT_ID('T'))DROP TABLE T
--判断是否存在数据库名为 MyTest 的数据库，存在则删除
IF EXISTS(SELECT DB_ID('MyTest'))DROP DATABASE MyTest
```

其中 OBJECT_ID()和 DB_ID()是内置函数，作用是将对象名或数据库名转换为对应的对象 ID 或数据库 ID。与之对应的是 OBJECT_NAME()和 DB_NAME()函数，将对象 ID 或数据库 ID 转化为对象名或数据库名。

相关知识：判断数据库或者对象名是否存在的方法。

除了使用上面介绍的方法判断外，还可以使用下面的两种方法来判断。

方法一：

```
--判断表 T 是否存在，存在则删除
IF OBJECT_ID('T')IS NOT NULL DROP TABLE T
--判断数据库 MyTest 是否存在，存在则删除
IF DB_ID('MyTest')IS NOT NULL DROP DATABASE MyTest
```

方法二：

```
--判断表 T 是否存在，存在则删除
IF EXISTS(SELECT * FROM SYSOBJECTS WHERE NAME='T')DROP TABLA T
--判断数据库 MyTest 是否存在，存在则删除，需要切换到 master 数据库
USE master
GO
IF EXISTS(SELECT * FROMSYSDATABASESWHERENAME='MyTest')DROPDATABASEMyTest
```

虽然 IN 和 EXISTS 引入的子查询一般情况下能相互转换，但是它们有一定的区别：

（1）作用不同。

通过 IN 引入的子查询结果是包含 0 个或多个值的列表，它表示的是一种值的"等于"关系。例如 IN(2,3,4)表示可能"等于"2、3、4 中的 0 个或多个值。

通过 EXISTS 引入的子查询实际上不产生任何的数据，它只返回 TRUE 或 FALSE 值，它表示的是一种"存在"行为，子查询中返回值就代表 TRUE，表示"存在"；没有返回值就代表 FALSE，表示"不存在"。

由于 EXISTS 只关心子查询是否有返回行，而不考虑 SELECT 列表中指定的列，为了优化，它会忽略子查询的 SELECT 列表，因此 EXISTS 中子查询的 SELECT 选择列表指定任意列或任意表达式都不会有影响，通常使用星号"*"更具有可读性，尽管它在编译的时候进行列名扩展可能会消耗一点微乎其微的资源。

例如下面的两条查询语句和上面使用 EXISTS 谓词返回图 5-2 所示结果的查询性能几乎是一样的。

```
--子查询 SELECT 选择列表使用星号"*"
SELECT * FROM Tstudent a
WHERE EXISTS(SELECT * FROM Tscore b
        WHERE b.mark >= 85 AND a.StudentID = b.StudentID)
--子查询 SELECT 选择列表使用表达式
SELECT * FROM Tstudent a
WHERE EXISTS(SELECT 1 FROM Tscore b
        WHERE b.mark >= 85 AND a.StudentID = b.StudentID)
```

（2）对 NULL 的处理不同。

IN 的值列表中包含 NULL 时的处理采用三值逻辑，即 TRUE、FALSE 和 UNKNOWN。而 EXISTS 对 NULL 的处理采用的是二值逻辑，而不是三值逻辑，即只有 TRUE 和 FALSE。

例如，1 IN(1,2,3,NULL)返回 TRUE，1 NOT IN(1,2,3,NULL)则返回 FALSE，同理对 2 和 3 与列表(1,2,3,NULL)进行比较与 1 的结果相同，但是执行 4 IN(1,2,3,NULL)，由于 4 并不包含在 IN 的值列表中，因此它返回的是 UNKNOWN，4 NOT IN(1,2,3,NULL)相当于4<>1 AND 4<>2 AND 4<>3 AND 4<>NULL，因此返回 UNKNOWN。

而关于 EXISTS，例如 EXISTS(SELECT * FROM T2 WHERE T2.a=T1.b)，其中 T1.b 的值列表是(1,2,3,NULL)，T2.a 的值列表是(1,2,3,4)，则 T2.a=4 与 T1.b 比较时，尽管 4 = NULL 的比较结果为UNKNOWN，但是当其为UNKNOWN时表示子查询不返回记录，因此此时 EXISTS

返回 FALSE。对于 EXISTS 而言，它只关心子句是否有返回记录，而不关心子句中比较的结果是 TRUE、FALSE 还是 UNKNOWN。也就是说，EXISTS 在接受 UNKNOWN 和 FALSE 时都返回 FALSE。同理对 NOT EXISTS 也一样。

可以通过下面的实验来验证 IN 和 EXISTS 对 NULL 的处理区别。

```
--向 Tscore 表和 Tstudent 表中插入实验数据
INSERTTscore VALUES(NULL,'0002',88)
INSERTTstudent(StudentID,Sname,Sex)VALUES('0000000009','韩立刚','男')
--使用 IN
SELECT * FROM Tstudent a
WHERE a.StudentID IN(SELECT b.StudentID FROM Tscore b
       WHERE b.mark >= 85)
--使用 EXISTS
SELECT * FROM Tstudent a
WHERE EXISTS(SELECT b.StudentID FROM Tscore b
       WHERE b.mark >= 85 AND a.StudentID = b.StudentID)
```

使用 IN 和 EXISTS，它们的返回一样，如图 5-5 所示。"0000000009" 在 Tscore 表中不存在，且 Tscore 表中 StudentID 列有 NULL 值，即使用 IN 时该学号比较时返回 UNKNOWN，但是外部查询需要的是 TRUE 值，FALSE 和 UNKNOWN 行都不会返回。因此，即使存在 NULL 的比较，使用 IN 和 EXISTS 还是返回相同的结果，而且它们的执行计划是相同的。

	StudentID	Sname	Sex	Birthday	Email	Class
1	0000000003	袁冰琳	男	1989-11-03 00:00:00.000	yuanbinglin@91xueit.com	开发班
2	0000000005	袁冰琳	男	1984-04-27 00:00:00.000	yuanbinglin@91xueit.com	开发班
3	0000000006	康固绍	男	1987-02-23 00:00:00.000	kanggushao@91xueit.c...	开发班
4	0000000007	NULL	女	1983-03-20 00:00:00.000	NULL	网络班
5	0000000008	潘昭丽	女	1988-02-14 00:00:00.000	panzhaoli@91xueit.com	测试班

图 5-5　使用 IN 和 EXISTS 得到的结果相同

```
--使用 NOT IN
SELECT * FROM Tstudent a
WHERE a.StudentID NOT IN(SELECT b.StudentID FROM Tscore b WHERE b.mark >= 85)
--使用 NOT EXISTS
SELECT * FROM Tstudent a
WHERE NOT EXISTS(SELECT b.StudentID FROM Tscore b WHERE b.mark >= 85 AND a.StudentID = b.StudentID)
```

它们的返回结果如图 5-6 所示。第一个查询使用 NOT IN，每一个学号都要和高于 85 分的学号进行比较，由于其中包括了 NULL，这些 NOT IN 的比较只能返回 FALSE 或 UNKNOWN，因此使用 NOT IN 不返回任何结果。而如果使用 NOT EXISTS，当比较结果为 UNKNOWN 时只是不会返回这一条比较的学号记录，其他记录和它是互不干扰的，因此 EXISTS 不会因为 NULL 而产生影响。

同时，在含有 NULL 值时数据库引擎为 NOT IN 和 NOT EXISTS 生成的执行计划不同，NOT EXISTS 效率要更高一些。

为了避免在包含 NOT IN 的子查询中出现 NULL 值，应当使用 IS NOT NULL 过滤 NULL

值，例如下面的语句返回与上述使用 NOT EXISTS 的实验相同的结果（见图 5-6）。

```
SELECT * FROM Tstudent a
WHERE a.StudentID NOT IN(SELECT b.StudentID FROM Tscore b
        WHERE b.mark >= 85 AND b.StudentID IS NOT NULL)
```

	StudentID	Sname	Sex	Birthday	Email	Class

	StudentID	Sname	Sex	Birthday	Email	Class
1	0000000001	邓咏桂	男	1981-09-23 0...	dengyonggui@91xueit.com	网络班
2	0000000002	蔡毓发	男	1987-09-26 0...	caiyufa@91xueit.com	开发班
3	0000000004	许艺莉	女	NULL	xuyili@91xueit.com	网络班
4	0000000009	韩立刚	男	NULL	NULL	NULL

图 5-6　NOT IN 和 NOT EXISTS 得到不同的返回结果

删除实验插入的数据行。

```
DELETE Tscore WHERE StudentID IS NULL
DELETE Tstudent WHERE Sname ='韩立刚'
```

综上所述，IN 和 EXISTS 可以进行等价变换，但 NOT IN 和 NOT EXISTS 在处理包含 NULL 时不等价，并且 NOT EXISTS 的方法要更高效。

5.4　表表达式

表表达式是一种虚拟的表，在物理上并不存在。SQL Server 支持 4 种表表达式：派生表、公用表表达式、视图和内联表值函数。在本章中只介绍派生表和简单的公用表表达式，关于视图和内联表值函数则分别在它们独立的章节中介绍。

5.4.1　派生表

在本章的开头，指出了子查询按返回值的多少分为标量子查询、多值子查询和表子查询。派生表即为放在 FROM 后面的特殊表子查询。它的作用是当成一张虚拟的表，再从虚拟的表中查询出需要的数据进行操作。

例如下面是一个简单的派生表示例。子查询得到一张包含 3 列的虚拟表，将其命名为 a，然后从这张虚拟表中查询数据。当然，这个简单的查询完全可以不用派生表来实现，这里只是为了展示它能作为一个虚拟表的作用。

```
SELECT * FROM (SELECT StudentID,subJectID,1 AS 数字 FROM Tscore)AS a
```

使用派生表需要满足以下条件：

（1）派生表必须命名，并且派生表的每一列都必须有列名且列名唯一，对计算列或表达式列可以使用 AS 命名。例如上面的派生表示例语句中，去掉“AS 数字”或“AS a”都会出错。

　　（2）定义派生表的语句中不能使用 ORDER BY，除非使用了 TOP 关键字。例如下面的两个查询，第一个报错，第二个可以正确执行。

```
SELECT *
FROM (SELECT StudentID,subJectID,1 AS 数字 FROM Tscore
        ORDER BY StudentID)AS a
SELECT *
FROM (SELECT TOP 4 StudentID,subJectID,1 AS 数字 FROM Tscore
        ORDER BY StudentID)AS a
```

　　但是使用 TOP 时的 ORDER BY 并不能保证输出列表的顺序，此时的 ORDER BY 的功能仅限于用来排序以便挑选满足条件的 TOP 行，挑选完成后它的生命就结束了。如果返回的结果正好是顺序的，这是因为这些记录在物理顺序上恰好是顺序的，是碰巧的结果。如果想要保证按照某种顺序输出结果，则应该在外部查询中再次使用 ORDER BY 子句。例如下面的语句在外层使用 ORDER BY 才能保证顺序输出。

```
SELECT *
FROM (SELECT TOP 4 StudentID,subjectID,1 AS 数字 FROM Tscore
        ORDER BY StudentID)AS a
ORDER BY StudentID DESC
```

　　使用派生表的一个好处就是可以在 WHERE 或 GROUP BY 子句中使用 SELECT 阶段的列名称。按照查询的逻辑处理顺序，WHERE 或 GROUP BY 都在 SELECT 阶段之前执行，因此是不能使用 SELECT 选择列列名的，但是使用派生表可以解决这种问题。

　　例如执行下面的语句查询及格学生的学号、课程和成绩。无法在定义派生表语句的 WHERE 子句中使用"成绩"这一列名，但是可以在外部查询中使用派生表里定义的"成绩"。

```
SELECT  学号,课程,成绩
FROM   (SELECT StudentID AS  学号,subjectID AS  课程,
            CASE WHEN Mark < 60 THEN '不及格'
                WHEN Mark >= 60 AND Mark < 80 THEN '良好'
                ELSE '优秀'
            END AS  成绩
        FROM Tscore)AS t
WHERE  成绩 <>'不及格'
```

　　SQL Server 在执行上面的语句时会扩展表达式的定义，扩展前后性能不会改变。扩展后，它的语句如下：

```
SELECT   StudentID AS  学号,subjectID AS  课程,
        (CASE WHEN Mark < 60 THEN '不及格'
            WHEN Mark >= 60 AND Mark < 80 THEN '良好'
            ELSE '优秀'
        END)AS  成绩
FROM Tscore
WHERE Mark >= 60
```

　　再考虑这样一个问题，查询平均分高于 60 分的学生的学号和姓名。分析如下：

（1）查出平均分高于 60 分的学生。

```
SELECT StudentID,AVG(mark)平均分 FROM Tscore
GROUP BY StudentID
HAVING AVG(mark)> 60
```

（2）将得到的结果作为派生表 T1，并根据该表的 StudentID 列找出对应的学生信息。

1）从 T1 中选出 StudentID。

```
SELECT StudentID
FROM (SELECT StudentID,AVG(Mark)平均分 FROM Tscore
     GROUP BY StudentID
     HAVING AVG(Mark)> 60)AS T1
```

2）根据 StudentID 从 Tstudent 表中找出对应的学生。

```
SELECT StudentID,SnameFROM Tstudent
WHERE    StudentID IN (SELECT StudentID
                     FROM (SELECT StudentID,AVG(Mark)平均分 FROM Tscore
 GROUP BY StudentID
  HAVING AVG(Mark)> 60)AS T1)
```

虽然可以使用更简洁的子查询来实现上述查询，但是派生表确实提供了一种处理思想。

得到派生表 T1 之后，还可以使用多表联接的方法简化上述查询。参考下面的语句，将 Tstudent 表和 T1 通过 StudentID 进行联接。

```
SELECT T2.StudentID,T2.Sname
FROM Tstudent AS T2
     JOIN (SELECT StudentID,AVG(Mark)平均分  FROM Tscore
          GROUP BY StudentID
          HAVING AVG(Mark)> 60
          )AS T1 ON T2.StudentID = T1.StudentID
```

派生表的一个缺点是，在逻辑处理过程的同一阶段不能通过表别名多次引用它。

例如下面的查询实际上是一个自联接，但是对同一个子查询定义了两次别名。由于 JOIN 关键字左右两边在逻辑处理时是同时进行的，因此无法在 JOIN 右边引用别名 a。结果如图 5-7 所示。

```
SELECT a.StudentID,a.Sname,a.Sex,b.StudentID,b.Sname,b.Sex
FROM (SELECT * FROM Tstudent WHERE Sex='男')AS a
JOIN (SELECT * FROM Tstudent WHERE Sex='男')AS b
ON a.StudentID=b.StudentID+1
--下面是错误的引用方法
SELECT a.StudentID,a.Sname,a.Sex,b.StudentID,b.Sname,b.Sex
FROM (SELECT * FROM Tstudent WHERE Sex='男')AS a
JOIN a AS b      --不能引用已经实例化的表 a
ON a.StudentID=b.StudentID+1
```

因此，同一逻辑处理阶段要多次引用的派生表必须重复书写查询语句，然后再对其进行命名。

派生表的另一个缺点是派生表与派生表的嵌套，将在下一小节中与公用表表达式一起介绍。

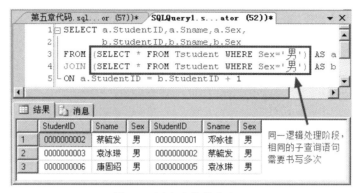

图 5-7　派生表的缺点之一

5.4.2　公用表表达式（CTE）

公用表表达式（Common Table Expression，CTE）和派生表类似，都是虚拟的表，但是相比于派生表，CTE 具有一些优势和方便之处。

CTE 是使用 WITH 子句定义的，包括三个部分：CTE 名称 cte_name、定义 CTE 的查询语句 inner_query_definition 和引用 CTE 的外部查询语句 outer_query_definition。

它的格式如下：

```
WITH cte_name [column_name_list]
AS
(inner_query_definition)
outer_query_definition
```

其中 column_name_list 指定 inner_query_definition 中的列列表名，如果不写该选项，则需要保证在 inner_query_definition 中的列都有名称且唯一，即对列名有两种命名方式：内部命名和外部命名。另外，不能在定义 CTE 的查询语句中使用 ORDER BY 子句，除非使用了 TOP 关键字。

在这里可以发现，CTE 和派生表需要满足的几个共同点：每一列要求有列名，包括计算列；列名必须唯一；不能使用 ORDER BY 子句，除非使用了 TOP 关键字。不仅仅是 CTE 和派生表，在后续章节中介绍的另外两种表表达式（视图和内联表值函数）也都要满足这些条件。究其原因，表表达式的本质是表，尽管它们是虚拟表，也应该满足形成表的条件。

一方面，在关系模型中，表对应的是关系，表中的行对应的是关系模型中的元组，表中的字段（或列）对应的是关系中的属性。属性由三部分组成：属性的名称、属性的类型和属性值。因此要形成表，必须要保证属性的名称，即每一列都有名称且唯一。

另一方面，关系模型是基于集合的，在集合中是不要求有序的，因此不能在形成表的时候让数据按序排列，即不能使用 ORDER BY 子句。之所以在使用了 TOP 后可以使用 ORDER BY 子句，是因为这个时候的 ORDER BY 只为 TOP 提供数据的逻辑提取服务，并不提供排序服务。例如使用 ORDER BY 帮助 TOP 选择出前 10 行，但是这 10 行数据在形成表的时候不保证是顺序的。

　　另外，使用 ORDER BY 子句得到的有序结果是游标类型的，游标是严格排序的，游标类型就是有序的结果类型，它违背了集合的定义。因此在关系型数据库中，ORDER BY 子句永远只能对最后的返回结果进行排序操作以返回给客户端有序的结果。这就解释了 ORDER BY 子句在逻辑上为什么总是最后被执行，集合操作中（如 UNION 子句）只能在最后一个语句中使用 ORDER BY。

　　下面的语句是一个简单的 CTE 的用法。首先定义一张虚拟表，也就是 CTE，然后在外部查询中引用它，如图 5-8 所示。

```
WITH CTE_Test
AS
(SELECT * FROM Tstudent WHERE Sex='男')
SELECT * FROM CTE_Test
```

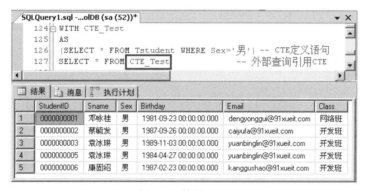

图 5-8　使用 CTE

　　再例如使用 CTE 的方法查询平均分大于 60 分的学生的学号和姓名。参考下面的语句，它使用的是内部命名方式。

```
WITH T1
AS
(SELECT StudentID 学号,AVG(mark)平均分        -- CTE 定义语句
FROM Tscore
GROUP BY StudentID
HAVING AVG(mark)> 60)
SELECT StudentID,Sname
FROM Tstudent           --外部查询引用 CTE
WHERE StudentID IN (SELECT 学号  FROM T1)
```

如果要改为外部命名方式，则语句如下：

```
WITH T1(学号,平均分)
AS
(SELECT StudentID,AVG(mark)
```

```
FROM Tscore
GROUP BY StudentID
HAVING AVG(mark)> 60)
SELECT StudentID,Sname
FROM Tstudent
WHERE StudentID IN (SELECT 学号 FROM T1)
```

CTE 可以多次引用，也可以多次定义不同的 CTE，这两个性质使得 CTE 相比于派生表具有以下两个优势：

（1）多次引用：避免重复书写。

例如使用派生表查询方式得到图 5-7 所示的结果时，它必须重复书写同一个子查询。但是使用 CTE 则可以避免这个问题。

下面的语句通过自联接两次引用了 CTE_Test。如图 5-9 所示，它的结果和图 5-7 所示是一样的。

```
WITH CTE_Test
AS
(SELECT * FROM Tstudent WHERE Sex='男' )        -- CTE 定义语句
SELECT a.StudentID,a.Sname,a.Sex,
        b.StudentID,b.Sname,b.Sex
FROM CTE_Test a
    JOIN CTE_Test b
      ON a.StudentID = b.StudentID + 1
```

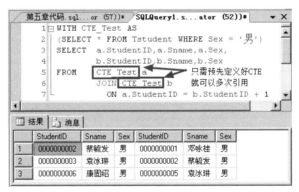

图 5-9 多次引用 CTE

需要注意的是，虽然能够多次引用定义好的 CTE，但是只能在同一个外部查询中引用，而不能在同一批中的其他语句中引用。

例如下面的语句引用出错，如图 5-10 所示。

```
WITH CTE_Test
AS
(SELECT * FROM Tstudent)        -- CTE 定义语句
SELECT * FROM CTE_Test WHERE Sex='男'        --引用 CTE 的外部查询
SELECT * FROM CTE_Test WHERE Sex='女'        --CTE_Test 对该查询不可见，无法执行
```

（2）多次定义：避免派生表的嵌套问题。

由于 CTE 只能在接下来的一条语句中引用，因此当需要接下来的一条语句中引用多个 CTE 时，可以定义多个需要的 CTE，不同的 CTE 用逗号分隔。

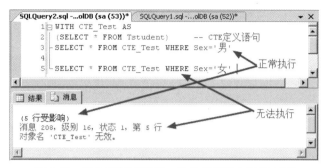

图 5-10　只能在接下来的一条外部查询中引用 CTE

例如下面的语句定义了两次 CTE，并在第二个 CTE 的定义语句中引用了第一个 CTE，然后在外部查询中通过左外联接引用了这两个 CTE，结果如图 5-11 所示。

```
WITH CTE_Test1
AS
(SELECT * FROM Tstudent WHERE Sname IS NOT NULL),     -- CTE 定义语句 1
CTE_Test2
AS
(SELECT * FROM CTE_Test1 WHERE Sex='男')              -- CTE 定义语句 2，引用了第一个 CTE
SELECT a.StudentID,a.Sname,a.Sex,
        b.StudentID,b.Sname,b.Sex
FROM CTE_Test1 a
    LEFT JOIN CTE_Test2 b
        ON a.StudentID=b.StudentID
```

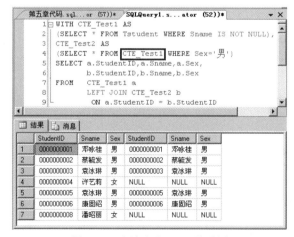

图 5-11　多次定义 CTE 并引用

可以将上面的语句转化为派生表的方式，转化的语句如下：

```
SELECT a.StudentID,a.Sname,a.Sex,b.StudentID,b.Sname,b.Sex
FROM (SELECT * FROM Tstudent WHERE Sname IS NOT NULL)AS a
LEFT JOIN (SELECT * FROM (SELECT * FROM Tstudent          --派生表中嵌套派生表
                          WHERE Sname IS NOT NULL)AS T
          WHERE Sex='男')AS b
 ON a.StudentID=b.StudentID
```

在使用嵌套派生表时语句变得相对复杂，逻辑也不如使用 CTE 清晰。因此如非必要，使用 CTE 会是更好的选择。

6

开窗函数和行列转换

 主要内容

- 📖 了解什么是开窗函数和 OVER 子句
- 📖 使用 OVER() 和排名函数
- 📖 使用 OVER() 和聚合函数
- 📖 行转列的两种方法
- 📖 列转行的两种方法

　　在设计表的时候，很多情况下都以方便数据存储为目的，导致有时候直接阅读这些表数据比较困难。前面的几章介绍的 SQL 查询，数据的检索都是针对一张表或多张表进行的，而窗口计算则是在表内按用户自定义规则进行每组数据的检索和计算。在使用 GROUP BY 子句时，总是需要将筛选的所有数据进行分组操作，它的分组作用域是整张表，分组以后，查询为每个组只返回一行。而使用基于窗口的操作，则是对表中的一个窗口进行操作。行列转换则是通过语句将行数据转换成列或列数据转换成行显示出来。

6.1　窗口和开窗函数

　　窗口是指为用户指定的一组行。在如图 6-1 所示的成绩表中，包含了 8 名学生的 3 科成绩。按照学号进行划分，每名学生都可以被看成是一个窗口（或称为分区），24 行成绩共有 8 个窗口（图中只列出了其中 3 个窗口）。可以基于每个窗口中的数据进行排序和聚合操作，如在学号为 "0000000001" 的窗口中进行一次升序排序，编号从 1 开始，在其他窗口的编号将重新从

1 开始。当然也可以按课程定义窗口，有 3 门课程，因此可以分为 3 个窗口。

为支持窗口计算，SQL Server 提供了 OVER()子句和开窗函数，"开窗函数"这一名词描述了数据窗口变化后重新打开其他窗口进行计算的动作。窗口计算主要是对每组数据进行排序或聚合计算，因此开窗函数可以分为排名开窗函数和聚合开窗函数。

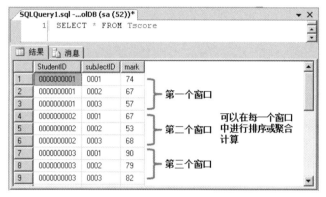

图 6-1　成绩表中通过学号定义的窗口

之所以提出窗口的概念，是因为这种基于窗口或分区的重新计算能简化很多问题，在 SQL Server 2005 之前由于没有这种技术，很多情况下处理基于窗口重新计算的问题时语句的编写相对复杂许多。窗口的提出，提供了一种简单而又高效的问题解决方式。在本章中也会演示不使用这些基于窗口计算的替代语句，熟悉这些替代语句后才能更好地体会这种技术的简单和高效。

6.2　排名窗口函数

将 OVER()子句和排名函数连用，就是排名窗口函数。它们只能用在 SELECT 子句或 ORDER BY 子句之后。如果放在 SELECT 之后，它运行的逻辑顺序在 DISTINCT 之前。结合前面已经介绍过的，它们的逻辑处理顺序如下：

SELECT **(7)**<DISTINCT>**(9)**<TOP n>**(5)**<select_list>**(6)**<OVER()>

(1)FROM… JOIN …

(2)WHERE

(3)GROUP BY

(4)HAVING

(8)ORDER BY

它们的使用方法格式如下：

order_function OVER([PARTITION BY expression] <ORDER BY Clase>)

order_function 是指排名函数，包括 ROW_NUMBER()、RANK()、DENSE_RANK()和 NTILE()，

它们为分区的每一行返回一个排名值。与 OVER()连用，OVER 子句里面使用 PARTITION BY 关键字对输入行进行窗口划分（即分区划分），如果 OVER()子句中不写 PARTITION BY，则表示对所有行进行计算，这里的所有行不是 FROM 后面表的所有行，而是经过 WHERE、GROUP BY 和 HAVING 运行之后的所有行。在 PARTITION BY 之后还跟上 ORDER BY 子句对分区内的数据进行排序，它不可以省略，否则无顺序的区内数据由于不知道排名而无法使用排名函数。

6.2.1　使用 ROW_NUMBER()进行分区编号

按照 StudentID 进行分区并指定 mark 列作为排序依据通过 ROW_NUMBER()对每个区内的行数据进行编号，结果如图 6-2 所示。

```
SELECT ROW_NUMBER()OVER(PARTITION BY StudentID ORDER BY mark)AS 编号,*
FROM Tscore
```

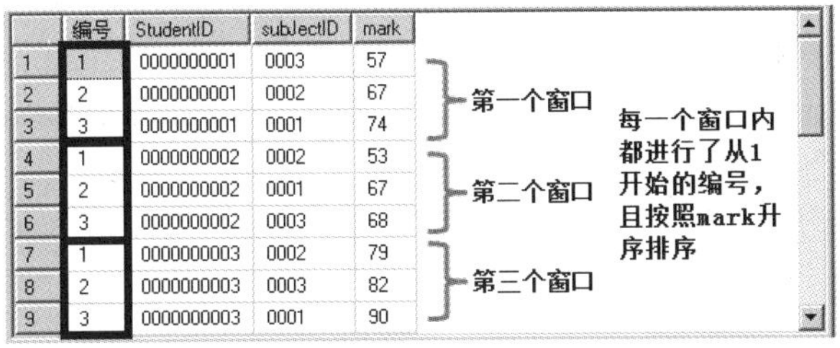

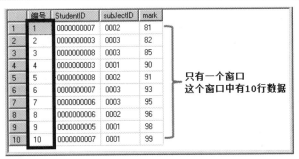

图 6-2　使用 ROW_NUMBER()编号

在结果中，分成了 8 个区（图中只列出了 3 个区），由于每名学生有 3 门成绩，因此每个区内都进行了随 mark 升序而变大的编号。

如果略去 PARTITION BY 并使用 WHERE 子句筛选成绩高于 80 分的数据，则对筛选后的数据编号，由于没有使用 PARTITION BY 进行分区，对分区内的数据进行排序。参考下面的语句，结果如图 6-3 所示。

```
SELECT ROW_NUMBER()OVER(ORDER BY mark)AS 编号,Tscore.*
FROM Tscore
WHERE mark > 80
```

图 6-3　不使用 PARTITION BY 时的排名函数作用范围

在排名函数中必须使用 ORDER BY 子句，否则就会报错，如图 6-4 所示。

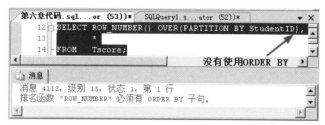

图 6-4　不使用 ORDER BY 子句报错

因此，必须在 OVER() 中指定排名列，但也许用户并不希望使用任何列来进行排序，仅使用它的分区和排名功能。排名函数和 OVER() 子句没有提供实现这种功能的直接方法，但是可以使用 "SELECT　0" 这样变通的方法，这里 "0" 的作用是代表一个常量，也可以使用其他常量代替，如 1、2、3 等。参考下面的语句，返回结果如图 6-5 所示。

```
SELECT ROW_NUMBER()OVER(PARTITION BY StudentID ORDER BY(SELECT 0)),
    Tscore.*
FROM Tscore
```

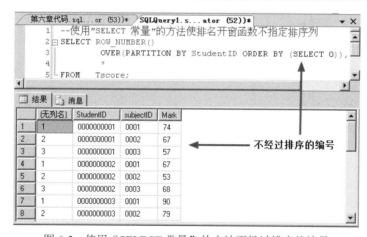

图 6-5　使用 "SELECT 常量" 的方法不经过排序就编号

也可以使用子查询的方式达到 ROW_NUMBER() 的排名效果。

例如要达到图 6-2 所示的结果，使用下面的子查询语句。使用子查询的方式相对显得复杂得多。语句的原理是，先查询出比当前成绩低的个数，再加上 1，就是该学生三门学科中该科目的排名，例如学号为 "0000000001" 的学生最低分学科 "0003" 的成绩 57 分，比它低的个数为 0，加上 1 就是排名值为 1，第二低的学科为 "0002" 的科目 67 分，比它低的只有 57 分，即个数为 1，加上 1 后 2 就是它的排名值，依此类推，对每个学生的每门课程都计算一遍，则也得到了预期的结果。返回结果如图 6-6 所示。

```
SELECT StudentID,subJectID,mark,
```

```
--使用 ROW_NUMBER()的方式排名
ROW_NUMBER()OVER(PARTITION BY StudentID ORDER BY mark)AS 编号,
--使用子查询的方式排名
        (SELECT COUNT(*)+1 FROM Tscore S2
        WHERE S2.StudentID = S1.StudentID AND S2.mark<S1.mark)AS 子查询编号
FROM Tscore S1
```

	StudentID	subJectID	mark	编号	子查询编号
1	0000000001	0003	57	1	1
2	0000000001	0002	67	2	2
3	0000000001	0001	74	3	3
4	0000000002	0002	53	1	1
5	0000000002	0001	67	2	2
6	0000000002	0003	68	3	3
7	0000000003	0002	79	1	1
8	0000000003	0003	82	2	2
9	0000000003	0001	90	3	3

图 6-6　使用子查询的方式实现 ROW_NUMBER()编号

将使用子查询的语句和使用 ROW_NUMBER()的语句进行对比：得到相同的结果时，子查询的逻辑、性能以及简洁性都不如 ROW_NUMBER()。当对大量数据进行分区编号并且有重复值时，ROW_NUMBER()的便捷和性能将远超子查询。

更新学号为"0000000001"的学生的"0002"学科的 mark，将其改为 57 分。

```
UPDATE Tscore SET mark=57 WHERE StudentID='0000000001' AND subJectID='0002'
```

再使用下面的语句查询排名，结果如图 6-7 所示。图中显示了 mark 值同为 57 分，但是 ROW_NUMBER()给定的编号却是仍然增加的，这就带来了一种不确定性，同为 57 分，哪门课程排第一呢？

```
SELECT *,ROW_NUMBER()OVER(PARTITION BY StudentID ORDER BY mark)AS 编号
FROM Tscore
```

	StudentID	subJectID	mark	编号
1	0000000001	0002	57	1
2	0000000001	0003	57	2
3	0000000001	0001	74	3
4	0000000002	0002	53	1
5	0000000002	0001	67	2
6	0000000002	0003	68	3
7	0000000003	0002	79	1
8	0000000003	0003	82	2
9	0000000003	0001	90	3

mark值相同，但是排名号仍然递增

图 6-7　ROW_NUMBER()对重复值的处理

暂且先不讨论这两门课程如何排名的问题。如何使用子查询的方式替代这个存在重复值的排名查询呢？参考下面的语句。

```
SELECT StudentID,subJectID,mark,
--使用 ROW_NUMBER()的方式排名
        ROW_NUMBER()OVER(PARTITION BY StudentID ORDER BY mark)AS 编号,
```

```
--使用子查询的方式排名
    (SELECT COUNT(*)+1 FROM Tscore S2
    WHERE S2.StudentID = S1.StudentID
    AND (S2.mark<S1.mark
OR (S2.mark=S1.mark AND S2.subJectID<S1.subJectID)))AS  子查询编号
FROM Tscore S1
```

查询原理是：通过联接条件将内部表 S2 和外部表 S1 联接，筛选 S2 分数低于 S1 分数的课程数，当分数存在相同值时，添加一列 subJectID 作为排序的附加属性，再将 COUNT 值增加 1 则为当前学科的排名，如图 6-8 所示。注意这个子查询中逻辑运算符之间的优先级以及使用括号强制顺序的手段。

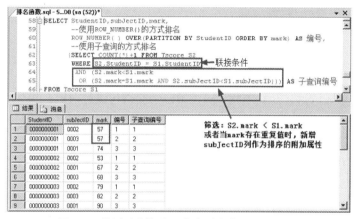

图 6-8　使用子查询处理存在重复值的排名问题

虽然使用子查询的替代方法复杂并且性能相对较差，但是掌握使用子查询的替代语句能增强对查询语句的编写和理解能力，学习阶段应该掌握它们和开窗函数之间的互换。

6.2.2　使用 RANK()和 DENSE_RANK()进行分区排名

前面介绍了 ROW_NUMBER()，ROW_NUMBER()的作用更像是用于编号而不是排名。例如前面将学号为"0000000001"的学生的"0002"学科的 mark 改为 57 后，由于"0002"和"0003"两门课程都是 57 分，使用 ROW_NUMBER()时得到的结果就有两种方案可供选择：一种是"0002"排第一位（根据 mark 升序方式排序时），"0003"排第二位；另一种是"0003"第一位而"0002"第二位。这两种方案都是可能的，但是正因为如此，它具有不确定性。

相比于编号，排名则具有确定性，相同的值总是被分配相同的排名值。"0002"和"0003"都是 57 分，它们应当都排在第一位，也就是并列第一位。但是它们接下来的"0001"的排名值呢？是 2 还是 3？"0001"前面已经有两门课程排在前面，那么"0001"应该排在第 3 位，但是从"0002"和"0003"并列排第一位的角度来看，它们之后的"0001"应当是第二位。SQL Server 中使用 RANK()和 DENSE_RANK()来对应这两种排名方式，RANK()的排名方式是

"0001"的排序值是第 3 位，DENSE_RANK()则是第 2 位。DENSE_RANK()的排名方式称为密集排名，因为它的名次之间没有间隔。

例如下面的语句中使用 ROW_NUMBER()、RANK()和 DENSE_RANK()三种排名函数作比较，可以看到 ROW_NUMBER()、RANK()和 DENSE_RANK()三者的区别。查询结果如图 6-9 所示。

```
SELECT StudentID,subJectID,mark,
      --使用 ROW_NUMBER()的方式排名
      ROW_NUMBER()OVER(PARTITION BY StudentID ORDER BY mark)AS 编号,
      --使用 RANK()的方式排名
      RANK()OVER(PARTITION BY StudentID ORDER BY mark)AS  排名,
      --使用 DENSE_RANK()的方式排名
      DENSE_RANK()OVER(PARTITION BY StudentID ORDER BY mark)AS  密集排名
FROM Tscore
```

图 6-9　三种排名函数使用示例

也可以使用子查询的方式实现排名计算。参考下面的语句。ROW_NUMBER()的子查询实现方式前面已经介绍过：存在重复值比较时添加附加属性 subJectID。相比 ROW_NUMBER()，RANK()的实现只需要比较内外两表 S1 和 S2 的 mark 大小即可，而 DENSE_RANK()则需要去除重复的 mark 值，使用 COUNT(DISTINCT mark)实现。下面语句的返回结果和图 6-9 所示相同。

```
SELECT StudentID,subJectID,mark,
--使用 ROW_NUMBER()的方式排名
 (SELECT COUNT(*)+1 FROM Tscore AS S2
        WHERE S2.StudentID=S1.StudentID
AND    (S2.mark<S1.mark
  OR (S2.mark=S1.mark AND S2.subJectID<S1.subJectID)))AS 子查询编号,
--使用 RANK()的方式排名
 (SELECT COUNT(*)+1 FROM Tscore S2
  WHERE S2.StudentID=S1.StudentID
  AND S2.mark<S1.mark)AS 子查询排名,
--使用 DENSE_RANK()的方式排名
 (SELECT COUNT(DISTINCT mark)+1 FROM Tscore S2
 WHERE S2.StudentID=S1.StudentID
        AND S2.mark<S1.mark)AS 子查询密集排名
FROM Tscore S1
```

ORDER BY StudentID,mark

同样，使用子查询的方式实现排名计算在性能方面不如 RANK()和 DENSE_RANK()。

6.2.3 使用 NTILE()进行数据分组

NTILE()的功能是进行"均分"分组，括号内接受一个代表要分组组数量的参数，然后以组为单位进行编号，对于组内每一行数据，NTILE 都返回此行所在组的组编号。简单地说就是 NTILE 函数将每一行数据关联到组，并为每一行分配一个所属组的编号。

假设一个表的某列值为 1～10 的整数，要将这 10 行分成两组，则每个组都有 5 行，表示方式为 NTILE(2)。如果表某列是 1～11 的整数，这 11 行要分成 3 组的表示方式为 NTILE(3)，但是这时候无法"均分"，它的分配方式是先分成 3 组，每组 3 行数据，剩下的两行数据从前向后均分，即第一组和第二组都有 4 行数据，第三组只有 3 行数据。

可以使用上述方法计算每组中记录的数量，但是要注意分组的时候是按指定顺序分组的。例如 1～11 的整数分 3 组时，三个组的值分别是（1、2、3、4）、（5、6、7、8）和（9、10、11），而不是真的将均分后剩下的两个值 10、11 插会前两组，即（1、2、3、10）、（4、5、6、11）、（7、8、9）是错误的分组。

下面的语句指定将 Tscore 表按 mark 的升序排列分成 5 组，mark 值从最低到最高共 24 个值，NTILE(5)的结果是前 4 组有 5 行数据，最后一组只有 4 行数据。结果如图 6-10 所示。

```
SELECT StudentID,subJectID,mark,
    NTILE(5)OVER(ORDER BY mark)AS 分组
FROM Tscore
```

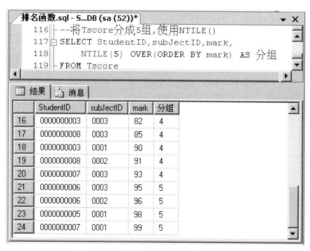

图 6-10 使用 NTILE()关联成组

在进行 NTILE()函数分组时，逻辑上会依赖 ROW_NUMBER()函数。例如上面的示例，逻辑上先进行 ROW_NUMBER()编号，要查询的共有 24 行，请求分成 5 组，那么编号 1～5 的行分配到第一组，6~10 分配到第二组，依此类推，直到最后的 4 行被分配结束。

上面的示例是对整张表进行 NTILE() 操作，也可以先分区，再在每个分区中进行 NTILE() 操作。例如对 Tscore 表按 subJectID 分成 3 个区，然后按每门课程分成高低两组。可以看出，每个区有 8 个学生的成绩，分成 2 组，每组 4 行数据。结果如图 6-11 所示。

```
SELECT StudentID,subJectID,mark,
    CASE NTILE(2)OVER(PARTITION BY subJectID ORDER BY mark)
        WHEN 1 THEN '低'
        WHEN 2 THEN '高'
    END AS TILE
FROM Tscore
```

	StudentID	subjectID	Mark	TILE
1	0000000004	0001	50	低
2	0000000006	0001	66	低
3	0000000008	0001	66	低
4	0000000002	0001	67	低
5	0000000001	0001	74	高
6	0000000003	0001	90	高
7	0000000005	0001	98	高
8	0000000007	0001	99	高
9	0000000002	0002	53	低
10	0000000001	0002	57	低

图 6-11   先分区再 NTILE()

在本章的开头，介绍了位于 SELECT 子句中的 OVER() 子句的逻辑处理顺序在 DISTINCT 之前，想一想为什么要在 DISTINCT 之前执行 OVER() 而不是之后执行呢？以 Tscore 表的 mark 列为例，由于只有 20 行不相同的 mark 值，如果下面的语句先执行 DISTINCT，则 ROW_NUMBER() 的编号只对 20 行数据进行编号。但是实际上编号的结果是 24 行。因此，在同一个 SELECT 语句中不同时指定 DISTINCT 和 OVER() 子句是更佳的选择，因为这时 DISTINCT 不起任何作用，但是却消耗了资源。

```
SELECT DISTINCT mark,ROW_NUMBER()OVER(ORDER BY mark)AS 编号  FROM Tscore
```

如果需要去除重复再编号，则可以在 SELECT 阶段之前进行先一步的筛选。如使用 GROUP BY 子句对目标列分组将会在 OVER() 处理中去除重复值。例如下面的语句只返回 20 行数据。

```
SELECT mark,ROW_NUMBER()OVER(ORDER BY mark)AS 编号 FROM Tscore GROUP BY mark
```

6.3 聚合窗口函数

聚合函数的要点就是对一组值进行聚合，聚合函数传统上一直以 GROUP BY 查询作为操作的上下文，对数据进行分组以后查询为每个组只返回一行。而使用聚合开窗函数，以窗口作为操作对象，不再使用 GROUP BY 分组后的组作为操作对象。由于开窗函数运行在逻辑上比较后执行的 SELECT 阶段，不像 GROUP BY 的逻辑执行阶段比较靠前，因此很多操作比 GROUP BY 方便得多。比如可以在 SELECT 选择列表中随意选择返回列，这样就能够同时返回某一行的数据列和聚合列，也就是说可以为非分组数据进行聚合计算。甚至如果没有分组后的 HAVING 筛选子句时，可以使用聚合窗口函数替代 GROUP BY 分组，所做的仅仅是将 GROUP BY 替换为 PARTITION BY 分组。

在进行聚合计算时，OVER()子句中不再必需 ORDER BY 子句，因此使用方法简化为如下形式：

```
OVER([PARTITION BY expression])
```

OVER()括号内的内容省略时表示对所有筛选后的行数据进行聚合。

下面的语句进行了不分区（整张表作为输入数据）和分区的平均分计算，返回结果如图 6-12 所示。

```
SELECT StudentID,subJectID,mark,
    AVG(mark)OVER()AS 总体平均分,
    AVG(mark)OVER(PARTITION BY StudentID)AS 学生平均分
FROM Tscore
```

	StudentID	subJectID	mark	总体平均分	学生平均分
1	0000000001	0001	74	75.666666	66.000000
2	0000000001	0002	67	75.666666	66.000000
3	0000000001	0003	57	75.666666	66.000000
4	0000000002	0001	67	75.666666	62.666666
5	0000000002	0002	53	75.666666	62.666666
6	0000000002	0003	68	75.666666	62.666666
7	0000000003	0001	90	75.666666	83.666666
8	0000000003	0002	79	75.666666	83.666666
9	0000000003	0003	82	75.666666	83.666666
10	0000000004	0001	50	75.666666	59.000000
11	0000000004	0002	68	75.666666	59.000000
12	0000000004	0003	59	75.666666	59.000000

图 6-12　使用聚合窗口函数

如果需要使用子查询的方式达到和示例一样的结果，则需要使用联接的方式。

要计算"总体平均分"这一列，参考下面的语句：

```
SELECT T1.StudentID,subJectID,mark,总体平均分
FROM Tscore T1
CROSS JOIN (SELECT AVG(mark)AS 总体平均分 FROM Tscore)AS T2
```

由于"总体平均分"是全部学科的聚合计算，它不需要先分组，因此可以将"AVG(mark) OVER()"理解成子查询"SELECT AVG(mark)FROMTscore"，但是它们在性能上是有差距的。

要计算"学生平均分"这一列，参考下面的语句：

```
SELECT T1.StudentID,subJectID,mark,学生平均分
FROM Tscore T1
LEFT JOIN (SELECT StudentID,AVG(mark)AS 学生平均分 FROM Tscore
        GROUP BY StudentID)AS T3
    ON T1.StudentID=T3.StudentID
```

将上述两个子查询联接，就得到与使用 OVER()子句相同的返回结果。参考下面的语句：

```
SELECT T1.StudentID,subJectID,mark,总体平均分,学生平均分
```

```
FROM Tscore T1
CROSS JOIN (SELECT AVG(mark)AS 总体平均分 FROM Tscore)AS T2
LEFT JOIN (SELECT StudentID, AVG(mark)AS 学生平均分 FROM Tscore
        GROUP BY StudentID)AS T3
 ON T1.StudentID=T3.StudentID
```

可以看出，使用 OVER()子句比使用联接的方式简洁了许多，并且当语句中包含多个分区聚合时（示例中包含两个分区聚合操作），使用 OVER()子句拥有更大的优势，因为使用联接的方式会涉及多个联接，将会多次扫描需要联接的表。

使用 OVER()子句的另一个优点是可以在表达式中混合使用基本列和聚合列值。下面的两条语句在返回结果上是等价的。第一条语句使用 OVER()子句，第二条语句则使用联接的方式。

```
SELECT StudentID,subJectID,mark,
    AVG(mark)OVER()AS 总体平均分,
    mark - AVG(mark)OVER()AS 差距
FROM Tscore
--使用联接的方式
SELECT StudentID,subJectID,mark,总体平均分,
        mark-总体平均分 AS 差距
FROM Tscore
CROSS JOIN (SELECT AVG(mark)AS 总体平均分 FROM Tscore)AS T2
```

对于在相同的分区进行的多种聚合计算，不会影响性能。例如下面第一条语句仅包含一个 OVER()子句，而第二条语句包含 4 个 OVER()子句，但是它们的性能几乎是一样的。

```
SELECT StudentID,subJectID,mark,
        AVG(mark)OVER(PARTITION BY StudentID)
FROM Tscore
--下面的查询和上面的查询性能一样
SELECT StudentID,subJectID,mark,
        AVG(mark)OVER(PARTITION BY StudentID)AS AvgMark,
        SUM(mark)OVER(PARTITION BY StudentID)AS SumMark,
        MAX(mark)OVER(PARTITION BY StudentID)AS MaxMark,
        MIN(mark)OVER(PARTITION BY StudentID)AS MinMark
FROM Tscore
```

第二条语句使用子查询的替代语句如下：

```
SELECT T1.StudentID,subJectID,mark,
        AvgMark,SumMark,MaxMark,MinMark
FROM Tscore T1
LEFT JOIN (SELECT StudentID,
                AVG(mark)AvgMark,
                SUM(mark)SumMark,
                MAX(mark)MaxMark,
                MIN(mark)MinMark
        FROM Tscore
        GROUP BY StudentID)AS T2
ON T1.StudentID=T2.StudentID
```

6.4 行列转换

行列转换就是将行转换为列或是将列转换为行，也称为数据的透视。在 Tscore 表中，存储数据的时候考虑的是关系型数据库的关系模型，如图 6-13 所示，这样的结构便于数据管理，却并不方便阅读，也不适合展示给终端用户。如果设计成如图 6-14 所示的结构，虽然适合阅读和数据展示，但却影响了数据的管理和性能。这样就需要一种技术，既能让用户方便地管理数据，又能生成一种容易阅读的表格数据，数据透视正是这样一种技术。

	StudentID	subJectID	mark
1	0000000001	0001	74
2	0000000001	0002	67
3	0000000001	0003	57
4	0000000002	0001	67
5	0000000002	0002	53
6	0000000002	0003	68
7	0000000003	0001	90
8	0000000003	0002	79

图 6-13 便于管理的表结构

	学号	学科1	学科2	学科3
1	0000000001	74	67	57
2	0000000002	67	53	68
3	0000000003	90	79	82
4	0000000004	50	68	59
5	0000000005	98	65	67
6	0000000006	66	96	95
7	0000000007	99	81	93
8	0000000008	66	91	85

图 6-14 便于阅读的表结构

6.4.1 行转列

1. 使用标准 SQL 语句进行行转列

在 SQL Server 2005 之前要得到图 6-14 所示的结果，只能使用标准的 SQL 语句来实现。参考下面的解决方案。

```
SELECT StudentID AS 学号,
    SUM(CASE subJectID WHEN '0001' THEN mark END)AS 学科 1,
    SUM(CASE subJectID WHEN '0002' THEN mark END)AS 学科 2,
    SUM(CASE subJectID WHEN '0003' THEN mark END)AS 学科 3
FROM Tscore
GROUP BY StudentID
```

在上面的方案中，包含了以下阶段：

（1）扩展列。

Tscore 表用了一列来保存学科号和每门学科对应的成绩，图 6-14 中新增三列分别对应学科号，这三列属于扩展列或者目标列。

标准的 SQL 语句方案中，扩展阶段通过在 SELECT 子句中为每个目标列指定 CASE 表达式实现。在本例中，要对 3 门课程的成绩进行扩展，所以使用 3 个 CASE 表达式。下面是为学科 "0001" 进行扩展的语句。

```
CASE subJectID WHEN '0001' THEN mark END
```

由于在语句中省略了 ELSE 关键字（默认为 ELSE NULL），所以只有 Tscore 的当前行代表该学科时扩展列中才有值，否则为 NULL。例如检索 Tscore 表的第一行时，subJectID 为

"0001"，则该结果集中第一行只有"0001"有值，"0002"和"0003"为 NULL。其他的每一行都同理。再对"0002"和"0003"进行扩展并给出别名，合并的语句如下：

```
SELECT StudentID AS 学号,
    CASE subJectID WHEN '0001' THEN mark END AS 学科 1,
    CASE subJectID WHEN '0002' THEN mark END AS 学科 2,
    CASE subJectID WHEN '0003' THEN mark END AS  学科 3
FROM Tscore
```

从该语句得到图 6-15 所示的结果。图中也显示了每一行只有一个成绩值，其余为 NULL。

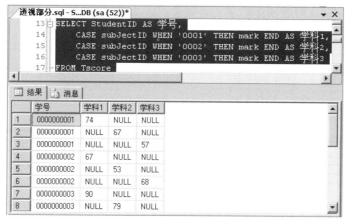

图 6-15　聚合前的扩展列

（2）分组并聚合。

根据图 6-14 所示的最终结果，每个学号一行记录，而不是图 6-15 中每名学生三行记录，因此要将这三行记录处理成一个标量值，正好分组可以实现标量的结果。本例为 GROUP BY StudentID，按 StudentID 分组之后使用聚合函数得到这 3 个扩展列的标量值，而且因此处理掉了多余的 NULL 值。由此可以得到上面完整的解决方案。

在本例中使用了 SUM()函数对 mark 值进行聚合，根据需要还可以使用 COUNT()、MAX()、AVG()等聚合函数。

当然，SQL Server 对该方案的逻辑处理机制并不是先扩展再分组聚合，而是先分组再扩展聚合，并且各子句在 SQL 语句中的位置也决定了它们的逻辑顺序，此处是为了方便该方案的推导。

这里提供另外一种转换解决方案，返回结果也与图 6-14 所示一样。参考下面的语句。

```
SELECT StudentID AS 学号,
    (SELECT SUM(mark)FROM Tscore InnerT
      WHERE subJectID ='0001' AND InnerT.StudentID=OuterT.StudentID)AS 学科 1,
    (SELECT SUM(mark)FROM Tscore InnerT
      WHERE subJectID ='0002' AND InnerT.StudentID=OuterT.StudentID)AS 学科 2,
    (SELECT SUM(mark)FROM Tscore InnerT
```

WHERE subJectID ='0003' AND InnerT.StudentID=OuterT.StudentID)AS 学科 3
FROM Tscore OuterT
GROUP BY StudentID

2. 使用 PIVOT 运算符进行透视

在 SQL Server 2005 中引入了一个 T-SQL 特有的 PIVOT 运算符，和其他运算符（如 JOIN）类似，PIVOT 运算符也是在查询的 FROM 子句阶段中执行操作。它可以对某张表进行透视，也可以对一个表表达式进行透视，再返回一个结果表。使用 PIVOT 运算符同样涉及前面介绍过的三个逻辑处理阶段（分组、扩展、聚合）。

在介绍 PIVOT 运算符的使用方法之前先来观察 Tscore 表的结构，如图 6-16 所示。在表的第一列是学生的学号，它是分组列，第二列存放课程信息，每名学生 3 门课程，行转列操作需要处理的就是将这三门课程转化为三列显示并填充对应的成绩到学号和这三门课程的交叉处，这三门课程是扩展列，那么它们在原表 Tscore 中的字段 subJectID 是扩展元素。

	StudentID	subJectID	mark
1	0000000001	0001	74
2	0000000001	0002	67
3	0000000001	0003	57
4	0000000002	0001	67
5	0000000002	0002	53
6	0000000002	0003	68
7	0000000003	0001	90
8	0000000003	0002	79

图 6-16　Tscore 表结构

下面的语句使用 PIVOT 运算符达到透视目标，返回结果与图 6-14 中的一样。

```
SELECT StudentID AS 学号,
        [0001] AS 学科 1,
        [0002] AS 学科 2,
        [0003] AS 学科 3
FROM Tscore PIVOT
( SUM(Mark)FOR subjectID IN ([0001],[0002],[0003]))AS PT;
```

在上面的 PIVOT 子句中指定了聚合函数（本例为 SUM）、扩展元素（subJectID）和扩展列的列名称（0001、0002、0003），可以看出列名称还是扩展元素的值，在 PIVOT 子句的后面为透视结果指定了别名 PT，在 SELECT 子句中指定了扩展列想要显示的别名。

在 IN 子句中使用了中括号([])，它是分隔符而不是 PIVOT 语法的一部分，如果不对"0001"分隔，它将隐式转换为数值型，也可以使用双引号代替中括号。如果扩展列名称不会隐式转换为数值型，则可以省略分隔符，如 IN(A,B,C,D)。

容易注意到，上面的语句中并没有指定分组列 StudentID，因为在 PIVOT 运算符中不需要显式指定分组元素，PIVOT 运算符隐式地把源表 Tscore 中的非扩展元素、非聚合列的其他列当作分组元素，即除去 subJectID 和 mark 列，其他列都是分组列。所以在使用 PIVOT 运算符透视时，应当保证源表除了分组、扩展和聚合元素外不能包含其他列，以便在指定了扩展元素和聚合元素以后，剩下的全部是需要的分组列。因此，一般不直接把 PIVOT 运用在源表中，而是将其运用到一个只包含 3 种元素的表表达式中，例如可以使用下面的语句代替上面使用 Tscore 源表的语句。

```
SELECT StudentID AS  学号,
        [0001] AS  学科1,
        [0002] AS  学科2,
        [0003] AS  学科3
FROM (SELECT StudentID,subjectID,Mark FROM Tscore)AS T PIVOT
( SUM(Mark)FOR subjectID IN ([0001],[0002],[0003]))AS PT;
```

参照上面的"模板"可以轻易地得到 PIVOT 的使用格式，如图 6-17 所示。

```
SELECT ...
FROM < source_teable >————————源表或表表达式
PIVOT
(
        agg_func()————————————聚合操作
        FOR < spreading_element >—扩展元素
        IN(spreading_columns)————扩展列名称（扩展元素的值）
) AS < table_alias >——————————为PIVOT结果指定别名
```

图 6-17　PIVOT 格式

有了 PIVOT 的格式，可以轻松地在其他示例中运用 PIVOT 进行透视转换，所要做的仅仅是把透视所需要的各种元素摆放在正确的位置。

执行下面的语句创建一个新的数据表示例。该 Orders 表中存储了订单 ID（orderid）、订单日期（orderdate）、进行交易的员工 ID（empid）、交易的客户 ID（custid）和交易的数量（qty）。

```
CREATE TABLE Orders
(
    ordered INT NOT NULL,
    orderdate DATE NOT NULL,
    empid INT NOT NULL,
    custid VARCHAR(5) NOT NULL,
    qty INT NOT NULL
)
INSERT Orders(orderid,orderdate,empid,custid,qty)
VALUES (30001,'20070802',3,'A',10),(10001,'20071224',2,'A',12),
        (10005,'20071224',1,'B',20),(40001,'20080109',2,'A',40),
        (10006,'20080118',1,'C',14),(20001,'20080212',2,'B',12),
        (40005,'20090212',3,'A',10),(20002,'20090216',1,'C',20),
        (30003,'20090418',2,'B',15),(30004,'20070418',3,'C',22),
        (30007,'20090907',3,'D',30);
```

查询该表，返回结果如图 6-18 所示。现在假设要获得如图 6-19 所示的销售表。

分析图 6-19，每个员工 ID 一行记录，因此 empid 是分组元素，列上显示了所有客户对应的交易量，这属于扩展列，扩展列对应的扩展元素是 custid，并且使用 SUM 函数对 qty 聚合求值。除此之外不再涉及其他列，因此使用表表达式获取这 3 列，而不应该对源表 Orders 直接运用 PIVOT。最后参照图 6-17 所示的"PIVOT 模板"将对应的元素放入 PIVOT 子句中。

	orderid	orderdate	empid	custid	qty
1	10001	2007-12-24	2	A	12
2	10005	2007-12-24	1	B	20
3	10006	2008-01-18	1	C	14
4	20001	2008-02-12	2	B	12
5	20002	2009-02-16	1	C	20
6	30001	2007-08-02	3	A	10
7	30003	2009-04-18	2	B	15
8	30004	2007-04-18	3	C	22
9	30007	2009-09-07	3	D	30
10	40001	2008-01-09	2	A	40
11	40005	2009-02-12	3	A	10

图 6-18　Orders 表

empid	A	B	C	D
1	NULL	20	34	NULL
2	52	27	NULL	NULL
3	20	NULL	22	30

图 6-19　每个员工（按行）和每个客户（按列）的总交易量

完整的透视语句如下：

```
SELECT empid,A,B,C,D
FROM (SELECT empid,custid,qty FROM Orders)AS T
PIVOT(SUM(qty)FOR custidIN(A,B,C,D))AS PT
```

下面是使用标准的 SQL 语句达到同样的效果。

方案一：

```
SELECT empid,
       SUM(CASE custid WHEN 'A' THEN qty END)AS A,
       SUM(CASE custid WHEN 'B' THEN qty END)AS B,
       SUM(CASE custid WHEN 'C' THEN qty END)AS C,
       SUM(CASE custid WHEN 'D' THEN qty END)AS D
FROM (SELECT empid,custid,qty FROM Orders)AS T
GROUP BY empid
```

方案二：

```
SELECT empid,
    (SELECT SUM(qty)FROM Orders innerT
WHERE custid='A' AND innerT.empid=outerT.empid)AS A,
    (SELECT SUM(qty)FROM Orders innerT
WHERE custid='B' AND innerT.empid=outerT.empid)AS B,
    (SELECT SUM(qty)FROM Orders innerT
```

```
WHERE custid='C' AND innerT.empid=outerT.empid)AS C,
    (SELECT SUM(qty)FROM Orders innerT
WHERE custid='D' AND innerT.empid=outerT.empid)AS D
FROM Orders      outerT
GROUP BY empid
```

思考下面的查询，它直接对 Orders 表运用 PIVOT 运算符。该查询的结果如图 6-20 所示。

```
SELECT empid,A,B,C,DFROM Orders
PIVOT (SUM(qty)FOR custid IN(A,B,C,D))AS PT
```

	empid	A	B	C	D
1	2	12	NULL	NULL	NULL
2	1	NULL	20	NULL	NULL
3	1	NULL	NULL	14	NULL
4	2	NULL	12	NULL	NULL
5	1	NULL	NULL	20	NULL
6	3	10	NULL	NULL	NULL
7	2	NULL	15	NULL	NULL
8	3	NULL	NULL	22	NULL
9	3	NULL	NULL	NULL	30
10	2	40	NULL	NULL	NULL
11	3	10	NULL	NULL	NULL

图 6-20　对源表 Orders 直接运用 PIVOT 运算符

因为 Orders 表中包含 5 列：empid、custid、qty、orderid 和 orderdate，且指定扩展元素 custid 和聚合元素 qty，所以剩下的列（empid、orderid、orderdate）均被认为是分组元素。由于 orderid 是分组元素的一部分，该语句首先按 orderid 进行分组，每个 orderid 一行记录，而不是每个员工一行记录，因此结果中有 11 行记录。该语句对应的标准 SQL 语句中，GROUP BY 子句应该包含 orderid、orderdate 和 empid，语句如下：

```
SELECT empid,
       SUM(CASE custid WHEN 'A' THEN qty END)AS A,
       SUM(CASE custid WHEN 'B' THEN qty END)AS B,
       SUM(CASE custid WHEN 'C' THEN qty END)AS C,
       SUM(CASE custid WHEN 'D' THEN qty END)AS D
FROM Orders
GROUP BY orderid,orderdate,empid
```

因此，若有行列转换的需求时，应当尽量不对源表直接操作，而应该使用表表达式。

6.4.2　列转行

列转行执行的操作和行转列并不完全相反，它并不一定能够将透视后的表重新逆透视回源表。出于简单起见，可以将它看成是透视的反向操作。在本节中，同样介绍两种列转行的方法：标准 SQL 语句和 UNPIVOT 运算符。

使用以下语句将对 Tscore 透视后的结果存入一张新表 UnpTscore 中以作为示例表。

```
SELECT StudentID AS 学号,[0001] AS 学科 1,[0002] AS 学科 2,[0003] AS 学科 3
INTO UnpTscore
```

```
FROM Tscore
PIVOT(SUM(mark)FOR subJectID IN([0001],[0002],[0003]))PT
```

上面的语句使用 SELECT …INTO 的方法将透视结果复制到新表 UnpTscore 中，这种插入数据的方法将在第 7 章中详细介绍。查询该新表，返回结果如图 6-21 所示。

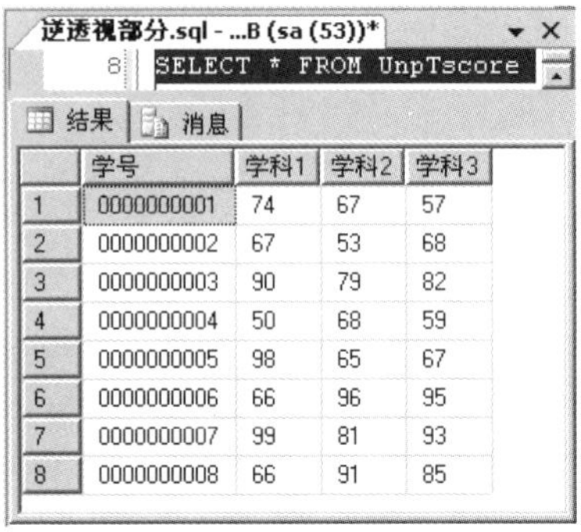

	学号	学科1	学科2	学科3
1	0000000001	74	67	57
2	0000000002	67	53	68
3	0000000003	90	79	82
4	0000000004	50	68	59
5	0000000005	98	65	67
6	0000000006	66	96	95
7	0000000007	99	81	93
8	0000000008	66	91	85

图 6-21　UnpTscore 表

根据 UnpTscore 表如何得到透视前的 Tscore 表呢？

1. 使用 UNPIVOT 运算符逆透视

参考 PIVOT 格式“模板”将聚合元素（mark）、扩展元素（subJectID）和扩展列（学科 1、学科 2、学科 3）放入 UNPIVOT 子句中。当然，在 UNPIVOT 子句中并不经过聚合和扩展阶段，因此不存在聚合元素、扩展元素和扩展列。为便于理解，此处我们仍使用这些称呼。语句如下，它的输出结果如图 6-22 所示：


```
SELECT 学号 AS StudentID,subJectID,mark
FROM UnpTscore
UNPIVOT(mark FOR subJectID IN(学科 1,学科 2,学科 3))AS UPT
```

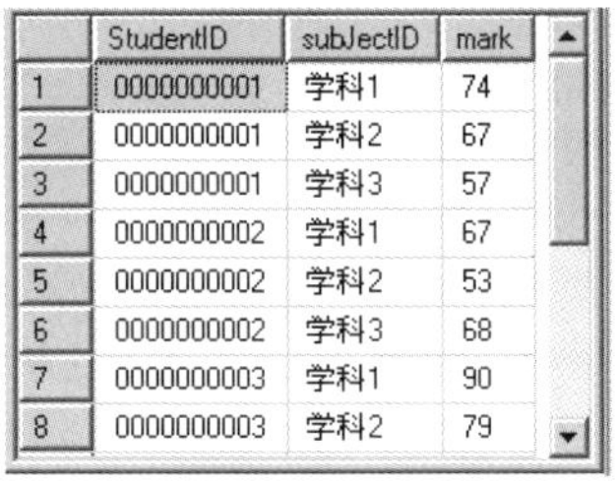

	StudentID	subJectID	mark
1	0000000001	学科1	74
2	0000000001	学科2	67
3	0000000001	学科3	57
4	0000000002	学科1	67
5	0000000002	学科2	53
6	0000000002	学科3	68
7	0000000003	学科1	90
8	0000000003	学科2	79

图 6-22　使用 UNPIVOT 逆透视

因为在新建 UnpTscore 表时为扩展列指定了别名，所以在图 6-22 中 subJectID 列的值和源 Tscore 表不同，要将图 6-22 中的“学科 1”“学科 2”“学科 3”还原为 Tscore 表中的“0001”“0002”“0003”，可以使用 CASE 表达式解决这个问题，参考下面的语句。

```
SELECT 学号 AS StudentID,
        (CASE WHEN subJectID = '学科 1' THEN '0001'
              WHEN subJectID = '学科 2' THEN '0002'
```

```
            WHEN subJectID = '学科 3' THEN '0003'
        END)AS subJectID,
       mark
FROM UnpTscore UNPIVOT( mark FOR subJectID IN (学科 1,学科 2,学科 3))AS UPT;
```

2. 使用标准 SQL 语句进行列转行

执行下面的一条语句，可以在 UnpTsocre 表的基础上添加两列：subJectID 和 mark，返回的结果如图 6-23 所示。

```
SELECT *,subJectID='0001',mark=学科 1
FROM UnpTscore
```

同理可以添加 subJectID 为“0002”和“0003”信息，再将这三条语句使用 UNION ALL 合并追加。由于不再需要“学科 1”“学科 2”和“学科 3”的信息，因此合并时不需要合并这 3 列信息。

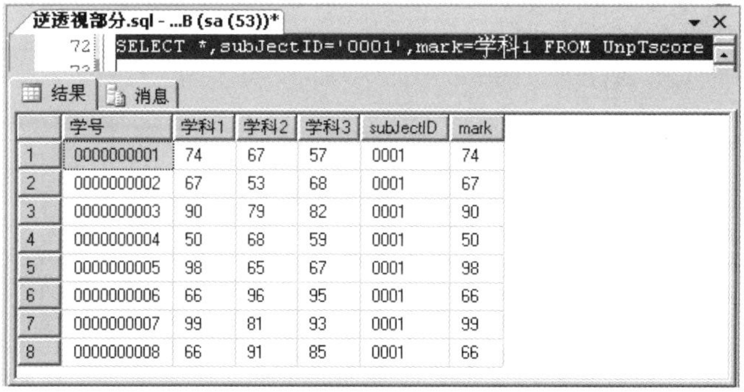

	学号	学科1	学科2	学科3	subJectID	mark
1	0000000001	74	67	57	0001	74
2	0000000002	67	53	68	0001	67
3	0000000003	90	79	82	0001	90
4	0000000004	50	68	59	0001	50
5	0000000005	98	65	67	0001	98
6	0000000006	66	96	95	0001	66
7	0000000007	99	81	93	0001	99
8	0000000008	66	91	85	0001	66

图 6-23　单独一个学科“0001”的表

下面是完整的语句。

```
SELECT * FROM
(SELECT 学号 AS StudentID,subJectID='0001',mark=学科 1 FROM UnpTscore
UNION ALL
 SELECT 学号 AS StudentID,subJectID='0002',mark=学科 2 FROM UnpTscore
UNION ALL
 SELECT 学号 AS StudentID,subJectID='0003',mark=学科 3 FROM UnpTscore
)AS UPT
ORDER BY StudentID
```

再以前面 Orders 表透视后的结果为示例。执行下面的语句将 Orders 透视后的结果复制到新表 UnpOrders 中。

```
SELECT empid,A,B,C,D
INTO UnpOrders
FROM (SELECT empid,custid,qty FROM Orders)AS T
PIVOT(SUM(qty)FOR custidIN(A,B,C,D))AS PT
SELECT * FROM UnpOrders
```

语句最后的查询结果如图 6-24 所示，期待的查询结果如图 6-25 所示。

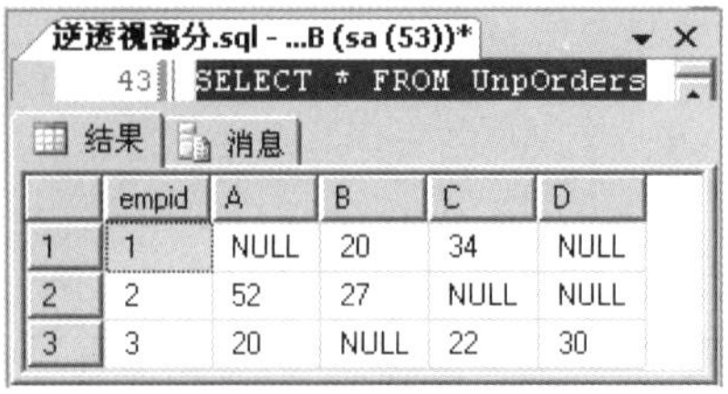

	empid	A	B	C	D
1	1	NULL	20	34	NULL
2	2	52	27	NULL	NULL
3	3	20	NULL	22	30

图 6-24　UnpOrders 表

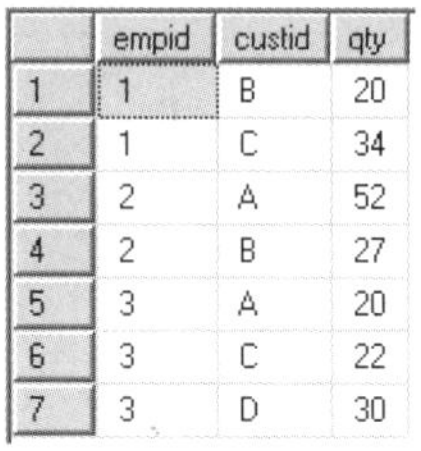

	empid	custid	qty
1	1	B	20
2	1	C	34
3	2	A	52
4	2	B	27
5	3	A	20
6	3	C	22
7	3	D	30

图 6-25　逆透视结果

下面的语句分别使用 UNPIVOT 运算符和标准 SQL 语句来得到需要的结果。

```
--使用 UNPIVOT 逆透视
SELECT empid,custid,qty
FROM UnpOrders
UNPIVOT(qty FOR custid IN(A,B,C,D))AS PT
--使用标准 SQL 语句逆透视
SELECT * FROM
(SELECT empid,custid='A',qty=A FROM UnpOrders
UNION ALL
  SELECT empid,custid='B',qty=B FROM UnpOrders
UNION ALL
  SELECT empid,custid='C',qty=C FROM UnpOrders
UNION ALL
  SELECT empid,custid='D',qty=D FROM UnpOrders
)AS PT
WHERE qty IS NOT NULL
ORDER BY empid
```

之所以在标准 SQL 语句中加上 WHERE qty IS NOT NULL 的条件，是因为在透视时使用了聚合函数，每个员工和客户之间有交易时聚合后才不为 NULL，因此若不添加 WHERE 条件，使用 UNION ALL 合并结果时将会把没有交易的 NULL 值也追加到结果中。

对比透视转换和逆透视转换，发现对经过透视转换所得的表再进行逆透视转换并不能得到原来的表，因为逆透视转换只是把经过透视转换后的值再旋转到一种新的格式。但是，经过逆透视转换后的表可以再通过透视转换回到原来的状态。换句话说，透视转换中的聚合操作会丢失源表中的详细信息。经过透视转换后，保存下来的只是聚合结果，而逆透视转换没有聚合行为，所以不会丢失任何信息。

7

数据修改

 主要内容

- 📖 掌握插入数据的几种方式
- 📖 使用 SELECT INTO 复制数据和表结构
- 📖 熟练掌握基于其他表进行数据删除和更新
- 📖 使用 MERGE 进行数据合并
- 📖 理解在表表达式中进行数据的增、删、改

在前面详细讲述了有关数据查询 SELECT 的知识，也在必要的地方略有涉及数据修改语句。在本章中，将会详细介绍数据操纵语言（DML）中的 INSERT、UPDATE 和 DELETE 语句，以及使用 MERGE 进行数据合并。

7.1 插入数据

为了向表中添加一行或多行新数据，可以使用 INSERT 语句。INSERT 语句可以单独使用，也可以与 SELECT 语句结合使用。

7.1.1 使用 INSERT 和 VALUES 插入数据

INSERT 最基本的用法就是通过 VALUES 关键字来插入值，例如使用下面的语句向 Tstudent 表中插入一行新数据。

```
USE SchoolDB
```

```
GO
INSERT INTO Tstudent
VALUES('0000000009','李维伟','男','1984-3-4','liweiwei@91xueit.com','网络班')
```

如果只需要向 Tstudent 表中的某几列插入数据，则需要在表名 Tstudent 后指定这些列。例如下面的语句只插入 StudentID、Sname、Sex 和 Class。

```
INSERT INTO Tstudent(StudentID,Sname,Sex,Class)
VALUES('0000000010','张国强','男','网络班')
```

指定列插入值时，没有被指定的列在添加新行的时候会默认成 NULL（如果允许 NULL 值的话）或者指定的默认值。

如果使用 INSERT 和 VALUES 插入多行数据，可以使用多条 INSERT 语句。但是在 T-SQL 中，如果要插入到的列相同，则可以使用一条语句完成插入，VALUES 后面的值列表使用逗号隔开。

例如下面的语句向 Tstudent 表中的 StudentID、Sname、Sex 和 Class 列插入两行新数据。

```
INSERT INTO Tstudent(StudentID,Sname,Sex,Class)
VALUES('0000000011','李伟汉','男','网络班'),
      ('0000000012','陈江华','男','开发班')
```

如果需要插入的列不同，例如一行数据需要插入到 StudentID、Sname、Sex 和 Class 列，另一行数据需要插入到 StudentID、Sname、Sex、Birthday 和 Class 列，则可以在 VALUES 值列表中显式指定 NULL 来完成插入。

```
INSERT INTO Tstudent(StudentID,Sname,Sex,Birthday,Class)
VALUES('0000000013','韩立刚','男',NULL,'网络班'),
      ('0000000014','韩利辉','男','1989-3-4','开发班')
```

7.1.2 使用 SELECT INTO 插入数据

SELECT INTO 语句的作用是根据 SELECT 查询的结果创建一张新表并填充它，语句本身不返回结果集，并且不能使用该语句向已经存在的表中插入数据。

例如下面的语句中，从 Tstudent 表中查询开发班学生的 StudentID、Sname、Sex 和 Email 列数据并插入到一张新表 TDe 中。执行该语句后，就将查询得到的数据复制到了新表中。

```
SELECT StudentID,Sname,Sex,Email,Class
INTO TDe FROM Tstudent WHERE Class='开发班'
```

查询新建表 TDe，返回结果如图 7-1 所示。

可以看到，使用 SELECT INTO 语句可以很方便地创建基于某张表的框架及表的属性，可以复制的属性包括数据类型、是否允许 NULL 以及是否是 IDENTITY 属性列，但是像主键、外键这样的约束是不会复制的。还可以基于几张表联接后进行框架结构的构建，使用它可以替代使用 CREATE TABLE 语句来创建表。例如，复制表 Tstudent 中某几列的结构到新表中，下面的语句通过使用 WHERE 子句中 1 = 0 的条件来判断新建 TObject 表时只复制结构而不复制数据。查询 TObject，返回结果如图 7-2 所示。

```
SELECT StudentID,Sname,Sex,Email INTO TObject FROM Tstudent WHERE 1=0
```

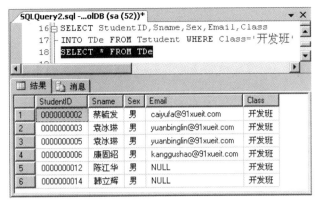

图 7-1　使用 SELECT INTO 新建表并插入数据

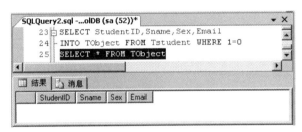

图 7-2　使用 WHERE 1=0 的方式复制表结构

还可以使用 SELECT INTO 的方式将几张表的数据组合成一张表。例如下面的语句将 Tstudent 表和 Tscore 表联接查询后的结果复制到新表 TInfo 中。

```
SELECT a.StudentID,a.Sname,a.Class,b.subJectID,b.mark
INTO TInfo
FROM Tstudent a RIGHT JOIN Tscore b
ON a.StudentID=b.StudentID
```

7.1.3　使用 INSERT 和 SELECT 插入数据

使用 INSERT 和 SELECT 也可以将查询的结果插入到另一张表中，和 SELECT INTO 不同的是，它要插入数据的表必须已经存在。

例如下面的语句首先使用 SELECT INTO 复制 Tstudent 表结构到新表 TNetwork 中，然后使用 INSERT INTO SELECT 的方式（INTO 关键字可以省略）将网络班的学生插入到 TNetwork 中。

```
--创建示例表结构
SELECT StudentID,Sname,Sex,Class INTO TNetwork FROM Tstudent WHERE 1=0
--向示例表中插入网络班学生信息
INSERT INTO TNetwork
SELECT StudentID,Sname,Sex,Class FROM Tstudent WHERE Class='网络班'
```

Chapter
7

7.2 删除数据

T-SQL 提供了两个从表中删除数据行的语句：DELETE 和 TRUNCATE。TRUNCATE 只能删除表中的全部数据，并且删除全部数据时比 DELETE 速度更快、性能更高。

7.2.1 使用 DELETE 删除行

使用 DELETE 语句可以删除一行或多行，还可以关联其他表进行数据删除。

例如下面的两条语句分别删除 Tstudent 表中的一行和多行数据。

```
DELETE Tstudent WHERE StudentID='0000000009'
DELETE Tstudent WHERE CAST(StudentID AS INT)>=10
```

如果不在 DELETE 语句中指定 WHERE 条件则将删除整张表的数据，它仅仅只是删除数据，并不删除表这个实体，也就是说它将成为一张空表，只有结构没有数据。

DELETE 可以使用子查询删除基于其他表的数据。

例如要删除成绩低于 60 分的学生数据，由于要删除的数据源于表 Tstudent，判定条件则来自 Tscore，此时可以使用子查询的方式进行删除。参考下面的语句。

```
--备份 Tstudent 数据到表 TS
SELECT * INTO TS FROM Tstudent
--删除成绩低于 60 分的学生
DELETE Tstudent
WHERE StudentID IN (SELECTStudentID FROM Tscore WHERE mark<60)
```

还可以使用联接多表（使用 FROM 和 JOIN）的方式来删除基于其他表的数据，此时 DELETE Table_name 后面需要紧跟 FROM 子句。

仍然以上面的需求为例，下面的语句和使用子查询是等价的。

```
--还原 Tstudent 表数据
DELETE Tstudent
INSERT INTO Tstudent SELECT * FROM TS
--使用联接的方式删除数据，DELETE 后面需要接 FROM 关键字
DELETE Tstudent
FROM Tstudent a JOIN Tscore b ON a.StudentID=b.StudentID
WHERE mark<60
```

DELETE 后面使用子查询和联接两种方式，在本质上是相同的。事实上，在第 5 章子查询中介绍过子查询和联接是可以相互转化的，它们同样适用于 DELETE 语句中。

上述示例中应用到的子查询和联接语句如下：

```
--还原 Tstudent 表数据
DELETE Tstudent
INSERT INTO Tstudent SELECT * FROM TS
--子查询
SELECT StudentID
FROM Tstudent
```

```
WHERE StudentID IN (SELECT StudentID FROM Tscore WHERE mark<60)
--联接
SELECT DISTINCT a.StudentID
FROM Tstudent a JOIN Tscore b ON a.StudentID=b.StudentID
WHERE mark<60
```

7.2.2　使用 TRUNCATE TABLE 删除所有行

如果要删除表中的所有行，应当使用 TRUNCATE TABLE 语句，而不是未包含 WHERE 条件的 DELETE 语句，因为 TRUNCATE 的删除方式比 DELETE 更彻底、更迅速，使用方法就是简单的 TRUNCATE TABLE Table_name。

例如删除前面使用 SELECT INTO 新建的 TDe 表。

```
TRUNCATE TABLE TDe
```

7.3　更新数据

7.3.1　使用 SET 和 WHERE 更新数据

SET 子句指定要更改的列和这些列的值，可以是一列，也可以是多列。WHERE 子句指定更新的行，可以是一行，也可以是多行，省略 WHERE 子句将对表中的所有行进行更新。

下面是一个最基本的更新语句，用于将 Tstudent 表中学号为"0000000007"的学生姓名更新为"韩立刚"，性别更新为"男"，并且对应姓名来更新邮箱。

```
UPDATE Tstudent SET Sname='韩立刚',Sex='男',Email='hanligang@91xueit.com'
WHERE StudentID='0000000007'
```

在 UPDATE 语句中可以结合表达式使用。例如将网络班的学生邮箱更改为"姓名拼音@network.com"的格式。由于现有 Tstudent 表中 Email 列的值都是"姓名拼音+@91xueit.com"格式，因此要更新网络班的学生邮箱，需要先获取网络班学生姓名的拼音。"@91xueit.com"占用 12 个字符，通过字符串长度函数 Len(Email)-12 即可得到姓名的拼音长度，再通过 LEFT(Email,Len(Email)-12)表达式即可计算得到。更新语句如下：

```
UPDATE TStudent SET Email=LEFT(Email,Len(Email)-12)+'@network.com'
WHERE Class='网络班'
```

更新结果如图 7-3 所示。

7.3.2　更新基于其他表的数据

与 DELETE 语句类似，T-SQL 也支持一种基于其他表数据的更新，也有两种常用的更新方法：子查询和联接。它们的本质与运用在 DELETE 中是一样的，都是联合表数据并筛选过滤再 DELETE 或者 UPDATE。

如果要给软件测试分数低于 60 分的学生加 5 分，该如何书写语句呢？

	StudentID	Sname	Sex	Birthday	Email	Class
1	0000000001	邓咏桂	男	1981-09-23 00:00:00.000	dengyonggui@network.com	网络班
2	0000000002	蔡毓发	男	1987-09-26 00:00:00.000	caiyufa@91xueit.com	开发班
3	0000000003	袁冰琳	男	1989-11-03 00:00:00.000	yuanbinglin@91xueit.com	开发班
4	0000000004	许艺莉	女	NULL	xuyili@network.com	网络班
5	0000000005	袁冰琳	男	1984-04-27 00:00:00.000	yuanbinglin@91xueit.com	开发班
6	0000000006	康固绍	男	1987-02-23 00:00:00.000	kanggushao@91xueit.com	开发班
7	0000000007	韩立刚	男	1983-03-20 00:00:00.000	hanligang@network.com	网络班
8	0000000008	潘昭丽	女	1988-02-14 00:00:00.000	panzhaoli@91xueit.com	测试班

图 7-3　UPDATE 中使用表达式更新数据

下面使用子查询的方法为软件测试分数低于 60 分的学生加 5 分，再使用多表联接的方法将加的 5 分减回来。

```
--使用子查询为软件测试分数低于 60 分的学生加 5 分
UPDATE TScore SET mark=mark+5
WHERE mark<60 AND subJectID=
        (SELECT subJectID FROM TSubject WHERE subJectName='软件测试')
--使用多表联接为软件测试低于 65 分的学生减 5 分
UPDATE TScore SET mark=mark-5
FROM TScore a JOIN TSubject b ON a.subJectID=b.subJectID
WHERE b.subJectName='软件测试' AND mark<65
```

在 UPDATE 的时候需要注意 "同时性操作"。例如下面的语句中，col1 和 col2 是 T1 表中的两列，它们的初始值分别是 100 和 200，那么它们更新后的值会是多少呢？由于它们同处一个 SET 阶段，它们并不会从左向右执行，因此 col1 和 col2 更新时取的 col1 都是 100，即更新后的值都是 110。

```
UDPATE T1 SET col1=col1+10,col2=col1+10
```

在 SQL 中很多地方都存在 "同时性操作" 问题。例如下面的语句就存在这种问题而无法正常执行。

```
SELECT
    StudentID,YEAR(Birthday)AS BirthYear, BirthYear+1 AS Nextyear
FROM Tstudent
```

7.4　使用 MERGE 合并数据

T-SQL 还支持一种合并数据的语句：MERGE 子句，它能够在一条语句中同时实现增、删、改的功能。它根据源表对目标表插入目标表中不存在而源表中存在的行，更新目标表中与源表匹配的行，删除目标表中存在而源表中不存在的行。简单来说，MERGE 可以实现 "有则改之，无则增之，多则删之" 的功能。MERGE 语句一般能用多个 DML 语句组合替代，与这些组合相比，使用 MERGE 语句能用较少的代码实现同样的功能，而且能提高查询性能，因为它更少地访问查询涉及的表。

为了演示 MERGE 语句，本节使用 Tstudent 表和它的复制表 Student，运行下面的语句创建示例表。

```
--创建 Tstudent 的复制表 Student
SELECT * INTO Student FROM Tstudent
--修改 Student 数据
UPDATE Student SET Sname='韩利辉' WHERE StudentID='0000000001'
UPDATE Student SET Sex='女' WHERE StudentID='0000000003'
DELETE Student WHERE StudentID='0000000008'
INSERT INTO Student
VALUES('0000000009','张旭','男','1981-10-23','niuxu@91xueit.com','测试班')
```

上面的语句将"0000000001"学生的姓名修改为"韩利辉","0000000003"学生的性别修改为"女",并删除了"0000000008"学生相关的数据行,还添加了一行 Tstudent 表中不存在的行"0000000009"。查询 Tstudent 表和 Student 表,如图 7-4 和图 7-5 所示。

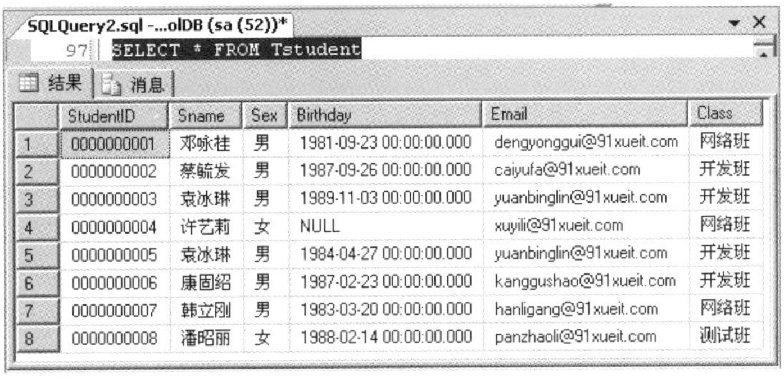

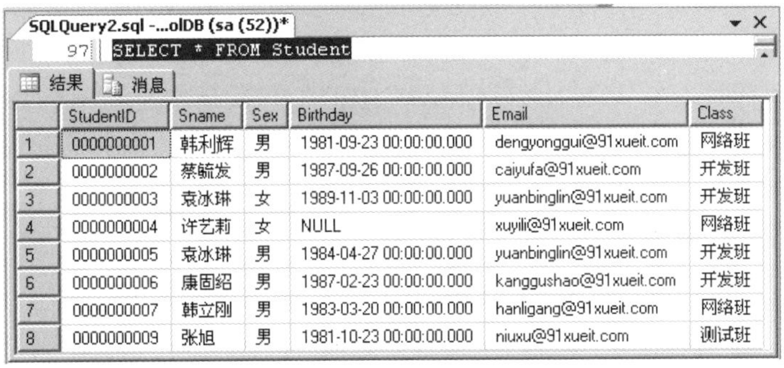

图 7-4　Tstudent 表中的数据

图 7-5　Student 表中的数据

和前面介绍的基于联接的 UPDATE 和 DELETE 类似,MERGE 也是基于联接语义的。在 MERGE 子句中指定目标表的名称,在 USING 子句中指定源表的名称,通过 ON 子句来定义合并条件,这一点非常像联接。合并条件用于定义源表中的哪些行在目标表中有匹配,哪些行没有匹配。在 MERGE 语句中既可以在 WHEN MATCHED THEN 子句中定义找到匹配行时要进行的操作,实现"有则改之",也可以在 WHEN NOT MATCHED THEN 子句中定义没有找到匹配行时要进行的操作，实现"无则增之"。

下面的 MERGE 语句实现了这样的功能：更新目标表 Student 中与源表 Tstudent 匹配的行，并新增 Student 中没有而 Tstudent 中有的行。

```
MERGE INTO Student AS Stu
USING Tstudent AS Tstu
ON Stu.StudentID=Tstu.StudentID
WHEN MATCHED THEN
UPDATE SET
    Stu.Sname = Tstu.Sname,
    Stu.Sex = Tstu.Sex
WHEN NOT MATCHED THEN
INSERT (StudentID,Sname,Sex,Birthday,Email,Class)
VALUES(Tstu.StudentID,Tstu.Sname,Tstu.Sex,Tstu.Birthday,Tstu.Email,Tstu.Class)
;       --MERGE 语句结尾不能省略分号
```

 注意：MERGE 语句必须以分号结束。

上述语句将 Student 表定义为合并的目标（MERGE 子句），将 Tstudent 定义为合并的数据来源（USING 子句），并为目标表和源表分别指定了别名 Stu 和 Tstu。ON 指定了匹配条件 Stu.StudentID = Tstu.StudentID，如果 StudentID 同时在 Student 和 Tstudent 中存在，就是匹配的；如果源表中的 StudentID 在目标表 Student 中不存在，就是不匹配的。

当行能匹配时，在 WHEN MATCHED THEN 后定义了一个 UPDATE 操作，将目标表的 Sname 和 Sex 列更新为源表中相应行的同名列的值，MERGE 语句中的 UPDATE 语句和普通的 UPDATE 语句很类似，但是不需要再指定表名，因为在 MERGE 子句中已经定义好了合并的目标表 Student。

当不存在匹配行时，在 WHEN NOT MATCHED THEN 后定义了一个 INSERT 操作，将源表中的数据行插入到目标表中。同样，此处的 INSERT 操作的语法和普通的 INSERT 语句类似，但不需要指定表名。

执行上面的 MERGE 语句后查询 Student 表，如图 7-6 所示。可以看到，Student 表已经根据源表 Tstudent 中的数据进行了数据的修改。

	StudentID	Sname	Sex	Birthday	Email	Class
1	0000000001	邓咏桂	男	1981-09-23 00:00:00.000	dengyonggui@91xueit.com	网络班
2	0000000002	蔡毓发	男	1987-09-26 00:00:00.000	caiyufa@91xueit.com	开发班
3	0000000003	袁冰琳	男	1989-11-03 00:00:00.000	yuanbinglin@91xueit.com	开发班
4	0000000004	许艺莉	女	NULL	xuyili@91xueit.com	网络班
5	0000000005	袁冰琳	男	1984-04-27 00:00:00.000	yuanbinglin@91xueit.com	开发班
6	0000000006	康固绍	男	1987-02-23 00:00:00.000	kanggushao@91xueit.com	开发班
7	0000000007	韩立刚	男	1983-03-20 00:00:00.000	hanligang@91xueit.com	网络班
8	0000000008	潘昭丽	女	1988-02-14 00:00:00.000	panzhaoli@91xueit.com	测试班
9	0000000009	张旭	男	1981-10-23 00:00:00.000	niuxu@91xueit.com	测试班

图 7-6　使用 MERGE 合并后的 Student 表

7 Chapter

除了 WHEN MATCHED 和 WHEN NOT MATCHED 子句，还支持第三种子句：WHEN NOT MATCHED BY SOURCE 子句，它用于操作目标表中存在而源表中不存在的行，实现"多则删之"。

例如 Student 表中有"0000000009"的学生信息，而 Tstudent 表中没有"0000000009"，下面的语句增加了一个逻辑用于删除这样的行。再查询 Student 表，结果如图 7-7 所示。

```
MERGE INTO Student AS Stu
USING Tstudent AS Tstu
ON Stu.StudentID=Tstu.StudentID
WHEN MATCHED THEN
UPDATE SET
    Stu.Sname = Tstu.Sname,
    Stu.Sex = Tstu.Sex
WHEN NOT MATCHED THEN
INSERT (StudentID,Sname,Sex,Birthday,Email,Class)
VALUES(Tstu.StudentID,Tstu.Sname,Tstu.Sex,Tstu.Birthday,Tstu.Email,Tstu.Class)
WHEN NOT MATCHED BY SOURCE THEN
DELETE;          --MERGE 语句结尾不能省略分号
```

	StudentID	Sname	Sex	Birthday	Email	Class
1	0000000001	邓咏桂	男	1981-09-23 00:00:00.000	dengyonggui@91xueit.com	网络班
2	0000000002	蔡毓发	男	1987-09-26 00:00:00.000	caiyufa@91xueit.com	开发班
3	0000000003	袁冰琳	男	1989-11-03 00:00:00.000	yuanbinglin@91xueit.com	开发班
4	0000000004	许艺莉	女	NULL	xuyili@91xueit.com	网络班
5	0000000005	袁冰琳	男	1984-04-27 00:00:00.000	yuanbinglin@91xueit.com	开发班
6	0000000006	康固绍	男	1987-02-23 00:00:00.000	kanggushao@91xueit.com	开发班
7	0000000007	韩立刚	男	1983-03-20 00:00:00.000	hanligang@91xueit.com	网络班
8	0000000008	潘昭丽	女	1988-02-14 00:00:00.000	panzhaoli@91xueit.com	测试班

图 7-7　删除了 Tstudent 中不存在的行

执行本节第一个 MERGE 语句时，SQL Server 会报告更改了 8 行数据，如图 7-8 所示。说明在 MERGE 时，即使 Student 表和 Tstudent 表中完全相同的行也会被操作，因为在 WHEN MATCHED THEN 后的 UPDATE 子句会更新所有满足匹配条件 Stu.StudentID=Tstu.StudentID 的行，这显然不是一个最有效的方法。

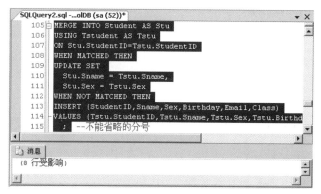

图 7-8　更改了 8 行数据

可以在 WHEN MATCHED 后使用 AND 选项限定 UPDATE 语句只对需要操作的行进行操作。

下面的 MERGE 语句限定了只更改满足条件 Stu.Sname <> Tstu.Sname 或 Stu.Sex <> Tstu.Sex 的行，结果如图 7-9 所示。

```
MERGE INTO Student AS Stu
USING Tstudent AS Tstu
ON Stu.StudentID=Tstu.StudentID
WHEN MATCHED AND
        (Stu.Sname <> Tstu.Sname
    OR Stu.Sex <> Tstu.Sex)THEN
UPDATE SET
  Stu.Sname = Tstu.Sname,
  Stu.Sex = Tstu.Sex
WHEN NOT MATCHED THEN
INSERT (StudentID,Sname,Sex,Birthday,Email,Class)
VALUES(Tstu.StudentID,Tstu.Sname,Tstu.Sex,Tstu.Birthday,Tstu.Email,Tstu.Class)
;       --MERGE 语句结尾不能省略分号
```

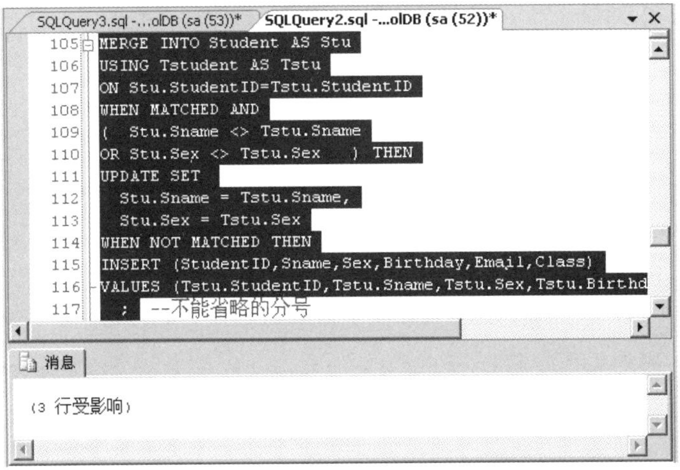

图 7-9　使用 AND 选项限定 MERGE 只合并部分行

可以看到，MERGE 语句的功能非常强大，与其他方法相比，MERGE 语句不仅在对数据处理时使用代码更少、逻辑更简单，还在性能上更强。

7.5　通过表表达式修改数据

当使用 FROM 子句进行更新时，可能会觉得语句比较复杂。因为首先要进行的是 FROM 后表的联接，然后才执行 DML 操作。如果使用表表达式（CTE、派生表等）的技术，则语句的可读性会更高一些，而且在某些情况下表表达式是必须选择的方法。

例如前面介绍 UPDATE 时的示例：对软件测试分数低于 60 分的学生加 5 分。

该示例使用联接多表进行更新的语句如下：

```
UPDATE TScore SET mark=mark+5
FROM TScore a JOIN TSubject b ON a.subJectID=b.subJectID
WHERE b.subJectName='软件测试' AND mark<65
```

使用 CTE 的方法对小于 65 分的学生减 5 分，更新语句如下：

```
WITH C
AS
(SELECT mark,mark-5 AS newmark
  FROM Tscore a JOIN TSubject b ON a.subJectID=b.subJectID
  WHERE b.subJectName='软件测试' AND a.mark<65
)
UPDATE C SET mark=newmark
--使用派生表的方法进行加 5 分的语句如下：
UPDATE D
SET mark=newmark
FROM (SELECT mark,mark+5 AS newmark
        FROM Tscore a JOIN TSubject b ON a.subJectID=b.subJectID
        WHERE b.subJectName='软件测试' AND a.mark<60)AS D
```

在上面的示例中，使用表表达式并不是必须的，但是在某些情况下则必须使用表表达式进行更新，例如在更新语句中涉及 ROW_NUMBER 函数时。

下面创建名为 T1 的表作为示例表并查询该表。

```
CREATE TABLE T1(col1 INT, col2 INT)
GO
INSERT INTO dbo.T1(col1)VALUES(10)
INSERT INTO dbo.T1(col1)VALUES(20)
INSERT INTO dbo.T1(col1)VALUES(30)
SELECT * FROM T1
```

语句最后的查询返回下面所示的结果。

```
col1   col2
------ ------
10     NULL
20     NULL
30     NULL
```

假设想更新这个表，把 col2 列设置为一个包含 ROW_NUMBER 函数的表达式的结果。由在 UPDATE 语句的 SET 子句中不允许包含 ROW_NUMBER 函数，运行结果如图 7-10 所示。

图 7-10　不能在 UPDATE 语句中使用 ROW_NUMBER 函数

使用表表达式可以避免这个问题。使用 CTE 方法实现的语句如下：

```
WITH CX
AS
(
    SELECT col1,col2,ROW_NUMBER()OVER(ORDER BY col1)AS rownum
    FROM T1
)
UPDATE CX
SET col2 = rownum;
```

再查询该表，返回结果如下：

```
col1        col2
------      ------
10          1
20          2
30          3
```

从这里也能看出表表达式不仅仅是子查询和联接的替代品，在很多情况下它的存在能够简化很多逻辑，让问题从复杂变得简单。

运行下面的语句删除在本章中建立的示例表。

```
DROP TABLE dbo.TDe;
DROP TABLE dbo.TInfo;
DROP TABLE dbo.TS;
DROP TABLE dbo.Student;
DROP TABLE dbo.TObject;
DROP TABLE dbo.TNetwork;
DROP TABLE dbo.T1;
```

8

数据完整性

 主要内容

- 📖 数据完整性的类型
- 📖 数据完整性的实现方法
- 📖 各种约束的作用和使用场景
- 📖 如何使约束失效

　　数据完整性是用于保证数据库中数据一致性的一种物理机制，主要用于防止非法、不合理或赘余数据存在于数据库中。SQL Server 提供了诸如数据类型、主键、外键、默认值约束、检查约束和规则等的措施来实现这种机制。数据类型的实现机制不言自明，规则已经逐渐被淘汰，并且可以使用约束来替代它，因此本章中主要介绍数据完整性的基础知识和实现数据完整性的各种约束。

8.1　数据完整性的类型和实现方式

　　数据完整性的目的是限制存储在数据库中的数据，保证数据是正确符合逻辑的。一个简单的例子就是一个学号只能对应一个学生，不可能一个学号对应两个学生，也不可能某个学生没有学号。

　　数据完整性分为域完整性、实体完整性和参照完整性，实现不同完整性类型的方式不一样。

8.1.1 域完整性及实现方式

域完整性限制在列范围上，考虑如何限制向表中输入值的范围。它要求输入到指定列的数据有正确的数据类型、格式并且符合指定的范围。例如，在图 8-1 所示学生表的性别列，只能输入"男"或者"女"，一旦输入其他的值将报错终止插入。再例如学生表的成绩列，只能输入有效范围内的数值，假如输入一个负数，这肯定是不符合逻辑的，应当阻止这样的错误信息存放于表中。

域完整性可以通过限制列的数据类型、列的格式（CHECK 约束）、值的范围（FOREIGN KEY、CHECK 约束、DEFAULT 约束、NOT NULL 定义）来实现。

8.1.2 实体完整性及实现方式

实体完整性是为了能够区分开每个实体，每个实体都应该保持唯一性，也就是能区分表中的每一行记录。例如，学生表中不能出现完全相同的两个学生信息。因此每个实体都需要有一个主键或者唯一标识列。例如，图 8-2 所示学生表中的学号列可以唯一标识学生，保证学生信息的唯一性。

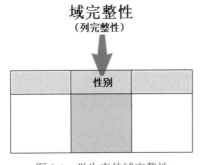

图 8-1　学生表的域完整性　　　　　　图 8-2　学生表的实体完整性

实体完整性可以通过 PRIMARY KEY、UNIQUE 约束和 IDENTITY 属性来实现。

8.1.3 参照完整性及实现方式

参照完整性反映主表和从表之间的数据一致性。可以分为表间列的参照完整性和表内列的参照完整性。不论是哪种类型的参照完整性，它们都是保证列与列之间的数据一致性，也就是限制列值的范围，从这方面考虑，参照完整性其实是一种特殊的域完整性。

参照完整性通过主键和外键实现，即 PRIMARY KEY 和 FOREIGN KEY。

1. 表间列的参照完整性

如图 8-3 所示，Tscore 表引用了 Tstudent 表的 StudentID 列和 Tsubject 表的 subjectID 列，此时主表是 Tstudent 和 Tsubject，从表是 Tscore。如果要向 Tscore 中录入某学生的成绩，应该保证在 Tstudent 中已经存在该学生信息；如果要更新 Tstudent 中某学生的 studentID，应该同时更新 Tscore 中该学生的信息；如果删除了 Tstudent 中的某学生信息，应该同时删除 Tscore 中的该学生信息。同理 Tsubject 和 Tscore 也是这样的关系。即从表的记录要对应主表，只有这样才能避免"孤儿"记录的出现，保证主表和从表对应的数据一致性。这也体现了关系型数据库的"关系"二字。

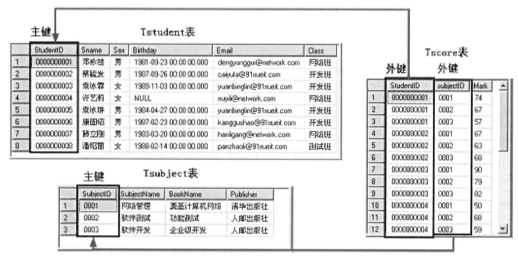

图 8-3　表间列的参照完整性示例

2. 表内列的参照完整性

表内列的参照完整性就是主、从表为同一张表，表内某列引用表内另一唯一标识列。

如图 8-4 所示的 Student 表，学号 StudentID 为主键，班长学号 MonitorID 为外键，该外键引用了 StudentID。网络班的班长学号为 1，开发班的班长学号为 9，此时这两位班长的 StudentID 将不可更改，这两行记录也不可删除。

总而言之，实现参照完整性的目的就是保证引用列和被引用列之间的数据一致性。

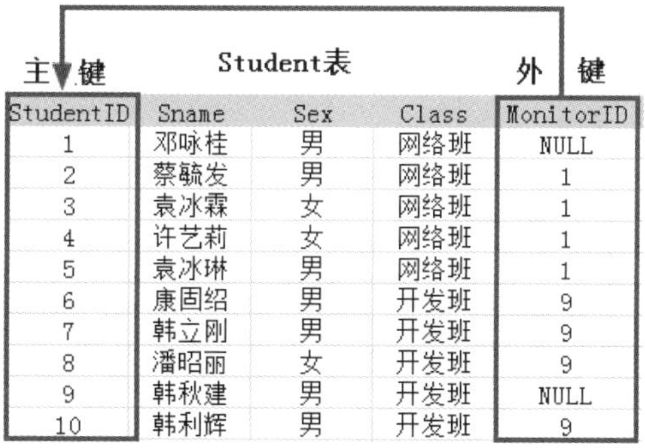

图 8-4　表内列的参照完整性

图 8-5 总结了域完整性、实体完整性和参照完整性的实现方式。

完整性的类型	实现方式
域完整性	数据类型
	CHECK约束
	FOREIGN KEY
	DEFAULT约束
	NOT NULL定义
实体完整性	PRIMARY KEY
	UNIQUE约束
	IDENTITY属性
参照完整性	FOREIGN KEY

图 8-5　完整性的类型和实现方式

8.2　实现实体完整性

可以通过指定主键、UNIQUE 约束或者 IDENTITY 属性来实现实体完整性。

运行下面的语句创建本章新的示例数据库和表。

```
CREATE DATABASE testdb
GO
USE testdb
GO
SELECT * INTO Student FROM SchoolDB.dbo.Tstudent WHERE 1=0
SELECT * INTO Subject FROM SchoolDB.dbo.Tsubject WHERE 1=0
SELECT * INTO Score FROM SchoolDB.dbo.Tscore WHERE 1=0
```

新创建的示例数据库 testdb 中 Student 表、Subject 表和 Score 表只有一个结构，没有任何约束和数据。

8.2.1　使用主键

使用主键（PRIMARY KEY）可以保证列值的唯一性和非空性。

执行下面的语句可以验证没有指定主键时表中可以保存完全相同的记录。

```
INSERT INTO Student
SELECT * FROM SchoolDB.dbo.Tstudent WHERE StudentID='0000000001'
GO 3
```

图 8-6 所示是插入 3 条记录后查询的结果。一个学生只需要一行即可，那么其余的两行记录属于垃圾数据，应该阻止这样的数据插入表中。

	StudentID	Sname	Sex	Birthday	Email	Class
1	0000000001	邓咏桂	男	1981-09-23 00:00:00.000	dengyonggui@network.com	网络班
2	0000000001	邓咏桂	男	1981-09-23 00:00:00.000	dengyonggui@network.com	网络班
3	0000000001	邓咏桂	男	1981-09-23 00:00:00.000	dengyonggui@network.com	网络班

图 8-6　保存完全相同的数据

下面的语句在 StudentID 列上添加主键约束。由于已经存在重复记录，添加主键时应该删除多余的记录。

```
--删除表中的数据
DELETE Student
--添加 PRIMARY KEY
ALTER TABLE Student ADD CONSTRAINT PK_StudentID PRIMARY KEY CLUSTERED(StudentID)
```

在添加主键时会根据其唯一性在该列上创建一个索引，索引的内容将在第 9 章中详细介绍。上面的语句中使用了 CLUSTERED，会创建聚集索引；如果指定 NONCLUSTERED，则会创建唯一非聚集索引；该选项可省略不写，不写时默认为 CLUSTERED，如图 8-7 所示。

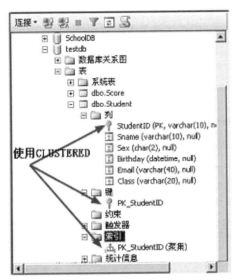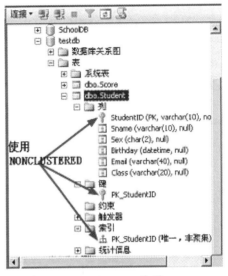

图 8-7   添加主键时指定 CLUSTERED 和 NONCLUSTERED 选项

指定 CLUSTERED 时，由于会创建聚集索引，插入数据时会按序插入。例如执行下面的语句后，查询结果如图 8-8 所示，StudentID 列是按序存放的。

```
DELETE Student
INSERT INTO Student(StudentID,Sname,Sex)
VALUES ('0000000001','邓咏桂','男'),
       ('0000000005','袁冰琳','男'),
       ('0000000002','蔡毓发','男'),
       ('0000000004','许艺莉','女')
```

执行下面的语句，修改为指定 NONCLUSTERED 参数的 PRIMARY KEY 约束。

```
ALTER TABLE Student DROP CONSTRAINT PK_StudentID       --先删除聚集主键约束
ALTER TABLE Student ADD CONSTRAINT PK_StudentID         --再创建非聚集主键约束
PRIMARY KEY NONCLUSTERED(StudentID)
```

再执行下面的语句插入同样的数据。查询该表的结果如图 8-9 所示，StudentID 不再按序存放。

```
DELETE Student
INSERT INTO Student(StudentID,Sname,Sex)VALUES
('0000000001','邓咏桂','男'),
('0000000005','袁冰琳','男'),
('0000000002','蔡毓发','男'),
('0000000004','许艺莉','女')
```

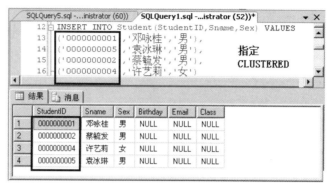

图 8-8　指定 CLUSTERED 将按序插入数据

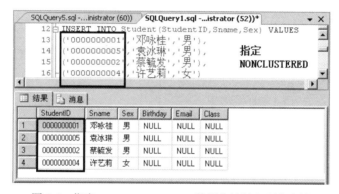

图 8-9　指定 NONCLUSTERED 数据将按插入顺序存放

当在 StudentID 上添加了主键后，StudentID 值将不允许重复且不允许为 NULL。例如执行下面的语句时报错，如图 8-10 所示。

INSERTStudent(StudentID,Sname,Sex)VALUES('0000000001','邓咏桂','男')

图 8-10　添加了主键时插入重复值报错

插入 StudentID 为 NULL 的记录也会被阻止。

```
INSERT Student(StudentID,Sname,Sex)VALUES(NULL,'马龙帅','男')
```

删除 PRIMARY KEY 的语句如下：

```
ALTER TABLE Student
DROP CONSTRAINT PK_StudentID
```

8.2.2　使用 UNIQUE 约束

仅论约束效果，唯一性约束和主键约束的区别是：唯一性约束允许一个 NULL 值，而主键约束不允许 NULL 值。因为 SQL Server 认为多个 NULL 在唯一性的比较上是相等的。

执行下面的语句在 StudentID 上添加 UNIQUE 约束。省略 CLUSTERED 参数时默认为 NONCLUSTERED。

```
ALTER TABLE Student
ADD CONSTRAINT U_StudentID UNIQUE NONCLUSTERED(StudentID)
```

同理，创建唯一性约束时也会自动创建一个索引——唯一性索引。需要注意的是，当表中已经存在一个指定了 CLUSTERED 参数的约束时，该表将不能再创建其他指定 CLUSTERED 的约束，本质上是因为一张表只能创建一个聚集索引，如图 8-11 所示。

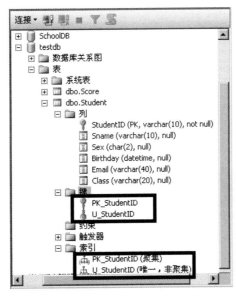

图 8-11　在一列上同时指定 PRIMARY KEY 和 UNIQUE 约束

8.2.3　使用自增列

在设计表时，有时候会使用标识列。标识列也称自增列，每插入一条数据，该列数值就根据指定的 IDENTITY 属性自动增加一个值。有时候也会将该列设置成主键列。

IDENTITY 属性可以直接在 CREATE TABLE 中设置，也可以在 ALTER TABLE 中设置，

但是在 ALTER TABLE 中设置时只能新增、删除自增列，即自增列的增、删、改只能伴随着列的增、删来设置。

在 CREATE TABLE 语句中设置 IDENTITY 属性的方法参考下面的语句。

```
CREATE TABLE test(a int IDENTITY(2,3),b varchar(10))
INSERT INTO test VALUES('ABC'),('CDE'),('FGH')
SELECT * FROM test
```

上面的语句首先创建 test 表，其中 a 列设置了 IDENTITY 属性，IDENTITY(2,3)中的 2 为标识种子，3 为标识增量，表示 a 列的值从 2 开始，每次增加 3；然后向该表插入 3 条记录，容易发现 INSERT 语句中没有指定 a 列，因为默认情况下具有 IDENTITY 属性的列不需要显式指定，稍后将介绍与此相关的设置。最终查询结果如图 8-12 所示。

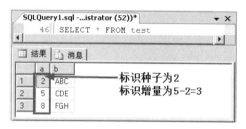

图 8-12　设置 IDENTITY 属性

当设置了 IDENTITY 属性时，可以使用$IDENTITY 来代替引用自增列。下面的语句也可以查询 test 表中的 a、b 列。

```
SELECT test.$IDENTITY,bFROM test
```

要删除 IDENTITY 属性，只能直接删除该列。

```
ALTER TABLE test DROP COLUMN a
```

也可以在现有表中添加自增列，参考下面的语句。

```
ALTER TABLE test ADD a INT IDENTITY(2,3)
```

无法直接使用 ALTER TABLE 语句修改 IDENTITY 属性。如果想要在现有 IDENTITY 属性列上删除该属性，但是不删除数据，可以使用间接的方法：先创建中间列，将 IDENTITY 属性列的值复制到中间列，再删除 IDENTITY 属性列，最后把中间列重命名为原来的 IDENTITY 属性列。

例如下面的语句删除前面示例表 test 中的 IDENTITY 属性。如果想要在现有列上添加 IDENTITY 属性，只需新建一个 IDENTITY 属性的中转列再执行一样的步骤即可。

```
--1. 添加中转列 c，注意 c 列数据类型要和 a 列相同
ALTER TABLE dbo.test ADD c INT
--2. 将 a 列数据复制到 c 列中
UPDATE dbo.test SET c = a
--3. 删除具有 IDENTITY 属性的 a 列
ALTER TABLE dbo.test DROP COLUMN a
--4. 重命名中转列 c 列，将其改回 a
```

```
EXEC sys.sp_rename 'test.c','a','column'
--查看结果，发现$IDENTITY 列已经变为无效列
SELECT $IDENTITY FROM dbo.test
```

除了使用 SQL 语句增、删、改 IDENTITY 相关属性外，也可以使用图形界面更直观地增、删、改、查自增列。右键单击相关表并选择"设计"选项，将 a 列的标识设置为"是"，标识增量和标识种子分别设置为 3 和 2，如图 8-13 所示，然后保存关闭。只有列的数据类型为整数时才能设置标识相关属性，如 int、tinyint、number(5,0)等都被允许，并且标识增量和标识种子也只能是整数。

图 8-13　图形界面设置 IDENTITY 属性

可以通过下面的两个语句查看列是否具有 IDENTITY 属性，结果如图 8-14 所示，值为 1 说明该列具有 IDENTITY 属性。

```
--通过系统自带函数查看，需要指定列名
SELECT COLUMNPROPERTY(OBJECT_ID('test'),'a','IsIdentity')
--通过系统视图 sys.columns 查看列相关信息，不需要指定列名
SELECT OBJECT_NAME(object_id)AS table_name,
       name AS column_name,
       is_identity
FROM sys.columns
WHERE object_id = OBJECT_ID('test')
```

当使用 IDENTITY 列时需要注意以下几个问题：

（1）删除已有 IDENTITY 属性的记录后插入新数据，自增列不会重用以前的值，而是会继续增大。

下面的示例演示了删除 test 表中自增列值为 5 和 8 的行，然后再插入 3 行记录，查看 test，发现这 3 条记录的自增列值是从 11 开始的。查询结果如图 8-15 所示。

```
DELETE test WHERE b='CDE' OR b='FGH'
INSERT INTO test values('ABC'),('CDE'),('FGH')
SELECT a,b FROM test
```

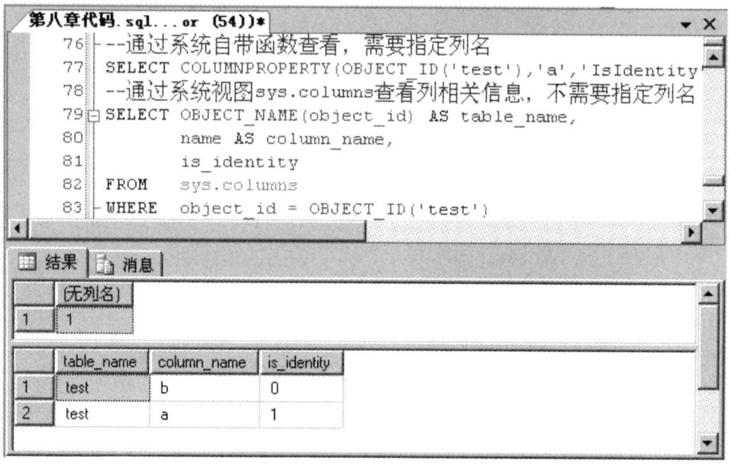

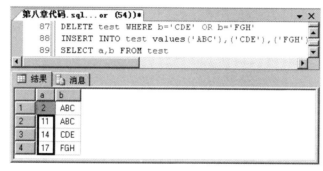

图 8-14　通过系统函数和视图查看 IDENTITY 属性

图 8-15　自增列的值变化

（2）当要显式指定自增列的数值时，需要开启 IDENTITY_INSERT 设置，且插入数据时需要指定列列表。

默认 IDENTITY_INSERT 设置为 OFF，这时不能直接插入显式自增列值，需要设置它为 ON，并且在插入语句中指定该列时才能插入记录。例如下面的 INSERT 语句中指定了 a 列，查询结果如图 8-16 所示。

```
SET IDENTITY_INSERT test ON
INSERT INTO test(a,b)VALUES(20,'IJK'),(30,'LMN'),(40,'OPQ')
SELECT a,b FROM test
```

IDENTITY_INSERT 设置为 ON 时，插入数据时不再自增，且必须指定显式值。若需要自增则应将 IDENTITY_INSERT 设置为 OFF。

（3）由于可以显式指定自增列值，自增列的值允许相同，所以要通过 IDENTITY 属性来实现实体完整性需要将自增列设置为主键或者添加唯一性约束。

```
ALTER TABLE test ADD CONSTRAINT PK_a PRIMARY KEY (a)
```

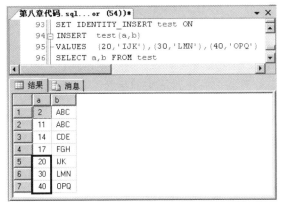

图 8-16　设置 IDENTITY_INSERT 为 ON

8.3　实现域完整性

域完整性的实现方式有指定合适的数据类型、CHECK 约束、DEFAULT 约束、NOT NULL 定义和外键约束。本节介绍 CHECK 约束、DEFAULT 约束和 NOT NULL 定义，外键约束实现的参照完整性也属于域完整性的范畴，将在下一节参照完整性的内容中详细介绍。

8.3.1　CHECK 约束

CHECK 约束的主要作用是检查并限制输入到一列或多列可接受的值。一条 CREATE TABLE 语句只能定义一个 CHECK 约束，但是这个 CHECK 约束可以指定多列的限制条件。

一列上允许多个 CHECK 约束并存。

可以在 CREATE TABLE 语句中定义 CHECK 约束，也可以通过 ALTER TABLE 语句来增、删 CHECK 约束。如果要修改已定义好的 CHECK 约束，只能先删除现有约束，再重新创建新的约束。

1. 在 CREATE TABLE 中定义 CHECK 约束

在建表时定义 CHECK 约束有两种方法，语句如下：

```
--CHECK 约束紧跟限定列，该方法不能命名约束名称
CREATE TABLE test2(a int CHECK(a>0),b varchar(10))
--在所有字段结尾定义 CHECK 约束，该方法可以命名约束名称
CREATE TABLE test3(a int,b varchar(10),CONSTRAINT CK_a CHECK(a>0))
```

2. ALTER TABLE ...ADD/DROP CONSTRAINT

例如有这些需求：Score 表中的成绩 Mark 的范围在 0～150 之间，Student 表的 Email 字段中必须出现@，出生日期 Birthday 在 1985 年到 1997 年之间，性别 Sex 只能输入“男”或“女”，且班级 Class 只能输入“网络班”“开发班”或“测试班”。

（1）Score 表中成绩 Mark 的范围在 0～150 之间。

```
USE testdb
GO
ALTER TABLE Score WITH CHECK ADD CONSTRAINT CK_Mark CHECK (Mark>=0 AND Mark<=150)
```

该语句中 WITH CHECK 项代表对表中已有的数据也执行 CHECK 约束的检查,使用 WITH NOCHECK 代表不检查已有数据,只针对将来的新数据执行 CHECK 约束。该项可省略不写,省略时默认为 WITH CHECK。

添加了约束后再插入不满足要求的数据时将会报错并阻止插入。但是,若向 Mark 列中插入一个 NULL 值,则 NULL 会被接受。因为 CHECK 约束的表达式可能返回 TRUE、FALSE、UNKNOWN 三种情况,只有返回 FALSE 时值才不被接受。例如插入 Mark 值为 166,不在 0~150 之间,该表达式返回 FALSE,所以 166 不被接受,而下面的语句直接插入 NULL 值会成功。

```
INSERT INTO Score(Mark)VALUES(NULL)
```

如果要加入检查不为 NULL 的条件,则修改约束加入 IS NOT NULL 选项。

```
--删除已有约束
ALTER TABLE Score DROP CONSTRAINT CK_mark
--重建新约束
ALTER TABLE Score WITH NOCHECK ADD CONSTRAINT CK_mark
CHECK((Mark BETWEEN 0 AND 150 )AND (Mark IS NOT NULL))
```

（2）Student 表的 Email 字段中必须出现@。

```
ALTER TABLE Student WITH NOCHECK ADD CONSTRAINT CK_Email CHECK(Email LIKE '%@%')
```

使用 WITH NOCHECK 不对已有数据进行检查。

（3）出生日期 Birthday 在 1985 年到 1997 年之间。

```
ALTER TABLE Student WITH NOCHECK ADD CONSTRAINT CK_Birthday
CHECK(Birthday BETWEEN '1987-01-01' AND '1997-01-01')
```

（4）性别 Sex 只能输入"男"或"女",且班级 Class 只能输入"网络班""开发班"或"测试班"。

```
ALTER TABLE Student WITH NOCHECK ADD CONSTRAINT CK_Sex_Class
CHECK((Sex='男' OR Sex='女')AND Class IN('网络班','开发班','测试班'))
```

该语句添加的 CHECK 约束限制了多列的接受值,这样的 CHECK 称为表级 CHECK 约束。

3. 修改已有的 CHECK 约束

例如修改约束 CK_Birthday,将 Birthday 定义为只接受 1987 年到 1995 年之间的值。

```
--删除已有约束
ALTER TABLE Student DROP CONSTRAINT CK_Birthday
--重建 CK_Birthday 约束
ALTER TABLE Student WITH NOCHECK ADD CONSTRAINT CK_Birthday CHECK(Birthday BETWEEN '1987-01-01'
AND '1995-01-01')
```

8.3.2　DEFAULT 约束

默认值约束用于为列指定默认值,它只适用于插入数据时没有为某列提供输入值的情况。可以在创建表时定义 DEFAULT 约束,也可以在已有表中添加 DEFAULT 约束。

在默认情况下，如果不选择某列就插入记录时，如果该列没有定义为 NOT NULL，则该列记录会默认为 NULL，此时应用了默认值约束。通过 DEFAULT 约束可以修改该列的默认值。

例如下面创建的默认值约束，当 Subject 表的 Publisher 列未指定输入值时，默认为"N/A"。

```
ALTER TABLE Subject ADD CONSTRAINT DFT_Pub DEFAULT('N/A')FOR Publisher
```

向该表插入下面的两条记录，第一条记录不指定 Publisher，第二条指定它为 NULL。

```
INSERT INTO Subject(SubjectID)VALUES('0001')
INSERT INTO Subject(SubjectID,Publisher)VALUES('0002',NULL)
INSERT INTO Subject(SubjectID,Publisher)VALUES('0003','人民邮电出版社')
SELECT * FROM Subject
```

返回结果如图 8-17 所示。

	SubjectID	SubjectName	BookName	Publisher
1	0001	NULL	NULL	N/A
2	0002	NULL	NULL	NULL
3	0003	NULL	NULL	人民邮电出版社

图 8-17　只有不指定列才接受默认值

在 CREATE TABLE 语句中定义 DEFAULT 约束的方法参考下面的语句。

```
CREATE TABLE test4
(
  a INT NOT NULL PRIMARY KEY,
  b VARCHAR(10)DEFAULT ('不知道')
)
```

8.3.3　NOT NULL 定义

在前面章节中经常涉及对 NULL 的处理。关于 NULL 的相关运算，本书通篇都有涉及，大致可以分为两种情况：NULL 何时被接受、NULL 何时被拒绝。在 SQL Server 中，默认情况下和 NULL 有关的比较运算几乎都得到 UNKNOWN，除某些时候 NULL 和 NULL 的比较例外。但是尽管是 UNKNOWN，也并不是和 FALSE 一样完全被拒绝。正确的处理方式可以理解为：

（1）当接受 TRUE 时，拒绝 FALSE 和 UNKNOWN。

（2）当拒绝 FALSE 时，接受 TRUE 和 UNKNOWN。

这两句话看上去描述的是一件事情：在二值逻辑中，只有 TRUE 和 FALSE，接受 TRUE 就等于拒绝 FALSE，拒绝 FALSE 就等于接受 TRUE。但是在三值逻辑中，有时候要考虑是以拒绝 FALSE 为主还是以接受 TRUE 为主，逻辑的倾向性决定了 UNKNOWN 的位置。

对于接受 TRUE 为主的一个典型例子是：在"WHERE a>100"的条件中，它的目的更倾向于接受 a>100 的值，而不是为了拒绝 a<=100 的值，这时就是以接受 TRUE 为主，如果 a 的值中存在 NULL，a 和 NULL 比较的 UNKNOWN 会被拒绝。实际上查找 a>100 的记录的时候，SQL Server 不会去找记录小于或等于 100 的然后去拒绝返回它们，而是直接去找大于 100 的值，找到就返回。这就像是竞赛考试，其目的是为了选拔优秀的人才，而不是为了去寻找不适合的人将其排除掉再间接找出适合的人。

对于拒绝 FALSE 为主的一个典型例子是：CHECK 约束 CHECK(a>100)，它会接受 NULL 值的插入，这时它更倾向于拒绝小于或等于 100 的记录插入，检测大于 100 的记录不是它的目的。即以拒绝 FALSE 为主，如果有和 NULL 比较的 UNKNOWN 则会被接受。

但是 NULL 和 NULL 存在特殊情况，它们并不总是得到 UNKNOWN。在 UNIQUE 约束、分组、排序、集合操作（如 UNION）的情况中，NULL 和 NULL 被认为是相等的，因此 UNIQUE 约束中不允许两个 NULL，分组时多个 NULL 被分为同一组，排序（升序）时 NULL 都被排在最前面，UNION 去重时会去掉多个 NULL 值。

因此可以对 NULL 的处理方式做以下总结：

（1）筛选器的筛选过程中 NULL 和 FALSE 一样被拒绝，如联接的 ON 筛选、WHERE 筛选和 HAVING 筛选。

（2）CHECK 约束中 NULL 被认为接受。

（3）在 UNIQUE 约束、分组、排序、集合操作（如 UNION）的情况下 NULL 和 NULL 被认为是相等即重复的。

在其他情况下，NULL 的处理可以参考上面的分析方法，考虑语句上下文中 TRUE 和 FALSE 的逻辑倾向性，决定 NULL 应该是接受值还是拒绝值。

NULL 的存在常常给数据库的管理和开发带来影响，但是存在即有道理。尽管如此，尽量减少可为 NULL 的列的存在仍然是非常有必要的。

8.4　参照完整性

参照完整性通过定义 FOREIGN KEY 来实现。在外键引用中，当一个表的列被引用在另一个表的列时，就在两表之间创建了主从表的关系，以后在对数据进行增、删、改时，参照完整性可以维持从表和主表之间的数据一致性。注意，被引用的列在主表中要具有唯一标识的能力，因此可以是主键列，也可以是具有唯一约束的唯一性列。

从表外键列的值除 NULL 以外只能是主表被引用列中已经存在的值，外键列允许存在多个 NULL 值。

参照完整性可以在两张表之间通过表引用实现，也能在一张表中通过表内列引用实现。

8.4.1　实现表间列的参照完整性

图 8-18 中展示了 Student 表、Score 表和 Subject 表之间的引用关系。下面将通过 T-SQL 来实现这样的关系并验证 FOREIGN KEY 的作用。

执行下面的语句重置本章的示例环境。

```
DROP TABLE Student
```

```
DROP TABLE Score
DROP TABLE Subject
SELECT * INTO Student FROM SchoolDB.dbo.Tstudent WHERE 1=0
SELECT * INTO Subject FROM SchoolDB.dbo.Tsubject WHERE 1=0
SELECT * INTO Score FROM SchoolDB.dbo.Tscore WHERE 1=0
ALTER TABLE Subject ALTER COLUMN SubjectID varchar(4)NOT NULL
```

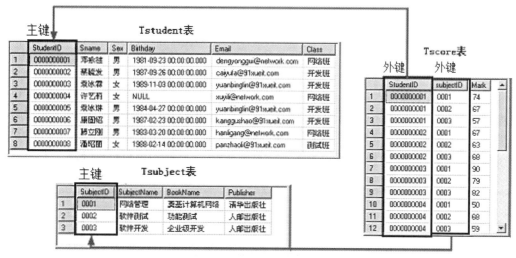

图 8-18　3 个表的引用关系

运行下面的语句使用 ALTER TABLE 语句添加 FOREIGN KEY。

```
--在 Student 表和 Subject 表中添加主键
ALTER TABLE Student ADD CONSTRAINT PK_Student PRIMARY KEY(StudentID)
ALTER TABLE Subject ADD CONSTRAINT PK_Subject PRIMARY KEY(SubjectID)
--添加外键约束并引用 Student 表的 StudentID 列
ALTER TABLE Score ADD CONSTRAINT FK_Student_Score
FOREIGN KEY(StudentID)REFERENCES Student(StudentID)
--引用 Subject 表的 SubjectID 列
ALTER TABLE Score ADD CONSTRAINT FK_Subject_Score
FOREIGN KEY(SubjectID)REFERENCES Subject(SubjectID)
```

向 3 个表中插入值，其中插入到 Score 表的 StudentID 值和 SubjectID 值在 Student 表和 Subject 表中都存在。

```
INSERT INTO Student SELECT * FROM SchoolDB..Tstudent
INSERT INTO Subject SELECT * FROM SchoolDB..Tsubject
INSERT INTO Score SELECT * FROM SchoolDB..Tscore
```

但是运行下面的语句向 Score 表中插入两条记录时失败，因为第一条记录的 StudentID 不存在于 Student 表，第二条记录的 SubjectID 不存在于 Subject 表，说明外键约束阻止了不规范的数据插入。

```
INSERT INTO Score VALUES('0000000009','0001',70)
```

Chapter 8

```
INSERT INTO Score VALUES('0000000001','0004',70)
```

定义了外键引用后，将无法修改和删除被引用列的定义，也不能删除该列在从表中已对应的记录。因为外键约束在建立时绑定了主表中被引用的列，防止主从表数据的不一致性。可以在定义 FOREIGN KEY 时添加级联操作的选项，这样可以删除或修改被引用列的值，同时自动对应操作外键列。级联操作包括级联更新和级联删除。添加时参考下面的语句。

```
--删除现有外键约束
ALTER TABLE Score DROP CONSTRAINT FK_Student_Score
--重建外键约束
ALTER TABLE Score ADD CONSTRAINT FK_Student_Score
FOREIGN KEY(StudentID)REFERENCES Student(StudentID)
 ON UPDATE CASCADE
 ON DELETE CASCADE
```

例如删除学号为"0000000001"的学生信息会同时删除 Score 表中对应的"0000000001"信息。

```
DELETE Student WHERE StudentID='0000000001'
SELECT * FROM Score
```

查询 Score 表的结果如图 8-19 所示，StudentID 为"0000000001"的学生成绩也已经被删除了。

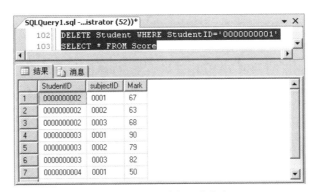

图 8-19　级联删除影响从表

在 CREATE TABLE 语句中定义 FOREIGN KEY 的方法参考如下语句：

```
--创建主表 test6
CREATE TABLE test6
(
    a int PRIMARY KEY NOT NULL,
    b varchar(10)NOT NULL
)
--创建从表 test7 并定义 FOREIGN KEY
CREATE TABLE test7
(
    a int FOREIGN KEY REFERENCES test6(a)NOT NULL,
```

```
  c varchar(10)NOT NULL
)
```

也可以使用下面的语句指定外键约束名称 FK_test6_test8。

```
CREATE TABLE test8
(
 a int NOT NULL ,
 c varchar(10)NOT NULL,
 CONSTRAINT FK_test6_test8 FOREIGN KEY(a)REFERENCES test6(a)
)
```

8.4.2 实现表内列的参照完整性

如图 8-20 所示的 Student1 表就是一个表内列之间的参照完整性示例。MonitorID 列引用 StudentID 列，被引用的 StudentID 为 1 和 9，这两个学号无法更新，而且对应的这两行记录也无法删除。

主键　　Student1表　　外键

StudentID	Sname	Sex	Class	MonitorID
1	邓咏桂	男	网络班	NULL
2	蔡毓发	男	网络班	1
3	袁冰霖	女	网络班	1
4	许艺莉	女	网络班	1
5	袁冰琳	男	网络班	1
6	康固绍	男	开发班	9
7	韩立刚	男	开发班	9
8	潘昭丽	女	开发班	9
9	韩秋建	男	开发班	NULL
10	韩利辉	男	开发班	9

图 8-20　表内列的参照完整性

运行下面的语句创建示例表 Student1 并插入对应的记录。

```
--创建 Student1 表
CREATE TABLE Student1
(
 StudentID int PRIMARY KEY NOT NULL,
 Sname varchar(10)not null,
 Sex char(2),
 Class varchar(20)
)
--添加外键列 MonitorID 并定义 FOREIGN KEY
ALTER TABLE Student1
ADD MonitorID int FOREIGN KEY REFERENCES Student1(StudentID)
--插入记录
INSERT   INTO Student1
VALUES (1,'邓咏桂','男','网络班',NULL),(2,'蔡毓发','男','网络班',1),
        (3,'袁冰霖','女','网络班',1),(4,'许艺莉','女','网络班',1),
```

(5,'袁冰琳','男','网络班',1),(6,'康固绍','男','开发班',9),

(7,'韩立刚','男','开发班',9),(8,'潘昭丽','女','开发班',9),

(9,'韩秋建','男','开发班',NULL),(10,'韩利辉','男','开发班',9)

尝试更新和删除 StudentID 为 1 或 9 的记录行，结果如图 8-21 所示。

```
DELETE Student1 WHERE StudentID=1
GO
UPDATE Student1 SET StudentID=11 WHERE StudentID=1
```

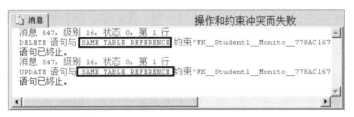

图 8-21　无法更新和删除被引用值的记录

8.5　使用关系图实现参照完整性

数据库关系图能够让用户更直观地创建、编辑数据库表之间的关系，也可以通过它编辑表和列的属性。在 testdb 数据库中，对 Student 表、Score 表和 Subject 表创建关系图的具体操作步骤如下：

Step 1 在"对象资源管理器"中，展开数据库 testdb，右键单击"数据库关系图"并选择"新建数据库关系图"选项，如图 8-22 所示。

图 8-22　新建关系图

Step 2 弹出"添加表"对话框，在其中添加 Score、Student 和 Subject 表，添加时可以按住 Ctrl 键不放进行多选，如图 8-23 所示。

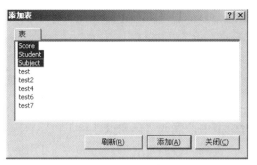

图 8-23　添加表

Step 3 在关系图的设计界面中，选中已有的连接线，连接线表示两表之间的关系。可以右键删除关系，如图 8-24 所示，然后确认删除该关系。

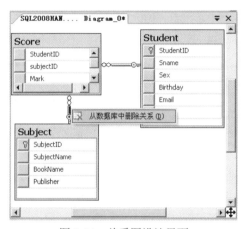

图 8-24　关系图设计界面

Step 4 在两表之间没有关系时，选中 Score 表的 SubjectID 列按住不放并拖拽到 Subject 表的 SubjectID 列上松开鼠标，此时便会出现创建关系的对话框，选择主键表和主键列、外键表和外键列并确认，如图 8-25 所示。在新建关系时，应当确保主表已经创建了主键或者 UNIQUE 约束，否则会报错，如图 8-26 所示。

图 8-25　新建关系对话框

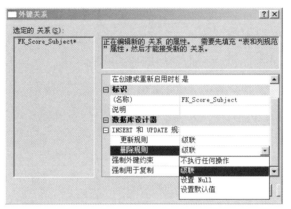

图 8-26　主表没有主键或者 UNIQUE 约束

Step 5　在"外键关系"对话框中，展开"INSERT 和 UPDATE 规范"项，将"更新规则"和"删除规则"都设置为"级联"并确认，如图 8-27 所示。

图 8-27　"外键关系"对话框

Step 6　在工具栏中单击"保存"按钮或者右键单击会话窗口并选择"保存 Diagram"选项，保存关系图的修改并使用默认关系图名称，如图 8-28 所示。

图 8-28　保存关系图的设计

完成关系图的设计后，在数据库 testdb 的"数据库关系图"节点下就会有刚才创建的关系。

8.6　使约束失效

在有些特殊的情况下有禁用约束的需求。但是只有 FOREIGN KEY 和 CHECK 约束可被禁用。禁用的方法是在 ALTER TABLE 语句中使用 NOCHECK 并指定约束名，如果要禁用表的所有 CHECK 约束和 FOREIGN KEY 约束，则使用 ALL，启用的方法是使用 CHECK。参考下面的语句。

```
--禁用和启用某张表中所有的 CHECK 约束和 FOREIGN KEY 约束
ALTER TABLE Student NOCHECK CONSTRAINT ALL
ALTER TABLE Student CHECK     CONSTRAINT ALL
--禁用和启用某张表的某个 CHECK 约束或外键约束
ALTER TABLE Score NOCHECK CONSTRAINT FK_Score_Subject
ALTER TABLE Score CHECK     CONSTRAINT FK_Score_Subject
```

可以通过存储过程 sp_helpconstraint 来查看表中的约束状态。例如查看 Student 表中的约束，结果如图 8-29 中的 status_enabled 列所示。当 CHECK 约束或外键约束被禁用时显示 disabled，启用状态为 enabled，其他约束为[n/a]。

```
EXEC sp_helpconstraint 'Student'
```

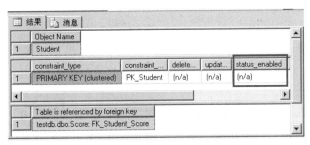

图 8-29　查看表中的约束信息

8.7　使用图形界面实现数据完整性

图形界面能更直观、友好地管理数据完整性相关的操作。本节不对知识点进行解释，只进行图形界面步骤的演示，如有不明之处，请参看本章前面对应的知识点。

8.7.1　添加主键

使用图形界面的方式进行添加、删除主键相关的操作步骤如下：

Step 1　在 SSMS 的对象资源管理器中右键单击 Student 表并选择"设计"选项。

Step 2　在表设计界面中，选中某一行（一行为一个字段），如 StudentID，然后单击工具栏中的"设置主键"按钮。如果要设置复合主键，可以按住 Ctrl 键后单击每个字段左侧的小方格来多选字段，然后再单击"设置主键"按钮，如图 8-30 所示。这里不设置复合主键。

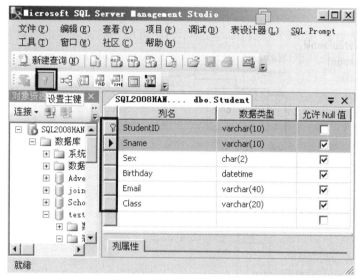

图 8-30 选择字段添加主键

Step 3 如果要删除主键，只需选中主键字段后再次单击"设置主键"按钮。

8.7.2 设置 UNIQUE 约束

使用图形界面的方式进行 UNIQUE 约束相关的操作步骤如下：

Step 1 在 SSMS 的对象资源管理器中右键单击 Student 表并选择"设计"选项。

Step 2 在表设计界面中，右键单击任一字段并选择"索引/键"选项，在弹出的"索引/键"对话框中添加键，在属性框区域选择"唯一键"和其他属性，也可以对现有键进行属性的修改，如图 8-31 所示。

Step 3 在属性框区域选择随唯一键创建的索引类型：聚集索引或非聚集索引。注意，每张表只能有一个聚集索引，因此添加主键和唯一键时随之产生的索引只能最多选择一个为聚集类型。

Step 4 完成设计后保存设置。

8.7.3 设置 CHECK 约束

使用图形界面的方式进行 CHECK 约束相关的操作步骤如下：

Step 1 在 SSMS 的对象资源管理器中右键单击 Student 表并选择"设计"选项。

Step 2 在菜单栏中单击"表设计器"，选择"CHECK 约束"命令，如图 8-32 所示。

图 8-31　添加或修改唯一键

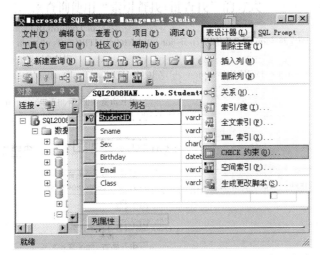

图 8-32　从"表设计器"菜单中选择"CHECK 约束"命令

Step 3　在弹出的"CHECK 约束"界面中，可以修改已有的 CHECK 约束，也可以新建 CHECK 约束。例如添加一个 CHECK 约束，要求 Sname 列输入的字符长度大于 1。单击"添加"按钮。

Step 4　在"表达式"行中输入 CHECK 约束指定的条件：Len(Sname)>1，并给定约束的名称为 CK_Sname，设置是否对现有数据执行 CHECK 约束的检查，如图 8-33 所示。

8
Chapter

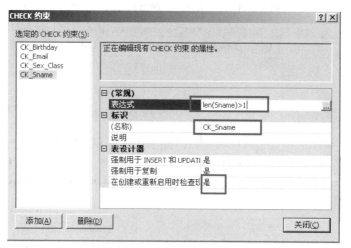

图 8-33　编辑 CHECK 约束

Step 5　操作完成后直接单击界面右下角的"关闭"按钮。

Step 6　返回表设计界面，右击会话窗口并选择"保存"选项，如图 8-34 所示。

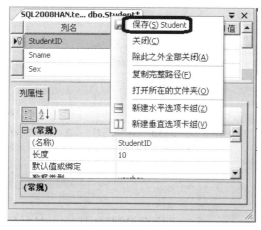

图 8-34　保存修改

8.7.4　设置默认值约束

使用图形界面的方式进行默认值设置的操作步骤如下：

Step 1　在 SSMS 的对象资源管理器中右键单击 Student 表并选择"设计"选项。

Step 2　在表设计界面中，选择需要设置默认值的字段，在列属性区域的"默认值或绑定"项处填写需要的默认值。默认值可以是表达式，也可以是一个字符串。例如，可以在 Class 字段的默认值处填入字符串"网络班'（字符串需要单引号标记），在 Birthday 字段的默认值处使用表达式"getdate()"，表示默认值为插入数据的时间，如图 8-35 所示。

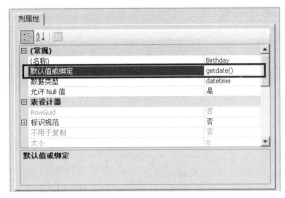

图 8-35　默认值设置

Step 3　保存设置。

8.7.5　设置外键

使用图形界面的方式进行外键设置的操作步骤如下：

Step 1　在 SSMS 的对象资源管理器中右键单击 Student 表并选择"设计"选项。

Step 2　在表设计界面中，选择其中一列右键单击并选择"关系"选项，如图 8-36 所示。

图 8-36　选择"关系"选项设置外键

Step 3　在"外键关系"对话框中可以添加外键，然后单击"添加"按钮。

Step 4　在"表和列规范"属性右侧单击 ⋯ 按钮，如图 8-37 所示。

Step 5　在"表和列"对话框中，选择主键表为 Student，主键列为 StudentID，外键列为 StudentID，单击"确定"按钮，如图 8-38 所示。

Step 6　返回"外键关系"对话框，展开"INSERT 和 UPDATE 规范"属性，选择是否为 INSERT 和 UPDATE 设置级联操作，如图 8-39 所示。

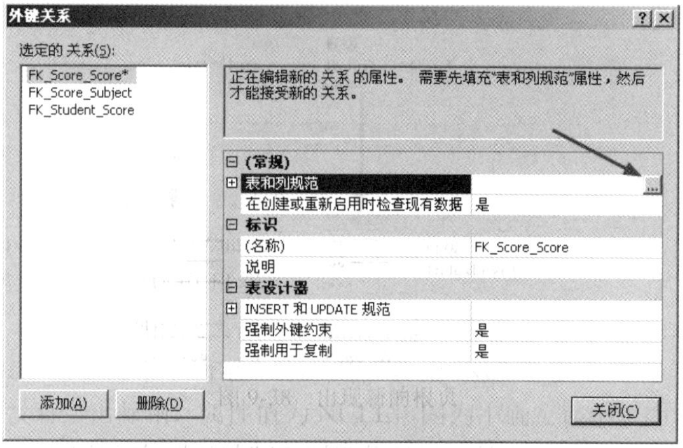

图 8-37　添加外键关系

图 8-38　选择主表、从表和主键、外键

图 8-39　设置级联操作

Step 7 设置好后返回保存。

8.7.6　禁用约束

通过图形界面禁用 CHECK 约束时，选中 CHECK 约束，在"强制用于 INSERT 和 UPDATE"属性中选择"否"代表禁用该 CHECK 约束，如图 8-40 所示。

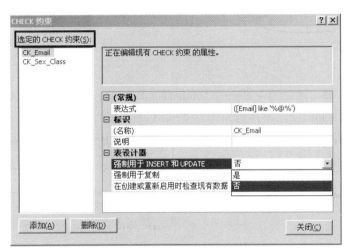

图 8-40　禁用 CHECK 约束

通过图形界面禁用外键约束时，选中外键约束，在"强制外键约束"属性中选择"否"代表禁用该外键约束，如图 8-41 所示。

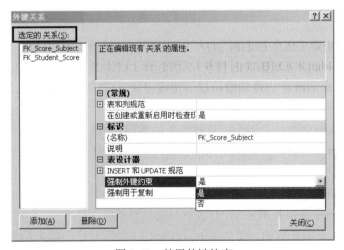

图 8-41　禁用外键约束

9

索引

 主要内容

- 掌握 SQL Server 中数据的存储方式
- 理解 B 树结构
- 理解在堆、聚集表中查询数据的方式
- 理解聚集索引和非聚集索引的结构
- 理清增、删、改数据时索引内部的变化
- 了解碎片以及索引的维护
- 了解索引统计的作用和更新方法
- 总结索引设计时的要点和注意点

　　无论是数据库的开发人员、管理人员还是用户，他们都希望能够快速地从数据库中查询到期望的数据。如果表中数据量小，可能都能立即得到结果，但随着数据量的不断增大，查询所花费的时间也在急剧增加。使用合理的索引可以对查询进行优化，但是不合理的索引也可能产生很大的副作用。

　　使用索引就像在字典中通过拼音的排序来查找具体的字在哪一页，例如查找"学"字，首先到按拼音排序的目录中找到"X"开头的位置，再找到"XUE"，然后可以定位到"XUE"在字典中的开始页数，最后找到"学"字。如果不使用索引，就会从字典的第一页逐页找下去，直到找完整个字典才结束，显然对于查字典这个行为，使用索引比不使用索引快速高效得多。

　　索引是数据库学习中最实用的技术之一，深刻理解和掌握索引知识在数据库相关工作上能发挥巨大的作用。本章将详细介绍有索引和无索引的表的结构以及它们如何影响查询；在介绍索引之前介绍数据是如何存储的以及 B 树的结构，这对理解索引有很大帮助；介绍如何维护索引、消除碎片以及几种特殊的索引；介绍索引统计的相关内容并总结设计索引的要点。

　　另外，本章涉及较多理论知识，不断地验证它们将是一个非常有趣又享受的过程。建议读者亲自动手完成本章的实验并验证结论。如果在本章的学习过程中有所疑惑，也建议通过实验的方式去测试验证并总结。

9.1　数据的存储方式

　　SQL Server 中创建数据库后至少会有一个主文件（mdf 后缀的文件）和一个日志文件（ldf 后缀的文件），可能还包含一个或多个次要文件（ndf 后缀的文件）。主文件和次要文件是数据文件，用以存储实际的数据，数据文件中的数据按页存储，每个页占用固定的 8KB 大小；日志文件用以记录数据库中的活动、操作、错误等信息，它以虚拟日志文件（VLF）为单位进行存储，它的大小不确定。在本节中会详细介绍数据文件中数据的存储方式。

9.1.1　页（Page）

　　在逻辑上，表由行和列组成。在物理上，表中的这些数据存储在数据库文件中，更具体地说它们分行存储在数据页上。在 SQL Server 内部，页是数据库文件中组织数据的最小单元，一个页占用 8KB（8192 字节）的空间。同时页也是最小的读写单元（即最小的 I/O 对象），每次从磁盘或者内存中读取数据时，最少都会读入一个页的内容。

　　每页占用 8192 字节，除去页标头 96 字节后剩余的 8096 字节才用于存储数据，但是行的长度最大是 8060 字节，超过 8060 字节的记录属于行溢出数据。

　　一般的页中包含有页标头、数据行和行偏移量的偏移数组，如图 9-1 所示。

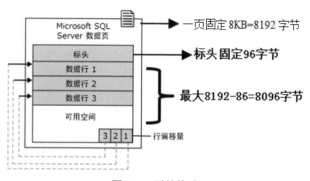

图 9-1　页的格式

　　页标头在每页的最前面，占用固定的 96 字节，在标头中包含了本页的信息，包括本页所属数据库文件 ID 和本页的页码、页面的类型、页的可用空间、页的上一页和下一页以及本页存储的数据行数量等。

图 9-2 展示了某一页的标头信息。其中，m_pageID =(1:206852)表示的是 fileID:pageID 为 1:206852，表示该页在数据库文件 ID 为 1 的文件上，页码是 206852；m_type=1 表示该页是什么类型的页，SQL Server 中有多种页的类型，本章中涉及并将介绍其中的三种类型：IAM 页、数据页和索引页，其中 1 代表数据页，2 代表索引页，10 代表 IAM 页；Object_id 记录了本页所属对象的 ID；m_prevPage=(0:0)的 0:0 表示没有前一页，因此本页是该对象数据页的第一页，m_nextPage =(1:126)表示本页的下一页是 126 页；m_slotCnt=9 表示本页上有 9 个数据行，即有 9 条记录；m_freeCnt=779 表示本页还剩余 779 字节的空间未使用。

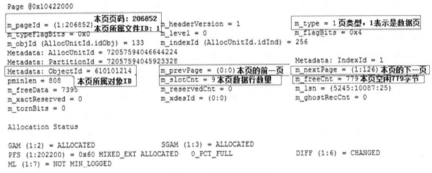

图 9-2　页标头信息

图 9-3 展示了在该页上的其中一条数据行记录信息。其中记录了该行在页中的位置是在第一个槽 slot 0 上，该槽的偏移量为 0x60，转换为十进制为 96，表示该记录从本页的第 96 字节开始存储，行的长度为 811 字节，最后存储的是该行的实际内容，由于篇幅有限，此处只显示了其中一部分内容，这些内容可以通过进制转换以及 ASCII 转换将其翻译成表中完全一致的内容。

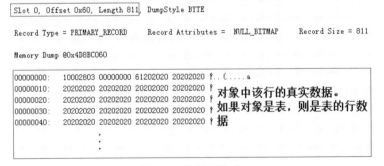

图 9-3　数据行格式

本页（206852 页）有 9 条记录，因此紧接着还有 slot 1～slot 8 的记录，这些记录都属于页中的数据行部分。

图 9-4 展示了本页中的行偏移数组。其中左边一列从下向上的 0～8 分别对应数据行的 slot 0～slot 8，右边一列是对应 slot 的偏移量，这一列的右边（即括号中的值）是十六进制，括号左边是对应十六进制的十进制，它们表示该 slot 的第一个字节离页的最开头有多少字节，即从哪个字节位置开始存储这个 slot 中的数据。从偏移数组中还能推算出每个 slot 存储的数据长度。例如 1（0x1）-907（0x38b）表示 slot 1 是从页中第 907 个字节位置开始，存储的行的长度是 811（1718-907）字节。

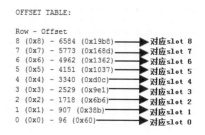

图 9-4　页中的偏移数组格式

slot 的顺序代表的是行的物理顺序，但却不是行在页中的空间位置顺序，这也是图 9-1 容易让人进入误区的地方。图 9-5 所示是某一数据页的描述图和该页的偏移，在本页中这 6 行记录的物理顺序是从 slot 0 到 slot 5，但是从偏移量 4151（0x10317）可以看出存储在 slot 1 中的数据行 6 却存储在本页最后位置。这说明 slot 顺序代表数据存储的物理顺序。实际上这样的存储方式也是 SQL Server 数据存储时的一种优化手段，如果有新记录要按序插入到页中某个中间位置，只需要将记录插在现有记录的后面然后重新排列 slot 编号即可，而不用将记录插入到物理页空间上的中间导致受影响的行整体移动。

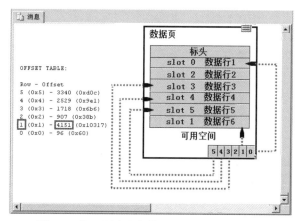

图 9-5　物理顺序和行位置顺序不一致的情形

上述是页内数据的顺序。同理，页与页之间的排序也是逻辑上有序的。一个页如果要和另一个页形成顺序关系，SQL Server 不会将新分配的页移动到该页物理上的旁边位置，而是将它留在原地，通过修改这两个页上的页链属性 m_prevPage 和 m_nextPage 来达到逻辑上的顺序，这就是页的逻辑顺序。当然，如果两个页本就处于物理上的隔壁位置，那么就达成了页的物理顺序和逻辑顺序的一致。页的物理顺序和逻辑顺序不一致在索引层面会形成外部碎片，降低性能和效率，具体的内容将在后面的"碎片"部分中讲解。

9.1.2 区（Extent）

页是 SQL Server 中数据的最小组织单元，进一步它可以组织成区（有的书中称为扩展）。一个区中包含物理上连续的 8 个页，因此一个区的大小是 64KB。图 9-6 所示是区的简单示意图，其中两个数据库文件中的每个区都包含了 8 个连续的页。

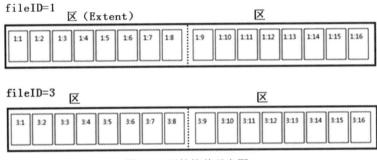

图 9-6　区的简单示意图

区是管理页的基本单位，当现有已分配的区无法容纳新的数据时会新分配一个区，而不是只分配一个页，因此可能会出现区中存在未使用页的情况。

9.1.3 索引分配映射页（IAM 页）

SQL Server 通过一种称为索引分配映像页（IAM）的特殊系统页来跟踪数据库文件中的页和区是否已经被使用以及它们属于哪一个对象。它的作用类似于地图，记录了哪个国家拥有哪片区域，哪个城市拥有哪片地区。注意 IAM 不跟踪页中实际存储什么数据。

每张表和索引都至少有一个 IAM 页。对于新创建的表，第一次插入数据前 SQL Server 不会为其分配任何空间，当第一条数据插入时，SQL Server 会为其分配两个页：一个 IAM 页和一个数据页，这个 IAM 页称为第一个 IAM 页（first IAM）。随着数据量的增大，占用的页数越来越多，直到第一个 IAM 页无法跟踪新分配的页时（大约跟踪 51 万个页面，接近 4GB 的数据）系统会再分配一个 IAM 页。IAM 页之间通过 IAM 链组织起来，每个 IAM 页中都有一个指针指向它的父 IAM 页和子 IAM 页。可以通过兼容性视图 sys.sysindexes 来查看 first IAM 页的页码。例如下面的语句查找了 Tstudent 表的 first IAM 页，返回结果如图 9-7 所示。

```
USE SchoolDB
GO
SELECT id,[first],[root],[FirstIAM],[rowcnt] FROM sys.sysindexes
WHERE id=OBJECT_ID('Tstudent')
```

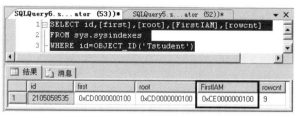

图 9-7　使用 sys.sysindexes 查找 first IAM 页

在图 9-7 中，可以看到 First IAM 页是用十六进制"0xCE0000000100"表示的，从右向左每两个数代表一个字节，将其倒序后分别是 00 01 00 00 00 CE，其中前 2 个字节表示数据库文件号即 0x0001，即 FileID 为 1 的文件，后 4 个字节表示页码即 0x000000CE，转换为十进制就是 206 页，即 PageID 为 206，因此 First IAM 的位置为 FileID:PageID=1:206。图中还可以看到在 sys.sysindexes 兼容性视图中记录的 first 和 root 列，它们分别是对象的第一页和根页，这些在后面介绍索引时会提到。

sys.sysindexes 是兼容性视图，并不能保证在未来的新版本中可以继续使用。但是在动态管理视图 sys.system_internals_allocation_units 中记录了更详细的信息。可以通过 sys.partitions 和 sys.system_internals_allocation_units 联接来得到第一页、根页和第一个 IAM 页。参考下面的语句，返回的结果和图 9-7 中所示是一样的。

```
SELECT OBJECT_NAME(b.object_id)AS name,
        a.first_page,
        a.root_page,
        a.first_iam_page
FROM sys.system_internals_allocation_units a
JOIN sys.partitions b
ON a.container_id = b.partition_id
WHERE b.object_id = OBJECT_ID('test_table')
```

9.1.4　估算表的大小

可以根据每列的数据类型占用的字节数和行记录数量来估算表占用的空间。这里对堆表（堆表内容后面会详细讲解）进行估算，具体的内容稍作了解即可，如有兴趣可以了解索引结构后在 https://technet.microsoft.com/zh-cn/library/ms187445(v=sql.110).aspx 中查看 SQL Server 联机丛书中的内容。

通过下面的语句创建测试表并插入 10 万行数据。

```
CREATE DATABASE testdb
GO
```

```
USE testdb
GO
CREATE TABLE test_table
        (id INT NOT NULL,
        col1 CHAR(36)NOT NULL,
        col2 CHAR(216)NOT NULL)
GO
DECLARE @i INT = 1
WHILE @i<=100000
BEGIN
    INSERT INTO test_table VALUES(@i,'aaa','xxx')
    SET @i = @i+1
END
```

test_table 表中有 3 列，分别占用固定长度的 4 字节、36 字节和 216 字节，共 256 字节，粗略地估算 10 万条这样的数据占用约 256*100000/1024/1024=24.4 MB 的空间。

如果要进行更精确的估算，需要考虑行的开销、NULL 位图的管理开销、页中每行记录的偏移数组以及每页存储的行数量。在本例中，表中只有固定长度数据类型的列，共计 256 字节，且这些列都不允许 NULL 值，NULL 的位图管理占用 3 字节，行标题的开销占用 4 字节，每行数据的偏移占用 2 字节，因此每行实际占用 265（256+3+4+2）字节，一页可存储 30（8096/265=30.56）行这样的记录，10 万行记录需要 3334（100000/30）页来存储，每页占用 8KB，因此估算这张表大约占用 26672（3334*8）KB。

可以通过存储过程 sp_spaceused 来查看表实际占用的空间。参考如下语句，返回结果如图 9-8 所示：

```
EXEC sys.sp_spaceused @objname='test_table'
```

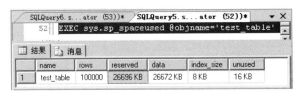

图 9-8　表占用的空间情况

从图中可以看到，表 test_table 有 100000 条记录，占用了 26672 KB 的空间，这和前面计算的大小是一致的，为这张表准备空间为 26696 KB，比数据占用的空间多 3 页，其中一页是 test_table 表的 first IAM 页，剩余两页为未使用页，说明最后为表分配的区中只占用了其中的 6 个页面。

9.2　B 树（Balanced Tree）

前面的内容详细介绍了 SQL Server 中数据页的物理结构，但是从数据库开发人员的观点看，逻辑结构显得更重要。本节介绍逻辑结构中的重要知识点——B 树。

平衡树（简称 B 树）的概念在很多索引领域中都使用。在本书中，B 树代表整个索引结构。

图 9-9 所示是 SQL Server 中使用的 B 树结构示意图。图中最下层是 B 树的叶级（Leaf-Level），它在 B 树的层次中级别是 0，使用 IndexLevel=0 来表示；沿树向上，是第一个中间级（Intermediate-Level），在中间级中存储了指向叶级每一页中第一条（第一个 slot 对应的行）记录的指针，它在 B 树结构中的级别是 1，使用 IndexLevel = 1 表示；到达树的最顶端是树的根页（root），它在 B 树中的级别是 2，使用 IndexLevel = 2 表示。

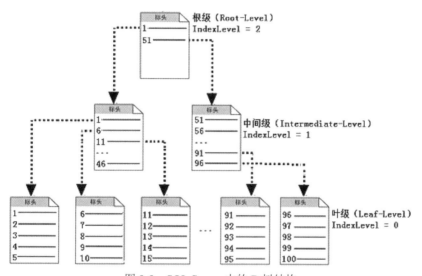

图 9-9　SQL Server 中的 B 树结构

每个有序存储数据的对象都至少有一个根和叶级，可以有 0 个或多个中间级。当数据足够少只需要一个页面就能存储时，根页和叶级页是同一页；随着记录的增多，一个叶级页无法存储新的记录，这时 SQL Server 会分配一个新的叶级页存储相关记录，同时会额外分配一个页面用来作为新的根页，根页指向这两个叶级页；数据量继续增大，直到仅靠一个根页无法存储指向新叶级页的指针时会分配一个新的页指向叶级页中的相关记录，同时额外分配一个页面作为新的根页指向旧的根页和新的中间页，旧的根页此时已经变为中间页；依此下去，每次根页无法存储新的指向它下一级中间页的指针时都会分配一个页面作为新的根页。如图 9-10 中所示的演变过程。

使用 B 树可以提高遍历的效率。例如在图 9-11 中，想要查找叶级页上的 95 记录时，可以先找到根页，由于 B 树是按序存储的，所以根据顺序可以从根页上的指针找到这一条记录所在范围的中间页，再从中间页中找到 95 所在范围的叶级页，最后扫描这个叶级页即可找到最终的结果。这样只需要进行 3 次页读取即可找到需要的记录。由于 B 树结构是平衡的，对任意一条叶级页中的记录也都只需要 3 次页读取就能够找到。

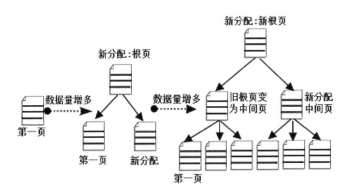

图 9-10　B 树结构页的演变过程

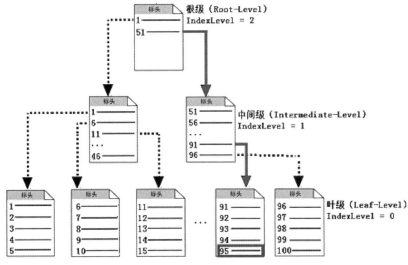

图 9-11　在 B 树中遍历记录

9.3　查看页内容的工具

本章将多次使用 DBCC IND 和 DBCC PAGE 这两个工具来查看页与页之间的联系和页面中存储的内容，从而分析堆和索引的相关知识点，因此有必要在介绍索引之前先介绍这两个工具的使用方法。

9.3.1　DBCC IND

DBCC IND 工具在本章中主要用于查看属于某对象的页之间的联系以及页的类型，它的结果还包括很多其他有用的信息。

它的格式如下：

```
DBCC IND ( { 'dbname' | dbid }, { 'objname' | objid },
{ nonclustered indid | 1 | 0 | -1 | -2 } [, partition_number] )
```

它有 4 个参数，但第 4 个参数在本书的学习中可以忽略。第一个参数是数据库的名称或数据库 ID，第二个参数是表名或表的对象 ID，第三个参数可以使用多个值来指定工具返回什么结果，以下是对第三个参数值的介绍。

● 0：显示该对象的所有数据页和 IAM 页的信息，但不包含索引页的信息。
● 1：显示该对象的所有数据页和 IAM 页的信息，如果该对象有聚集索引则还显示索引页的信息。
● -1：显示所有页的信息。
● -2：显示该对象 IAM 页的信息。
● nonclustered indid：指定非聚集索引的 ID，显示所有数据页、IAM 页以及指定的索引的索引页。

一般常用参数 1，如果要分析非聚集索引则还常指定 nonclustered indid。

图 9-12 所示是 DBCC IND 的一个示例图，由于图比较长，无法完全在页面中展示，因此除去了和本章无关的几列。从图中可以看到，DBCC IND 返回了属于该对象的页 PageID、IAM 页 IAMPID、索引的 ID 号 IndexID、页的类型 PageType、页在 B 树结构中的深度、前一页 PrevPagePID 和后一页 NextPagePID。其中 PageType 列在本章中将常见到值为 1、2 和 10，分别代表该页是数据页、索引页和 IAM 页；NextPagePID 和 PrevPagePID 为 0 的代表没有前一页或没有下一页，通过这个特点可以知道 B 树结构中每一个层次中的第一页和最后一页，还可以知道哪一页是根页，因为根页的前一页和后一页都是 0。

	PageFID	PagePID	IAMFID	IAMPID	ObjectID	IndexID	PageType	IndexLevel	NextPageFID	NextPagePID	PrevPageFID	PrevPagePID
1	1	206859	NULL	NULL	1266103551	0	10	NULL	0	0	0	0
2	1	206856	1	206859	1266103551	0	1	0	0	0	0	0
3	1	28032	1	206859	1266103551	0	1	0	1	28033	0	0
4	1	28033	1	206859	1266103551	0	1	0	1	28034	1	28032
5	1	28034	1	206859	1266103551	0	1	0	1	28035	1	28033
6	1	28035	1	206859	1266103551	0	1	0	1	28036	1	28034
7	1	28036	1	206859	1266103551	0	1	0	1	28037	1	28035
8	1	28037	1	206859	1266103551	0	1	0	1	28038	1	28036

图 9-12　DBCC IND 结果示例图

由于 DBCC IND 的返回结果无法像表一样筛选对自己有用的行或列，也无法对结果排序，如果返回大量的行，分析时将不够方便。可以将它的结果保存到一张字段和 DBCC IND 的字段完全兼容的表中。下面的语句创建了这样一张表 sp_tablepages，由于它创建于 master 数据库并使用"sp_"开头命名，因此以后可以在任意数据库中直接引用它。本章后面将直接引用 sp_tablepages 表。

```
--创建和 DBCC IND 结果结构一样的表 sp_tablepages
--master 数据库中的"sp_"对象可以不加前缀在任何数据库中自由引用
USE master
GO
CREATE TABLE sp_tablepages
    (PageFID tinyint,PagePID int,IAMFID tinyint,IAMPID int,ObjectID int,
    IndexID tinyint,PartitionNumber tinyint,PartitionID bigint,
    iam_charin_type varchar(30),PageType tinyint,IndexLevel tinyint,
        NextPageFID tinyint,NextPagePID int,PrevPageFID tinyint,PrevPagePID int,
    Primary Key(PageFid,PagePID))
```

再清空 sp_tablepages 的内容，向其中插入 DBCC IND 的结果。例如插入 testdb 数据库中 test_table 表的分析结果，语句如下：

```
TRUNCATE TABLE sp_tablepages;
INSERT INTO sp_tablepages EXEC('DBCC IND([testdb],[test_table],1)')
```

再通过 SELECT 语句就可以筛选出需要的行和列数据。例如下面的 SELECT 语句筛选出其中的几列并将结果按 IndexLevel 降序排列，通过这样的结果可以快速知道索引页的信息。

```
SELECT PagePID,IndexID,IAMPID,PageType,IndexLevel,NextPagePID,PrevPagePID
FROM sp_tablepages
ORDER BY IndexLevel DESC
```

DBCC IND 不需要先开启跟踪标记 3604，但由于 DBCC IND 经常和需要开启该跟踪标记的 DBCC PAGE 工具一起使用，因此建议在使用 DBCC IND 之前就开启 3604 跟踪标记。跟踪标记不是本书范围的内容，本书也只在本章按需使用一个 3604 标记。开启和关闭该跟踪标记的方法如下：

```
DBCC TRACEON (3604)
DBCC TRACEOFF(3604)
```

9.3.2 DBCC PAGE

DBCC PAGE 工具用于查看指定页面的内容，然后根据页中的内容进行分析或推算。通过该工具分析页对本章的学习和验证有很大帮助。

DBCC PAGE 的格式如下：

```
DBCC PAGE ({dbid | dbname}, FileID, PageID[, printoption])
```

参数中的 dbid、dbname 分别是数据库的 ID、数据库的名称，FileID 是要查看的页所在的数据文件的 ID 号，PageID 是要查看的页码，PrintOption 用于指定 DBCC PAGE 结果的返回格式，可以使用下面的几个返回格式值，常用的格式参数是 1 和 3，其中 3 常用于分析索引页。

- 0：默认值，只返回页的缓冲区（BUFFER）部分和页的标头（PAGE HEADER）。
- 1：返回缓冲区、标头、数据（DATA）部分（按照 slot 顺序分别输出每一行）以及行偏移数组（OFFSET TABLE）。
- 2：返回缓冲区、标头、数据部分（整体输出页面）以及行偏移数组。
- 3：返回缓冲区、标头、数据部分（按照 slot 顺序分别输出每一行）以及行偏移数组，每一行的后面还输出列的值。如果页是索引页，则按网格方式返回结果，但是需要设置为以网格方式返回结果。

DBCC PAGE 常和 DBCC IND 一起使用，DBCC PAGE 需要先开启跟踪标记 3604 才能得到返回结果。下面的例子简单演示了 DBCC IND 和 DBCC PAGE 联合使用的方式。

实验的第一步是开启跟踪标记 3604。

```
DBCC TRACEON(3604)
```

将对 testdb 数据库中的 test_table 表的 DBCC IND 分析插入到前一小节中创建的 sp_tablepages 表中，通过查询 sp_tablepages 表查看 test_table 中有哪些页。

```
TRUNCATE TABLE sp_tablepages
INSERT INTO sp_tablepages EXEC ('DBCC IND([testdb],[test_table],1)')
--查询该表
SELECT PagePID,IndexID,IAMPID,PageType,IndexLevel,NextPagePID,PrevPagePID
FROM SP_TABLEPAGES
ORDER BY indexlevel DESC
```

返回结果如图 9-13 所示。

	PagePID	IndexID	IAMPID	PageType	IndexLevel	NextPagePID	PrevPagePID
1	42904	0	206879	1	0	0	0
2	42905	0	206879	1	0	0	0
3	42906	0	206879	1	0	0	0
4	42907	0	206879	1	0	0	0
5	42908	0	206879	1	0	0	0
6	42909	0	206879	1	0	0	0
7	42910	0	206879	1	0	0	0
8	42911	0	206879	1	0	0	0
9	42912	0	206879	1	0	0	0
10	42913	0	206879	1	0	0	0
11	42914		206879				

图 9-13 DBCC IND 的结果

使用 DBCC PAGE 分析 DBCC IND 返回结果中的某一页，如第 42904 页。

```
DBCC PAGE('testdb',1,42904,1)
```

返回的结果中将出现 BUFFER、PAGE HEADER、DATA 和 OFFSET TABLE 这 4 部分页的详细信息，其中 BUFFER 部分是该页在内存中的信息。限于篇幅问题，此处不放置返回的结果，可自行实验观察 DBCC PAGE 的输出格式 1 和格式 3 的区别。

如果 DBCC PAGE 分析的页是索引页，使用格式参数 3 将返回图 9-14 所示的表格结果，单击旁边的消息栏则可以查看该页的 BUFFER 和 PAGE HEADER 信息。

	FileId	PageId	Row	Level	ChildFileId	ChildPageId	StudentID (key)	KeyHashValue
1	1	74394	0	2	1	74392	NULL	NULL
2	1	74394	1	2	1	74393	64067	NULL
3	1	74394	2	2	1	74328	101407	NULL
4	1	74394	3	2	1	74329	165473	NULL
5	1	74394	4	2	1	74264	205464	NULL
6	1	74394	5	2	1	74265	269530	NULL
7	1	74394	6	2	1	74520	306941	NULL
8	1	74394	7	2	1	74521	371007	NULL

图 9-14 DBCC PAGE 分析索引页

9.4　堆（Heaps）

堆是一个非常简单的结构。只要没有聚集索引的表就是堆（有时也称为堆表），它的 IndexID =0。堆中的数据通过简单的"堆积"存储，堆中的数据没有任何逻辑顺序，数据页也不会通过双链表链接在一起。图 9-13 所示就是一个堆表页的信息，从图中可知页与页之间没有上一页和下一页的关系，即页之间没有联系。需要注意，当删除聚集索引变成堆表后在 DBCC IND 的结果中可能会有上下页的关系，这是防止删除聚集索引后还要消耗资源去维护每一页的内容，是一种系统内在的优化手段，因此这不代表它们真的有关系。

当表是一个堆时，新行总是被"见缝插针"似地插入到表中任意可用空间。通过前面对 IAM 页的介绍，SQL Server 可以通过 IAM 对堆的跟踪知道哪些已使用的区和页属于这个堆。

表扫描以无序的方式读取所有属于表的页。如果一个查询要搜索大的堆表中的少量数据，即使在扫描完所有页以前甚至刚扫描前几页就已经找到了所有的记录，但由于堆中的数据是没有顺序的，系统不知道后面没扫描的页中是否还有符合条件的记录，因此它要扫描整个表，可以想象得到在这种情形下的表扫描是一种非常低效的操作。

以堆表 test_table 为例，该表创建后直接插入了 10 万条记录，这些记录插入时在物理页上的位置碰巧是顺序的，使用 SELECT 查询该表得到一个顺序的结果。下面删除部分记录，再插入一些记录，然后查询该表将得到乱序的结果，如图 9-15 所示。

```
DELETE test_table WHERE id < 5
INSERT test_table VALUES(3,'aaa','xxx'),(1,'aaa','xxx')
SELECT * FROM test_table
```

图 9-15　堆表中数据乱序

乱序是因为删除后插入的数据"见缝插针"地插在表的最尾部，由于堆表的表扫描是从前向后的，因此这里的新记录显示在最后面。如果"见缝插针"的位置不是表的最尾部（这是可能的），则查询的新记录会显示在中间某个位置。

IAM 页是从堆表查询数据的唯一路径，因为只有 IAM 页中记录了堆表页之间的信息。如果要读取堆中的一条或多条数据，SQL Server 必须先读取 IAM 页然后再读取 IAM 中记录的属于这个堆的所有页。图 9-16 中展示了在堆表中查找数据的行为。首先找到 first IAM 页（关于

first IAM 页的查找，在 9.1.3 节中介绍过），然后读取 IAM 页，根据 IAM 中的 BitMap 值来确定它跟踪的区中哪些是使用的哪些是不使用的（其中值为 1 代表正在使用中的区，值为 0 代表该区是堆中未使用的区），最后对所有正在使用的所有区中的所有页进行扫描，扫描完成后返回查询所需的记录。

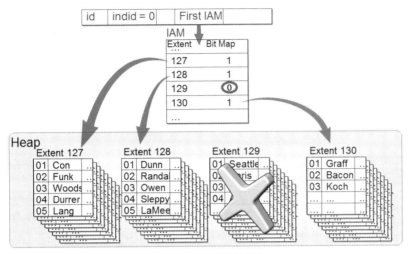

图 9-16　读取堆中的行

在堆表中如果不通过非聚集索引查找数据，将只能通过表扫描的方式获取数据，意味着扫描属于该表的所有数据页。堆中使用非聚集索引的情况在 9.6.3 节中介绍。

打开"包括实际的执行计划"，查询堆表 test_table 的所有数据，执行计划如图 9-17 所示。

```
SELECT * FROM dbo.test_table
```

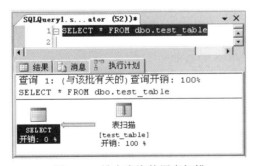

图 9-17　堆中查询使用表扫描

适合使用堆的几种情况如下：

- 表的数据量较小。表扫描查找数据速度可能更快。
- 经常写入但极少进行读取的表。如审核日志或类似的表。
- 对表数据执行一次性大修改时，可以先将其变为堆，修改完成后再建立聚集索引。

9.5 聚集索引

9.5.1 约束与索引的关系

索引也是数据库中的一种对象。实际上在某一列或某几列上创建 PRIMARY KEY 约束的时候系统就默认创建了与主键约束名相同的唯一聚集索引，主键列就是索引的聚集键列；在创建 UNIQUE 约束的时候，系统默认会创建唯一索引。如果不通过主键约束或唯一约束创建索引，则可以使用 CREATE INDEX 语句。

以 9.1.4 节中创建的 test_table 表为例，test_table 中没有主键，因此可以直接创建聚集索引。下面的第一条语句在表的 id 列上创建不唯一聚集索引，若要创建唯一聚集索引，则加上 UNIQUE 关键字即可，参考第二条语句。

```
CREATE CLUSTERED INDEX idx_test1 ON test_table(id)
CREATE UNIQUE CLUSTERED INDEX idx_test1 ON test_table(id)
```

主键约束或唯一性约束与对应的索引之间功能上没有区别，它们仅仅是名称上的不同：约束生成的索引名称由系统指定。如果要删除随约束生成的索引，应该通过修改表删除对应的约束来删除索引，如果索引列还作为 FOREIGN KEY 的引用列，则应该首先删除其他表中的 FOREIGN KEY，再删除主键约束。

例如下面的语句删除约束后创建自命名的聚集索引。

```
--创建具有主键的表 T1 和引用 T1 主键的表 T2
CREATE TABLE T1
    (id INT PRIMARY KEY,
     name CHAR(20)NOT NULL);
CREATE TABLE T2
    (id INT PRIMARY KEY,
     name CHAR(20)NOT NULL,
     FOREIGN KEY (id)REFERENCES T1 (id));
--下面的存储过程查看 T1 的主键约束名和 T2 的外键约束名
EXEC sp_helpconstraint 'T1'    --主键名：PK__T1__3213E83F3D2915A8
EXEC sp_helpconstraint 'T2'    --外键名：FK__T2__id__42E1EEFE
--下面的语句删除外键和主键
ALTER TABLE T2 DROP CONSTRAINT FK__T2__id__42E1EEFE        --删除外键约束
ALTER TABLE T1 DROP CONSTRAINTPK__T1__3213E83F3D2915A8     --删除主键（聚集索引）
--重建自命名的聚集索引 idx_t1
CREATE UNIQUE CLUSTERED INDEX idx_t1 ON T1(id)
--T1 上加主键，T2 上加外键
ALTER TABLE T1 ADD CONSTRAINT PK_T1_id PRIMARY KEY (id)
ALTER TABLE T2 ADD CONSTRAINT FK_T2_id FOREIGN KEY(id)REFERENCES T1(id)
```

9.5.2　唯一聚集索引的物理结构

在前面描述过 B 树的结构。在本书中，B 树结构代表的就是索引结构，索引的结构包括叶级和非叶级。

聚集索引的叶级页中不仅包含了索引键，还包含了表中的数据。因此对于"除键值外，聚集索引的叶级还包含什么内容"的问题，答案是"表中所有行所有列的数据"。也因此聚集索引的叶级是数据页，而不是索引页。聚集索引的非叶级页都是索引页，它们包含索引键和一个指向子页的 6 字节指针。在聚集表中，索引键并不一定总是和聚集键相同，在下一节中将会对此进行分析。

创建聚集索引后，堆表变成聚集表，表中已有的数据会按照索引键上指定的顺序在数据页中重新排序，并将数据页通过双链表的形式联系起来，未来插入的数据会按照顺序插入到合适的页和合适的位置。

下面的语句创建示例表 Clu_Test 和唯一聚集索引 idx_clu_test，表中除了 StudentID 列具有 Identity 属性不重复外，其他列都具有重复值。

```
CREATE TABLE Clu_Test
    (StudentID INT NOT NULL IDENTITY(1,1),Sname CHAR(20)NOT NULL,
    Sex CHAR(2)NOT NULL,Birthday DATE,Email CHAR(30)NOT NULL,
    Class CHAR(10))
GO
INSERT INTO Clu_TestSELECT Sname,Sex,Birthday,Email,Class
FROM SchoolDB..Tstudent
GO 15000
CREATE UNIQUE CLUSTERED INDEX idx_clu_test ON dbo.Clu_Test(StudentID)
```

通过 sp_tablepages 查看属于聚集表的页情况，语句如下：

```
TRUNCATE TABLE sp_tablepages
INSERT INTO sp_tablepages EXEC ('DBCC IND([testdb],[Clu_test],1)')
SELECT PagePID,IndexID,IAMPID,PageType,IndexLevel,NextPagePID,PrevPagePID
FROM sp_tablepages
ORDER BY IndexLevel DESC
```

返回结果如图 9-18 所示。IndexLevel 列的值代表了该页在 B 树中的层次级别，NextPagePID 列和 PrevPagePID 列列出了页与页之间的联系，由于查询是按照 IndexLevel 降序排列的，图中最大值为 2，因此该 B 树结构只有 3 个层次。IndexLevel 值为 2 代表该页为 B 树的根页，根页只有一页，没有上页和下页；IndexLevel 值为 1 代表该页为中间页，PrevPagePID 为 0 代表该页为中间页的第一页，NextPagePID 为 0 代表该页为中间页的最后一页；IndexLevel 值为 0 代表该页为叶级页；返回结果中的最后一行（图中未列出）IndexLevel 为 NULL，该页为 IAM 页。

使用 DBCC PAGE 分析根页并以输出格式的参数 3 输出结果，返回结果如图 9-19 所示。

```
DBCC PAGE ('testdb',1,206857,3)
```

	PagePID	IndexID	IAMPID	PageType	IndexLevel	NextPagePID	PrevPagePID	
1	206857	1	206858	2	2	0	0	根页
2	26112	1	206858	2	1	26256	26160	
3	26160	1	206858	2	1	26112	0	中间页
4	26208	1	206858	2	1	0	26256	
5	26256	1	206858	2	1	26208	26112	
6	26304	1	206858	1	0	26305	26111	
7	26305	1	206858	1	0	26306	26304	
8	26306	1	206858	1	0	26307	26305	叶级页/数据页
9	26307	1	206858	1	0	26308	26306	
10	26308	1	206858	1	0	26309	26307	

图 9-18　聚集表的页

SQLQuery7.s...ator (54))*　　SQLQuery8.s...ator (55))*

83　DBCC PAGE ('testdb',1,206857,3)

结果　消息

	FileId	PageId	Row	Level	ChildFileId	ChildPageId	StudentID (key)	KeyHashValue
1	1	206857	0	2	1	26160	NULL	NULL
2	1	206857	1	2	1	26112	34257	NULL
3	1	206857	2	2	1	26256	66671	NULL
4	1	206857	3	2	1	26208	100917	NULL

图 9-19　聚集索引的根页

在图 9-19 中可以看出根页上记录了它的子页（即中间页），记录方式是 FileID:PageID，它们占用 6 个字节。还记录了每个子页上索引键 StudentID 的第一个值，可以看到其中第一行的初始 StudentID 为 NULL，在每一个 B 树层次上的第一页总是使用 NULL 来记录第一个索引键值。

它们的关系如图 9-20 所示。

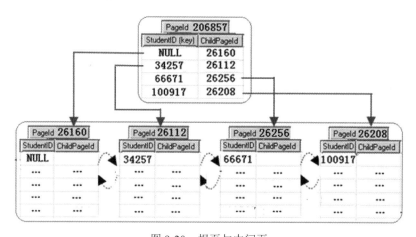

图 9-20　根页与中间页

使用 DBCC PAGE 分析其中一个中间页 26160 页并以输出格式的参数 3 输出结果，返回结果如图 9-21 所示。可以看出，聚集索引的中间页和根页存储的内容格式上是完全一致的，不同的仅仅是根页的子页是中间页，中间页的子页是叶级页（如果有多个中间级则子页是下一个中间级页或叶级页）。

	FileId	PageId	Row	Level	ChildFileId	ChildPageId	StudentID (key)	KeyHashValue
1	1	26160	0	1	1	26048	NULL	NULL
2	1	26160	1	1	1	26049	104	NULL
3	1	26160	2	1	1	26050	207	NULL
4	1	26160	3	1	1	26051	310	NULL
5	1	26160	4	1	1	26052	413	NULL
6	1	26160	5	1	1	26053	516	NULL
7	1	26160	6	1	1	26054	619	NULL
8	1	26160	7	1	1	26055	722	NULL

图 9-21　聚集索引的中间页

使用 DBCC PAGE 分析其中一个叶级页 26048 页并以输出格式的参数 3 输出结果，返回结果部分如图 9-22 所示。图中只列出了该页 DATA 部分 slot 0 上存储的值，可以看出在聚集索引的叶级页存储了 Clu_test 表的所有列，并且还记录了一列 Length 为 0（即不占用空间）的内部列 KeyHashValue，该列不真正存储在索引页中。

```
Slot 0 Column 1 Offset 0x4 Length 4 Length (physical) 4
StudentID = 1

Slot 0 Column 2 Offset 0x8 Length 20 Length (physical) 20
Sname = 邓咏桂

Slot 0 Column 3 Offset 0x1c Length 2 Length (physical) 2
Sex = 男

Slot 0 Column 4 Offset 0x1e Length 3 Length (physical) 3
Birthday = 1981-09-23

Slot 0 Column 5 Offset 0x21 Length 30 Length (physical) 30
Email = dengyonggui@network.com

Slot 0 Column 6 Offset 0x3f Length 10 Length (physical) 10
Class = 网络班

Slot 0 Offset 0x0 Length 0 Length (physical) 0
KeyHashValue = (8194443284a0)
```

图 9-22　聚集索引的叶级页

将 Clu_test 表的根页、中间页和叶级页组织起来，形成如图 9-23 所示的索引结构。

如前所述，聚集索引的结构中，数据和页都是按照指定的顺序排列的，从图 9-23 中也能观察出数据和页之间是存在顺序的。另外从图中可知，页与页之间的顺序不一定是页码数值上的连续，它们的顺序是通过双链表组织起来的，注意到这一点对理解后面要讲的外部碎片有一定的帮助。

当表中有聚集索引时，查询时只需通过聚集键从根页定位到叶级即可找到所需记录，因为叶级就记录了表中所有的记录。如图 9-24 所示，例如要查找 StudentID 为 66775 的学生记录，先找到聚集索引的根页，66775 在 66671 之后 100917 之前，因此再找到 66671 所在的中间页 26256 页，再扫描 26256 页中的记录，66775 在 66774 之后 66877 之前，因此可以定位到 66674 所在的叶级页 25921 页，再扫描 25921 页即可得到最终所需的结果。在这个示例中，通过聚集键查找表中任意一条数据都只需进行 3 次页读取，极大地提高了查询性能。

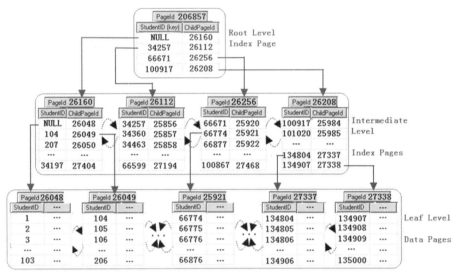

图 9-23　聚集索引的结构

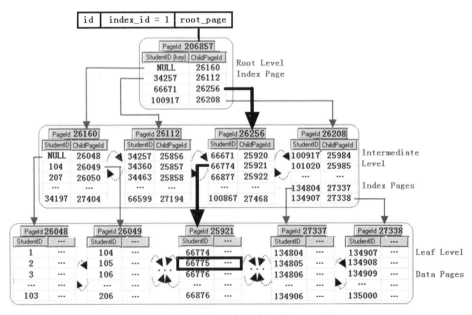

图 9-24　通过聚集索引查找数据示例图

9.5.3 不唯一聚集索引的物理结构

如果聚集键不唯一会如何呢？例如下面的语句在 Sname 上建立不唯一聚集索引。

```
DROP INDEX    idx_clu_test ON dbo.Clu_Test
CREATE CLUSTERED INDEX idx_nounq_clu_test ON dbo.Clu_Test(Sname)
```

使用 DBCC IND 查看 Clu_test 表的页情况，语句如下：

```
TRUNCATE TABLE sp_tablepages
INSERT INTO sp_tablepages EXEC ('DBCC IND([testdb],[Clu_test],1)')
SELECT PagePID,IndexID,IAMPID,PageType,IndexLevel,NextPagePID,PrevPagePID
FROM sp_tablepages
ORDER BY IndexLevel DESC
```

在我的实验环境下，返回结果中根页的页码是 69442，再使用 DBCC PAGE 并以输出格式 3 来分析根页，结果如图 9-25 所示。可以看出，比唯一聚集索引多了一列 uniquifier 列。uniquifier 列是系统内部列，通过查询语句无法获取该列，它的作用是配合聚集键 Sname 一起组成索引键（注意聚集键和索引键的区别）。这样可以保证聚集索引索引键的内部唯一性，也可以保证数据按照索引键来排序。试想一下，仅依靠 Sname 列定然无法对多条“邓咏桂”记录做出合理的排序，也无法得知到底应该返回哪一个“邓咏桂”，如果变成“邓咏桂 1”“邓咏桂 2”等就可以达到返回和排序的要求。

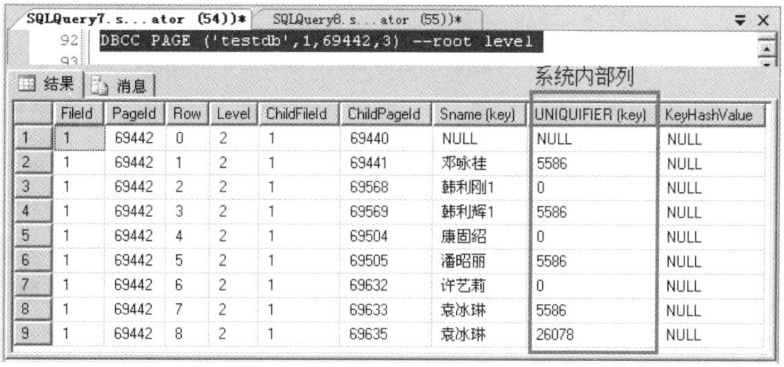

	FileId	PageId	Row	Level	ChildFileId	ChildPageId	Sname (key)	UNIQUIFIER (key)	KeyHashValue
1	1	69442	0	2	1	69440	NULL	NULL	NULL
2	1	69442	1	2	1	69441	邓咏桂	5586	NULL
3	1	69442	2	2	1	69568	韩利刚1	0	NULL
4	1	69442	3	2	1	69569	韩利辉1	5586	NULL
5	1	69442	4	2	1	69504	康固绍	0	NULL
6	1	69442	5	2	1	69505	潘昭丽	5586	NULL
7	1	69442	6	2	1	69632	许艺莉	0	NULL
8	1	69442	7	2	1	69633	袁冰琳	5586	NULL
9	1	69442	8	2	1	69635	袁冰琳	26078	NULL

图 9-25 不唯一聚集索引的索引页

再使用 DBCC PAGE 工具去分析中间级页和叶级页。中间级页的结构和根页是一样的，参照图 9-25。图 9-26 所示是截取自某一叶级页上的 3 个 slot 上的部分数据，从图中可知，对每个重复的聚集键值都分配了不同的 uniquifier 值，并且重复值的第一个 uniquifier 列不占用空间，其余的重复值需要占用 4 字节的空间。实际上，不论数据是否有重复，只要创建聚集索引时没有指定 UNIQUE 关键字，聚集索引的结构中就会有 uniquifier 列，只不过如果聚集键没有重复值时它们的长度为 0，不占用空间。

比较唯一聚集索引和非唯一聚集索引的结构，由于不唯一聚集索引多出一列 4 字节内部列，因此在考虑聚集键的列选择时应该尽量避免有大量重复值的列。

关于唯一性相关的 uniquifier 列，从本质上考虑它是为了保证能够唯一标识每一行以找到具体的记录。因此当聚集或非聚集索引是非唯一索引时，可以根据该列的作用来推断何时需要加上 uniquifier 列以及何时不需要使用 uniquifier 列。

```
Slot 0 Column 0 Offset 0x0 Length 4 Length (physical) 0
UNIQUIFIER = 0
Slot 0 Column 2 Offset 0x4 Length 20 Length (physical) 20
Sname = 蔡毓发

Slot 1 Column 0 Offset 0x50 Length 4 Length (physical) 4
UNIQUIFIER = 1
Slot 1 Column 2 Offset 0x4 Length 20 Length (physical) 20
Sname = 蔡毓发

Slot 2 Column 0 Offset 0x50 Length 4 Length (physical) 4
UNIQUIFIER = 2
Slot 2 Column 2 Offset 0x4 Length 20 Length (physical) 20
Sname = 蔡毓发
```

图 9-26　不唯一聚集索引叶级页部分数据

9.5.4　使用聚集索引查找数据的执行计划

使用聚集索引查找数据有两种方式：聚集索引扫描（Clustered Index scan）和聚集索引查找（Clustered Index Seek）。

聚集索引扫描是扫描整个索引或一定范围的 B 树，一般可以将其理解为大范围扫描。由于聚集索引的叶级包含了表中的所有数据，因此聚集索引扫描和表扫描在性能意义上差不多，甚至逻辑碎片多的时候不如表扫描。聚集索引查找是扫描聚集索引中特定范围的行，例如查找 StudentID = 1 这样特定的行或者 StudentID < 20 这样特定小范围的行。一般数据库正常的情况下，索引查找是更高效的数据查找方式，也是语句优化的目标之一。只有在优化器计算后发现索引查找效率不如索引扫描时才选择索引扫描，例如想要返回表中大范围的值时。

执行下面的语句，测试两个 SELECT 语句使用索引的情况，执行计划如图 9-27 所示。由图可见，查询表中的所有数据时，索引查找的效率不如索引扫描，但是查找小范围内的数据时索引查找比索引扫描效率高。

```
DROP INDEX idx_nounq_clu_test ON dbo.Clu_Test
CREATE UNIQUE CLUSTERED INDEX idx_clu_test ON dbo.Clu_Test(StudentID)
--为下面两个查询语句打开"包括实际的执行计划"
SELECT * FROM dbo.Clu_Test
SELECT * FROM dbo.Clu_Test WHERE StudentID < 20
```

由于数据只能按照一种顺序存储在页中，因此每个表只能拥有一个聚集索引。这唯一的一个聚集索引选择基于哪一列或哪些列创建对于性能来说是至关重要的。下面列出了几种适合建立聚集索引的列。

● 主键列、外键列。
● 常用于 JOIN 子句联接的列，通常这些列又包括外键列。

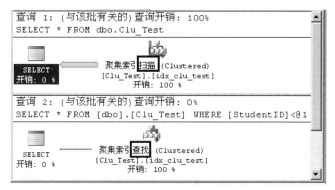

图 9-27　使用聚集索引查找数据的执行计划

- 常用于范围查询的列。例如使用 BETWEEN、>、>=、<和<=之类的运算符返回结果的列。
- 选择度高的列。例如根据条件从大量数据中查询只返回少量数据的列。相反地，选择度低的列不适合用于建立索引。
- 常用于排序的列。
- 尽量在有唯一值的列上建立聚集索引。
- 尽量在宽度（占用空间）小的列上建立聚集索引。

选择合适的聚集键对非聚集索引的影响极大，因为非聚集索引对聚集键有依赖性，参看 9.6.2 节的内容。

9.6　非聚集索引及其物理结构

非聚集索引是另外一种索引类型。它的结构也是 B 树结构，其中非叶级部分和聚集索引的非叶级相似，都有索引键和指向下一个级别页的指针；叶级部分包含索引键和一个行定位器，行定位器描述表中的记录如何被标识和查找。和聚集索引的区别就在于非聚集索引叶级部分有行定位器，行定位器分两种情况：在堆中的非聚集索引和在聚集表中的索引。当查询使用上行定位器时，定位的过程称为书签查找（BookMark Lookup）：堆中的书签查找是 RID 查找（RID Lookup），聚集表中的书签查找是键查找（KEY Lookup）。

9.6.1　在堆中的非聚集索引

非聚集索引在堆中时，行定位器是行标识符（RID），它的格式为 FileID:PageID:SlotID，占用 8 个字节，FileID 定位数据文件，PageID 定位数据文件中的页，SlotID 定位页中的槽即页中的位置。

以 Clu_test 表为例分析堆中的非聚集索引。

```
DROP INDEX idx_nounq_clu_test ON dbo.Clu_Test
```

```
--再插入 270000 条记录，以备实验
INSERT INTO Clu_Test
SELECT Sname,Sex,Birthday,Email,Class FROM SchoolDB.dbo.Tstudent
GO 30000
CREATE NONCLUSTERED INDEX idx_non_test ON dbo.Clu_Test(StudentID)
--通过下面的语句查询非聚集索引的 index_id，本例 index_id = 2
SELECT * FROM sys.indexes WHERE object_id=OBJECT_ID('Clu_test')
--将 DBCC IND 的分析结果保存到 sp_tablepages 中，注意 DBCC IND 的第三个参数为 2
TRUNCATE TABLE sp_tablepages
INSERT INTO sp_tablepages EXEC ('DBCC IND([testdb],[Clu_test],2)')
SELECT PagePID,IndexID,IAMPID,PageType,IndexLevel,NextPagePID,PrevPagePID
FROM sp_tablepages
ORDER BY IndexLevel DESC
```

从上述语句最后一个查询得知非聚集索引的根页和中间页。在我的实验环境下，根页页码为 83722，使用 DBCC PAGE 工具分析该页，结果如图 9-28 所示。

```
DBCC PAGE('testdb',1,83722,3)
```

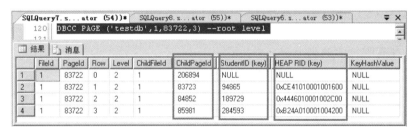

图 9-28　堆中非聚集索引的根页

从图中可以看出根页记录了子页页码、索引键和行标识符 RID。相比聚集索引的结构多了一列 RID 列，它是非聚集索引结构中的行定位器，通过它才能从非聚集索引的 B 树结构定位到堆表中无序的数据页和无序的记录。

小知识

关于 RID 的转换，此处简单介绍其方法。以图 9-28 中的第二行 0xCE41010001001600 为例，将其每两个数值作为一个字节之后倒序，结果为 00 16 00 01 00 01 41 CE，共 8 个字节。前两个字节组合即 0x0016 是 SlotID，转换十进制后是 22，即 SlotID=22；第三和第四字节组合即 0x0001 是 FileID，转换十进制后是 1，即 FileID=1；第五、六、七、八字节组合即 0x000141CE 是 PageID，转换十进制后是 82382，即 PageID=82382。将它们组合成 RID 的表示方式，结果为 FileID:PageID:SlotID=1:82382:22，表示该行记录存储在第一个数据文件第 82382 页上的 slot 22 位置。

非聚集索引的根页和中间页结构相同，参看图 9-28。下面使用 DBCC PAGE 分析它的叶

级页，我的实验环境下，其中一个叶级页为 206865。返回结果如图 9-29 所示。

```
DBCC PAGE ('testdb',1,206865,3)
```

SQLQuery7.s...ator (54))* SQLQuery8.s...ator (55))*

127 DBCC PAGE ('testdb',1,206865,3) --leaf_level

结果 消息

	FileId	PageId	Row	Level	StudentID (key)	HEAP RID (key)	KeyHashValue
1	1	206865	0	0	1	0x0928030001000000	(353b173386d8)
2	1	206865	1	0	2	0x0928030001000100	(0a4c587cfc0b)
3	1	206865	2	0	3	0x0928030001000200	(c9b863b6704e)
4	1	206865	3	0	4	0x0928030001000300	(75a2c6e208ad)
5	1	206865	4	0	5	0x0928030001000400	(cc3cff396bf5)
6	1	206865	5	0	6	0x0928030001000500	(f34bb0761126)
7	1	206865	6	0	7	0x0928030001000600	(30bf8bbc9d63)
8	1	206865	7	0	8	0x0928030001000700	(619f69e90b49)
9	1	206865	8	0	9	0x0928030001000800	(2cd55410b62a)

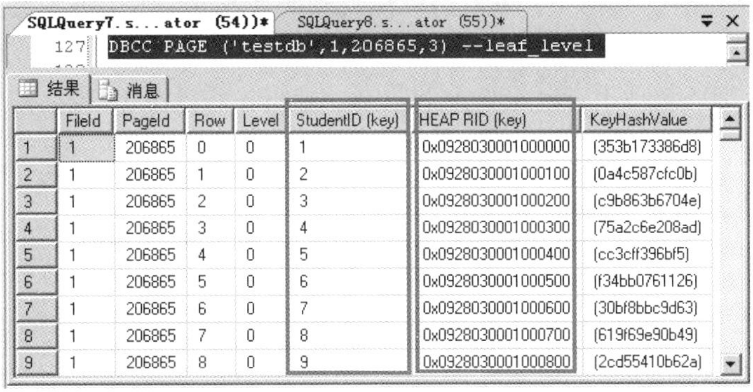

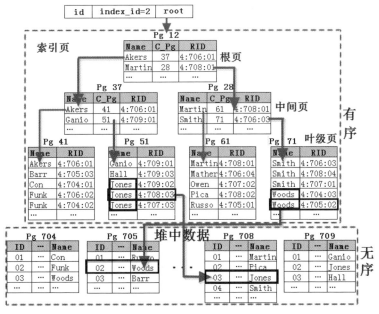

图 9-29　堆中非聚集索引的叶级结构

注意非聚集索引的叶级比非叶级少一列 ChildPageID 列，即没有指向 B 树结构的下一级页的指针。因此堆中的非聚集索引的叶级只有索引键和 RID。

虽然堆是无序的，但是堆中的非聚集索引的索引页是按照索引键排序的。只有索引页中的记录按索引键排过序才能根据索引键来提高所需数据定位的效率。

图 9-30 描述了在堆中非聚集索引的结构和通过非聚集索引查找数据时的流程。

图 9-30　通过非聚集索引查找堆中的数据

图中 C_Pg 列是 ChildPageID 列，Pg 代表 PageID。如果查询只需要索引键列的数据，则通过非聚集索引查询只需要进行到叶级，不需要再通过 RID 定位到堆的数据页，因为叶级包含了索引列的数据，例如在 Name 上有索引时使用这样的查询语句 SELECT Name FROM... WHERE Name Like "J%"。实际上，从叶级就能找到所有查询中引用列的数据的查询称为覆盖查询。

如果堆中的查询还包括不在叶级页上的数据，则需要通过 RID 定位到堆中的具体页中的具体记录。例如要查找 Name 为 Jones 和 Woods 的记录，首先从根页知道 J 在 Akers 之后 Martin 之前，W 在 Martin 之后，进而分别定位到 37 页和 28 页；J 在 Ganio 之后，定位到 51 页，W 在 Smith 之后，定位到 71 页；在扫描 51 页时发现有多个 Jones，由于索引页是排序的，当扫描到不是 Jones 时即可知道 Jones 所有的记录，同理 Woods 也一样；然后通过多个 Jones 和 Woods 对应的 RID 定位到堆中具体的页中，并分别读取这些页中所有对应的记录；最后从堆中的这些记录中找出符合条件的记录作为返回结果。

从非聚集索引到堆的动作暂且称为"回表"。产生回表动作的性能相对较低，因为需要定位堆中无序的页，如果返回记录在多页中，则需要定位多个页，这样在实际读取数据页时将进行来回的页定位，这样的开销是比较昂贵的。

9.6.2　在聚集表中的非聚集索引

如果非聚集索引在聚集表中，则非聚集索引在叶级的行定位器是聚集索引的索引键。当通过非聚集索引查询数据时，定位到非聚集索引的叶级之后通过叶级包含的聚集索引键定位到聚集索引的 B 树，再通过聚集索引来查找对应的记录，因此在层次上需要扫描两个完整的B 树。

下面以 Clu_test 表为例介绍非聚集索引对聚集索引的依赖性、非聚集索引的结构以及聚集表中使用非聚集索引查询数据时的方式。

```
DROP INDEX idx_non_test ON dbo.Clu_Test
CREATE UNIQUE CLUSTERED INDEX idx_clu_test ON dbo.Clu_Test(StudentID)
CREATE NONCLUSTERED INDEX idx_non_test ON dbo.Clu_Test(Sname)
--将 DBCC IND 对非聚集索引的分析结果插入到表 sp_tablepages 中
TRUNCATE TABLE sp_tablepages
INSERT INTO sp_tablepages EXEC ('DBCC IND([testdb],[Clu_test],2)')
SELECT PagePID,IndexID,IAMPID,PageType,IndexLevel,NextPagePID,PrevPagePID
FROM sp_tablepages
ORDER BY IndexLevel DESC
```

根据上述最后一个查询语句得到非聚集索引的根页页码为 79770，使用 DBCC PAGE 分析根页，返回结果如图 9-31 所示。从图中可知，在非聚集索引的根页中包含了指向子页的指针、聚集键和非聚集索引的索引键。

```
DBCC PAGE('testdb',1,79770,3)
```

非聚集索引的中间页结构和根页一样，参看图 9-31。

需要考虑一种特殊情况，即在聚集表中创建的是唯一非聚集索引，此时非聚集索引的非叶级页不包含聚集键，注意叶级页还是会包括聚集索引键。很容易推断这样设定的理由：通过唯一的非聚集索引键值完全可以胜任精确定位到叶级页的工作，若多一列或几列存储聚集键将需要更多的页和更多的存储空间，进而会降低查询性能和效率。

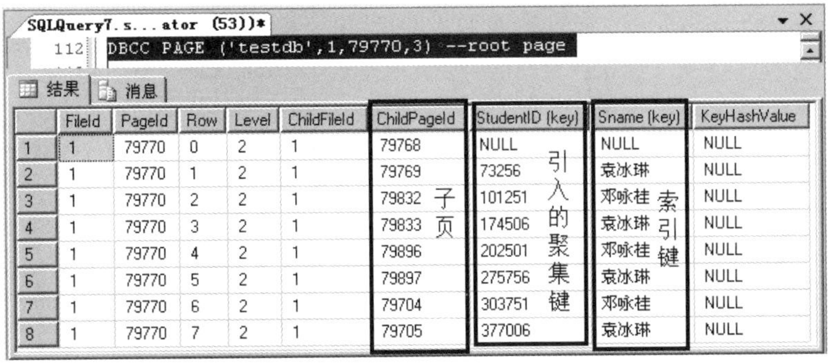

	FileId	PageId	Row	Level	ChildFileId	ChildPageId	StudentID (key)	Sname (key)	KeyHashValue
1	1	79770	0	2	1	79768	NULL	NULL	NULL
2	1	79770	1	2	1	79769	73256	袁冰琳	NULL
3	1	79770	2	2	1	79832	101251	邓咏桂	NULL
4	1	79770	3	2	1	79833	174506	袁冰琳	NULL
5	1	79770	4	2	1	79896	202501	邓咏桂	NULL
6	1	79770	5	2	1	79897	275756	袁冰琳	NULL
7	1	79770	6	2	1	79704	303751	邓咏桂	NULL
8	1	79770	7	2	1	79705	377006	袁冰琳	NULL

图 9-31　聚集表中非聚集索引的根页

使用 DBCC PAGE 分析非聚集索引其中一个叶级页 79448 页，返回结果如图 9-32 所示。从图中可知，非聚集索引的叶级页包含了聚集索引的索引键和非聚集索引的索引键，其中非聚集索引的行定位器是聚集索引的索引键。如果非聚集索引的索引键和聚集索引的聚集键有重叠，则重叠的列只会在非聚集索引的叶级出现一次。

```
DBCC PAGE('testdb',1,79448,3)
```

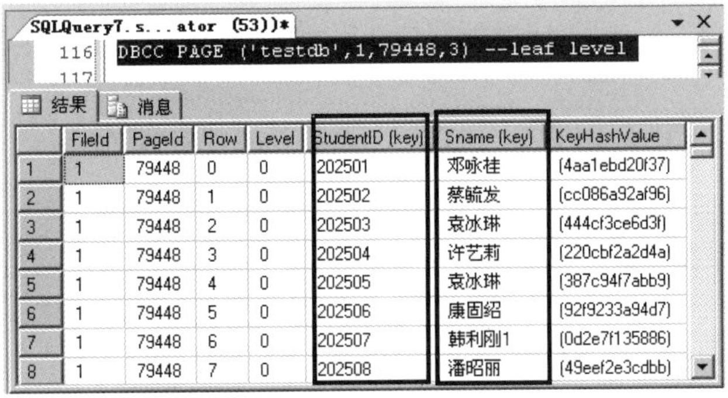

	FileId	PageId	Row	Level	StudentID (key)	Sname (key)	KeyHashValue
1	1	79448	0	0	202501	邓咏桂	(4aa1ebd20f37)
2	1	79448	1	0	202502	蔡毓发	(cc086a92af96)
3	1	79448	2	0	202503	袁冰琳	(444cf3ce6d3f)
4	1	79448	3	0	202504	许艺莉	(220cbf2a2d4a)
5	1	79448	4	0	202505	袁冰琳	(387c94f7abb9)
6	1	79448	5	0	202506	康固绍	(92f9233a94d7)
7	1	79448	6	0	202507	韩利刚1	(0d2e7f135886)
8	1	79448	7	0	202508	潘昭丽	(49eef2e3cdbb)

图 9-32　聚集表中非聚集索引的叶级页

如果聚集索引是不唯一的聚集索引，则在非聚集索引的叶级页中将包含聚集键和 uniquifier 列，因此如果聚集键值有重复时，行定位器是聚集键加 uniquifier 列；如果聚集键值不重复，此时 uniquifier 列的值全为 0 且不占用空间，行定位器是聚集键。

图 9-33 描述了在聚集表中通过非聚集索引查找数据时的流程，图中使用的是精简后的页。非聚集索引建立在 Name 列上，要查找 Name 为“Mike”的数据，首先从非聚集索引的根页知道 M 在“Jose”的后面；定位到“Jose”所在的中间页并扫描该页知道“Mike”对应的叶级页；定位到“Mike”所在的叶级页，扫描所有的“Mike”记录，由于叶级页中记录了对应的聚集

索引键，因此找到所有"Mike"对应的所有聚集键 Number 值；根据这些聚集键值从聚集索引的 B 树开始查找记录，直到找到所有满足条件的记录返回给用户。

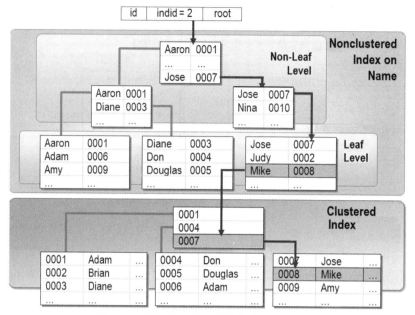

图 9-33　聚集表中通过非聚集索引查找数据

和堆中的非聚集索引一样，如果查询只需要非聚集索引索引键中的数据，查询进行到叶级即可。

图 9-34 总结了非聚集索引叶级页中在不同情况下的行定位器。

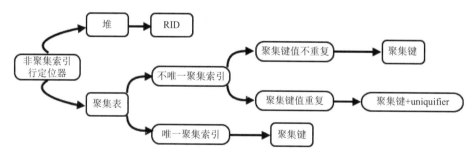

图 9-34　非聚集索引的行定位器

本小节中多处强调非聚集索引的叶级包含聚集索引的索引键，这是非聚集索引对聚集索引的依赖性所在，也是选择哪一列或哪些列作为聚集键时考虑的关键因素。如果聚集键占用的字节太多，非聚集索引将它们引入到叶级页甚至非叶级页中，非聚集索引将占用更多的空间。假如有一个聚集表具有 100 万行数据和 12 个非聚集索引，聚集键 64 字节，不考虑其他开销，仅存储每个非聚集索引中的聚集键将消耗 732MB（64*1000000*12/1024/1024）的空间，如果聚集键是 4 字节，则只需 46MB 空间。虽然这只是一个估算，但是却说明了聚集键过宽将会占用大量空间，从而影响非聚集索引的性能和效率。

9.6.3 使用非聚集索引查找数据的执行计划

当使用非聚集索引进行数据查找时，有 4 种查找方式：索引扫描、索引查找、索引查找+键查找、索引查找+RID 查找。

前两种方式分别和聚集索引扫描、聚集索引查找类似；当在聚集表中查询时，查询语句中包含了非聚集索引的叶级中没有的列，将会通过聚集键定位到聚集索引中获取这些列数据，这样的查找方式就是索引查找+键查找，即第三种数据查找方式；如果是堆中的非聚集索引，因为叶级行定位器是 RID，如果查询语句中包含了叶级没有的列，则将通过 RID 定位到堆的数据页获取这些列数据，这样的查找方式就是索引查找+RID 查找，即第四种数据查找方式。

执行下面的语句进行测试。第一个语句由于要返回大量记录，将使用索引扫描；第二个语句由于"韩立刚 1"的重复记录较多，正常情况下将使用聚集索引扫描，因此使用 WITH(INDEX(idx_non_test))来强制语句使用 idx_non_test 索引，该语句将使用索引查找方式；第三个语句也强制使用了 idx_non_test，由于索引 idx_non_test 的叶级不包含 Email 列，因此将定位到聚集索引中获取数据，该查询使用"索引查找+键查找"的方式。返回结果如图 9-35 所示。

```
SELECT StudentID,Sname FROM dbo.Clu_Test
SELECT Sname FROM dbo.Clu_Test WITH(INDEX(idx_non_test))WHERE Sname='韩立刚 1'
--聚集索引中使用索引查找+键查找
SELECT Sname,Email FROM dbo.Clu_Test WITH(INDEX(idx_non_test))WHERE Sname='韩立刚 1'
```

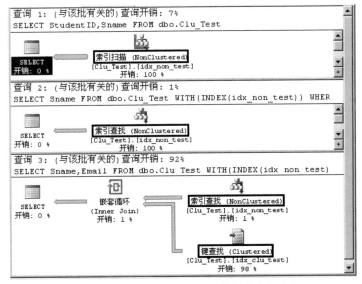

图 9-35 使用非聚集索引查找数据的查找方式

执行下面的语句测试在堆中使用非聚集索引查找数据的方式。同样由于非聚集索引的叶级不包含 Email 列,将通过 RID 定位到堆中的数据页获取 Email 列的值,该语句将使用"索引查找+RID 查找"的方式。返回结果如图 9-36 所示。

```
--堆中使用索引查找+RID 查找
DROP INDEX idx_clu_test ON dbo.Clu_Test
SELECT Sname,Email FROM dbo.Clu_Test WITH(INDEX(idx_non_test))
WHERE Sname='韩立刚 1'
```

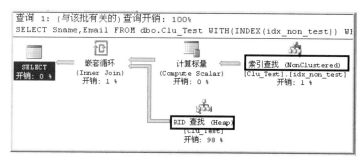

图 9-36　堆中使用非聚集索引查找数据的查找方式

9.7　修改数据对索引结构的影响

合适的索引对查询性能和效率的提升作用是巨大的,但是万事皆有利有弊,拥有索引的表在增、删、改记录时需要去维护索引。如何让增、删、改更快速更高效呢?这就需要了解数据修改时对索引结构会产生什么影响。

9.7.1　页拆分和行移动现象

1.　页拆分

页拆分也称为页分裂。当有序的页面容不下新记录时就会出现页拆分现象。页拆分时 SQL Server 会尽量将旧页的一半记录复制到新页,其中的动作是先在旧页 DELETE 需要移动的行再在新页 INSERT 移动的行,新插入的行会根据键值大小来决定插在旧页中还是新页中。

INSERT 和 UPDATE 都可能会导致页拆分。当页拆分后还是不能容下某记录时会出现二次拆分,二次拆分后发现还是不能容下会三次拆分,直到能容下这部分记录。假如父页原有 10 行,插入一个 7900 字节的,第一次拆分差不多移动 5 行左右到新页,发现在新页还是容不下新行,又拆分移动 2 行到另一个新页,还是发现不能和新行并存,接着拆分两次,最后发现,新行只能独立成页才最后一次拆分页来存放新行,这时就有很多页只利用了很少一点空间。

页拆分后的页之间通过双链表连接,即形成上下页的关系。页拆分会记录日志,并且在拆分完成后页拆分的专属系统内部事务会单独被提交,因此即使 INSERT 语句回滚了,拆分的页也不会回滚。也因此,频繁页拆分是一个消耗大量资源的动作。

页面容不下新记录时并不一定会页拆分，只有有序的页面会页拆分。如果是堆表的数据页，插入或更新记录都是"见缝插针"型的页填充，不会出现页拆分现象。如果新记录插入的位置是 B 树中某个层次的中间一个页面（如叶级层次的中间某页），当该页容不下新记录时，一定会进行页拆分。如果新记录是插在最后一页（例如具有 IDENTITY 属性的列为聚集键，向其中插入新记录时总是会插入在表尾），并且该页容不下新记录，则有两种情况：一是进行页拆分，所有的索引页（包括聚集的和非聚集的）和聚集索引叶级的第一页都是这种情况；二是直接分配新页存放新记录，不进行页拆分，聚集索引的叶级部分除了第一页的所有页都是这种情况。

如图 9-37 中所演示的过程。随着数据不断插入到聚集表的尾部，叶级的第一页首先拆分，这时会分配第二个叶级页和一个根页并将接近一半的记录移动到第二个叶级页中，以后将尽量完全填充叶级页。这也是聚集索引的一个作用，表尾数据的插入不会导致大量的页拆分，并且保证了叶级页的空间使用率。当第一个根页无法容纳新记录时，将分配一个新的中间页和一个新的根页，旧的根页则变成中间页，并且以后将一直分裂，页面的空间使用率也不高。

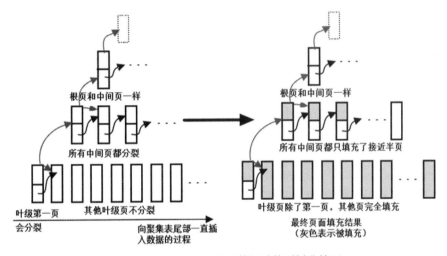

图 9-37　聚集表尾部插入数据时的页拆分情况

需要引起注意的是，每当 B 树结构中出现一个新的层次页时，为这个新的层次分配的页码总是会挤在中间。例如图 9-38 描述了这一情况，新分配的根页页码为 257，挤在叶级第一页和第二页的页码中间。

2．行移动

行移动的现象只在更新行和页拆分的时候出现。行移动可能在本页移动，也可能在页间移动。

页拆分时的行移动很容易理解，拆分时尽量将旧页的大概一半记录移动到新页，这是页间的行移动。

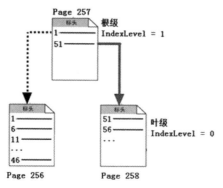

图 9-38　出现新的根页

那更新行时的行移动是如何进行的呢？更新行时可能是在本页移动，也可能是页间移动。不管在页内移动还是在页间移动，移动后如何找到记录是问题的关键，这和记录是否有序、如何定位记录有关。

对于有序的记录（所有的索引页和聚集索引的叶级页中的记录），通过顺序就可以找到移动后的位置。如果更新行时行记录只需在本页移动，则只需重排下该页的 slot，空间位置上不会真的移动这一行。例如，某聚集表的数据页中记录了聚集键值为 1（slot0）、3（slot1）、5（slot2）、7（slot3）、9（slot4）的记录，如果将 3 更新为 6，则该记录可以继续留在本页，只需重排下 slot，重排后记录对应为 1（slot0）、5（slot1）、6（slot2）、7（slot3）和 9（slot4）。如果将 3 修改为 4 呢？那么除了修改键值外不做任何其他改变。如果更新行时行记录需要移动到其他页上，这时先在旧页执行 DELETE 再在新页执行 INSERT，注意这里会重排相关页内的 slot。

对于无序的记录，即堆表的数据页，如果记录在页间移动，则会在原记录处留下转发指针（Forwarding Pointer），用于定位移动后的位置。如果该记录需要二次移动，则会更新原记录处的转发指针指到最新的位置，而不会在中间的位置添加转发指针，即转发指针不可能指向另一个转发指针。转发指针的作用是定位，如果堆中有非聚集索引，只需让非聚集索引的叶级行定位器 RID 指向转发指针的位置，通过转发指针就能定位新位置。

转发指针只在堆中出现，当转发指针数量多时，它对性能的影响非常大，可能出现多十倍甚至百倍的逻辑读。数据库收缩或文件收缩会收缩转发指针；当再次更新转发后的行记录使得原位置又可以容纳该行时，该行会复位并删除转发指针。

堆中行的更新不会出现页内移动，因为只要本页空间够容下更新后的记录，该记录直接在本页上扩展空间即可。因此，除非物理移动了数据文件的位置，堆中非聚集索引行定位器 RID 将不会因为行的更新而受到影响。

9.7.2　插入行

堆中插入行，是"见缝插针"型。此时会寻找空间足够大的"缝"来插入这根"针"，如果有空"缝"但空间不够放这一行记录，则不会在这里插入；如果在已分配的页中没有"缝"

可以存放记录，就新分配一个页来存放。由于总会找到合适的空间，因此不会出现页拆分现象。注意，更新行是 DELETE 和 INSERT 的结合操作，因此在堆表更新行时，即使容不下行也不会页拆分，而是留下转发指针。

聚集表中插入行的位置是固定了的，页中容不下新记录时可能会出现页拆分，也可能不会页拆分，具体的情况参考图 9-37 所示的上下文说明。

在非聚集索引的索引页上插入记录且容纳不下时会出现页拆分。

9.7.3 删除行

1. 删除堆的数据页

堆表数据删除后不释放空间，留下 slot 但 slot 不指向页中的位置，即 slot 0 0x0 这样。这时如果有新记录要存放就可以"见缝插针"，并将原来没有指向的 slot 指向这一插入的行。

如图 9-39 所示是某个堆的页中记录被删除后的偏移信息，删除的是原来 slot 0～slot 6 的记录。

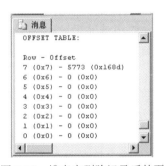

图 9-39 堆表中删除记录后的页

如果想要释放堆中的空间，可以使用 TRUNCATE 删除整个表中数据；或者在 DELETE 时加上 WITH(TABLOCK)选项（如 DELETE FROM WITH(TABLOCK)table_name WHERE...）来按页释放空间；也可以先在堆中建立聚集索引，然后删除数据再删除聚集索引。

2. 删除聚集表中记录

聚集索引的叶级和聚集表中非聚集索引的叶级记录被删除后会在原位置留下虚影记录（ghost_record），它们不是真正地被删除，只是在记录上做了虚影标记。该标记可以从页的标头信息查看，如图 9-40 所示，因为篇幅受限，图中只整理了某页与虚影记录相关的信息。虚影记录由后台进程定时清理，清理后空间被释放。

因为叶级还有虚影，所以非叶级仍然需要指向它们，因此聚集索引的非叶级和聚集表中非聚集索引的非叶级记录都不会被删除，而且它们不是虚影，而是原原本本的原记录。直到后台进程清除虚影后，叶级页被释放，指针也被释放，当非叶级页上没有数据了也直接删除并释放空间。

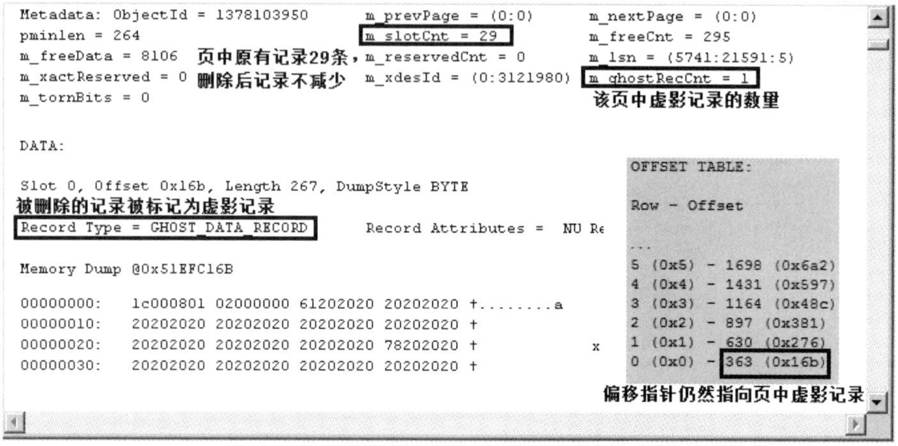

图 9-40　页中虚影记录相关信息

3. 删除堆中非聚集索引的叶级和非叶级记录

因为堆中非聚集索引的行定位器指向堆中行位置，因此删除堆中行的同时会释放指针并删除叶级页中对应的记录，如果删除的记录足够多，还会删除非叶级的记录。注意，删除非聚集索引的叶级和非叶级记录会直接释放空间，而不是和删除堆的数据页一样仍然占用空间。

9.7.4　更新行

更新行可能出现行移动和页拆分。行移动又可能是本页移动和页间移动，这种情况是非在位更新；还可能是原地更新，即不会出现任何移动，这种情况称为在位更新。

更新行的具体内部变化在 9.7.1 节中分情况并详细讨论了，此处不作赘述。

9.8　碎片和索引维护

9.8.1　碎片

在 SQL Server 中，碎片分为内部碎片和外部碎片。

1. 内部碎片

内部碎片一般还称为页密度或物理碎片，表示页中减去填充因子所占的空间后的空间使用率。通俗地讲就是一个页面中空闲空间的多少。空闲空间大，该页面中"浪费"的空间就大；空闲空间小，该页面"浪费"的空间就小。SQL Server 综合每个 B 树的层次的页空间使用情况分别生成一个内部碎片百分比。内部碎片可能由以下几种情况导致：

（1）页拆分：页拆分后由于行移动导致拆分的页面和新页面中出现空白空间。

（2）DELETE 操作导致页面还剩部分数据。这里的例外是聚集表由于记录被删除时存在虚影，所以不会释放这些删除行的空间，直到后台进程清理后才出现空白空间。

（3）行的大小使得页面填充不完整。例如聚集索引叶级页中一个宽 5000 字节的行存放时一页只能放一行，每页都会浪费 3000 字节左右的空间。

在读取需要的数据时，内部碎片可能会使系统读取更多的页面，导致 IO 更大，并且需要更多的内存来存储这些页面。例如读取聚集键值 1～100 的记录，如果不出现页拆分，它们可能存储在同一页上，这时只需从磁盘读取一页即可，如果内部碎片多，可能 1～50 在一页上，51～100 在另一页上，这时就需要从磁盘读取两页。

内部碎片也有好处，比如插入行时由于空闲空间的存在，可能不会出现页拆分现象。因此，一般在 OLTP 环境下，由于经常需要 DML 操作，这时有一定的内部碎片是允许且有益的；而在 OLAP 环境下，经常需要读取巨量的数据进行分析，对查询的性能要求较高，这时内部碎片越少越好。

可以通过 sys.dm_db_index_physical_stats 中的 avg_page_space_used_in_percent 列检测内部碎片。sys.dm_db_index_physical_stats 是一个表值函数，它有 5 个参数，第一个参数是 DatabaseID，第二个参数是 ObjectID，第三个参数是 IndexID，第四个参数是分区 ID 号，第五个参数是显示信息的模式。具体的用法无须细究，参考下面的语句即可。

```
SELECT OBJECT_NAME(object_id)AS name,
        index_id,
        index_type_desc AS index_type,           --索引类型
        index_depth,                              --索引 B 树的深度
        index_level,                              --索引 B 树的层次位置
        record_count AS rec_cnt,                  --对应层次的记录数量
        page_count AS pg_cnt,                     --对应层次使用的页的数量
        avg_fragmentation_in_percent AS frag_precent,    --外部碎片百分比
        avg_page_space_used_in_percent AS used_percent    --内部碎片百分比
FROM sys.dm_db_index_physical_stats(DB_ID('testdb'),OBJECT_ID('dbo.Clu_test'),NULL,
                                NULL,'DETAILED')
```

上述语句是对 Clu_test 表中的索引进行分析，返回结果如图 9-41 所示，从图中可知为 Clu_test 表中所有 B 树的每个层次都进行了分析，其中最后一列是内部碎片的情况。在下一小节中将介绍指定填充因子或重组、重建索引来减少内部碎片的相关内容。

	name	index_id	index_type	index_depth	index_level	rec_cnt	pg_cnt	frag_precent	used_percent
1	Clu_Test	1	CLUSTERED INDEX	3	0	405000	3935	0.0762388818297332	99.1593155423771
2	Clu_Test	1	CLUSTERED INDEX	3	1	3935	8	50	78.9767111440573
3	Clu_Test	1	CLUSTERED INDEX	3	2	8	1	0	1.26019273535953
4	Clu_Test	2	NONCLUSTERED INDEX	3	0	405000	1356	0.221238938053097	99.606622189276
5	Clu_Test	2	NONCLUSTERED INDEX	3	1	1356	8	25	69.0820360761058
6	Clu_Test	2	NONCLUSTERED INDEX	3	2	8	1	0	3.23695565357055

图 9-41　使用 sys.dm_db_index_physical_stats

2. 外部碎片

外部碎片一般还称为逻辑碎片或扩展碎片，是页拆分时出现页的逻辑顺序和物理顺序不一致导致的。

页的逻辑顺序是指通过双链表形成的顺序，它能体现 B 树结构中键值的顺序，因此读取和扫描时按照页的逻辑顺序进行；页的物理顺序是指物理页的页码数值顺序。如果完全按序分配区间和页面，则页面之间不仅在逻辑上连续，在物理页码的数值上也是连续的，比如1-->2-->3。如果页面 2 出现页拆分，逻辑顺序变成 1-->2-->10-->3，这样逻辑顺序和物理顺序将不一致。在页读取或扫描时，会在不连续的页面上不断地进行跳跃定位，很可能会让磁盘臂进行来回移动，从而消耗大量时间。例如从 2 定位到 10 进行一次页定位动作，再从 10 定位回3 也要一次定位动作，这需要消耗时间；如果是 1-->2-->3-->4 这样连续的页就可以快速下一页下一页扫描甚至一次性抓取多个邻近的页到内存中（SQL Server 允许一次性读取 64 个连续的页到内存中），从而节省大量的页定位时间并提高效率。

> **小知识**
>
> 　　传统的机械硬盘读取数据需要先计算地址后寻道，寻道时会移动磁盘臂，寻道后盘片旋转使数据所在扇区处于磁头下方，最后磁头读取扇区数据。扇区数据的读取动作非常快，整个过程的大部分时间都消耗在寻址上。在SQL Server 存储机制上，读取一个页和读取一个区的时间几乎是相等的，而页定位很可能意味着要消耗大量时间寻址。因此对于有大量定位动作的读取行为，时间主要消耗在定位上。固态硬盘只有得到指令后地址的计算时间，几乎没有寻址时间，不存在定位消耗大量时间的问题，因此外部碎片问题也迎刃而解。

如果查询请求的记录较少，则外部碎片的影响可以忽略，因为读取页时少量的页定位影响不大；但是如果查询要返回大量记录，由于要读取较多页面，大量的外部碎片会导致多次来回页定位，会严重影响查询性能。可以通过 sys.dm_db_index_physical_stats 中的 avg_fragmentation_in_percent 列来检测外部碎片，参看图 9-41 中的 frag_precent 列。

一般来说，叶级的外部碎片在 5%～20%之间可以通过重组（Reorganize）索引的方式来消除，在 30%以上时应该使用重建（Rebuild）索引来消除。不过这个参考范围要视情况而定，例如聚集表的叶级一页只能放 5 条记录，插入一条记录后出现页分裂并额外形成一个根页，这个根页页码在两个叶级页中间，这时外部碎片就有 50%，但这完全没有重建的必要，而且重建也不会改变这个结果。一般来说，当数据量较大时才考虑按照上述碎片参考范围来做对应的重建或重组工作。索引的重组和重建内容在下一小节中详细介绍。

9.8.2　维护索引

从 SQL Server 2005 开始可以使用 ALTER INDEX 语句来修改和维护索引，索引的修改常常通过重组或重建来完成。

1. 索引选项

CREATE INDEX 时可以使用 WITH 指定一些选项，如 IGNORE_DUP_KEY、PAD_INDEX、FILLFACTOR、DROP_EXISTING、SORT_IN_TEMPDB、STATISTICS_NORECOMPUTE、MAXDOP、ALLOW_ROW_LOCKS、ALLOW_PAGE_LOCKS 和 ONLINE，其中大部分选项还可以使用在 ALTER INDEX 语句中。由于 PRIMARY KEY 和 UNIQUE 约束会隐式创建对应的索引，因此在创建这两种约束时也可以指定一些索引选项。这里只介绍前 4 个选项。

使用索引选项时，只需在 CREATE INDEX 或 ALTER INDEX 中加入 WITH(options)即可，例如在 test_table 表的 id 列上创建 idx_clu_test 索引，指定 IGNORE_DUP_KEY 选项。

CREATE UNIQUE CLUSTERED INDEX idx_clu_test ON test_table(id)WITH(IGNORE_DUP_KEY=ON)

（1）IGNORE_DUP_KEY 选项。

当索引是唯一索引时，将阻止向表中插入重复键值，如果一条 INSERT 或 UPDATE 语句会影响多行，并且影响的行中会引起键值重复问题时，整条语句会被终止，所有的行都不会成功修改。如果创建唯一索引时使用 IGNORE_DUP_KEY 选项，则可以使不会引起键值重复的行成功插入或更新，而引起键值重复的行被抛弃。

IGNORE_DUP_KEY 选项只针对唯一索引，并且只能在指定为 UNIQUE 索引时才能使用该选项。

（2）FILLFACTOR 和 PAD_INDEX 选项。

填充因子 FILLFACTOR 指的是叶级页中记录填充页面的百分比。通过指定填充因子的值可以控制索引创建时叶级页面尾部空余多少空间，以备后续的 INSERT 或 UPDATE 对行进行扩展，从而在一定程度上减少叶级页的页拆分。因此使用合适的填充因子将有利于数据修改，但却可能会降低查询的性能。

FILLFACTOR 的值为 1～100 之间的一个百分比，百分比值越大，创建索引时页填充得越满，100 代表尽可能填充满整个页，还有一个默认值为 0，它和 100 一样也是尽可能填充满整个页，但 0 只能是创建索引时不指定 FILLFACTOR 时的默认值，不能将 FILLFACTOR 显式指定为 0。

FILLFACTOR 的特性是只在索引创建时有效，即索引建立时填充多少现有的数据到叶级页中，索引创建完成以后不再保证页面的填充百分比。因此，在空表上创建索引或者在 CREATE TABLE 语句中指定 PRIMARK KEY 或者 UNIQUE 约束时指定填充因子是没有多大意义的。但是在创建索引时指定填充因子，可以让指定的填充因子值当作元数据被记录，以后使用 ALTER INDEX 语句重组或重建索引时如果不想改变填充因子值，可以不在 ALTER INDEX 语句中显式指定该选项和值，系统将默认使用索引创建时指定的填充因子值。

仍然需要强调的是，填充因子针对的是叶级页。考虑这样一种情况，如果未来所有数据都插入到表的末尾，则将总是填充最后一页的空白区域。例如，如果索引键列为 IDENTITY 列，则新行的键会一直增加，行总是会按逻辑顺序添加到表末尾，这种情况下，每一次页拆分只会出现在逻辑的最后一页，甚至如果是聚集键时将不会出现页拆分，这时指定填充因子值为

0 或者 100 来尽可能地填充叶级页比其他值都好。

通过以上分析可知，FILLFACTOR 是读写之间的一个平衡选项。100%的填充因子可以提升读取的性能，但是会降低写活动的性能，引发频繁的页拆分；而太低的填充因子会给行插入和更新记录带来益处，但却会降低读取性能，因为要检索所有需要的行必须访问更多的数据页，进行更多次数的 IO。可以考虑以下做法：为几乎没有数据修改活动的表（如只读表）或聚集键具有 IDENTITY 属性的表使用 100%填充因子，低活动量的使用 80%～90%，中等活动量的使用 60%～70%，高活动量的使用 50%或更低的百分比。

下面的语句是在 Clu_test 表创建非聚集索引 idx_non_test1 时指定了填充因子值。

```
CREATE NONCLUSTERED INDEX idx_non_test1 ON dbo.Clu_test(Sname)
WITH(FILLFACTOR = 30)
```

PAD_INDEX 选项针对的是中间级页，功能和 FILLFACTOR 一样，并且使用 FILLFACTOR 的值，因此 PAD_INDEX 必须和 FILLFACTOR 一起使用，也不用为其指定值。如果要使用它，在 WITH 子句中指定其 ON 即可，WITH(PAD_INDEX = ON)，也可以使用兼容语法 WITH PAD_INDEX，两者等价。

（3）DROP_EXISTING 选项。

如果想要重建索引或者想要修改索引的部分定义，可以先删除已有索引，然后重新创建索引，例如修改 PRIMARY KEY 生成的聚集索引键。通过指定 DROP_EXISTING 选项可以直接在一个 CREATE INDEX 语句中完成上述目标。

使用 DROP_EXISTING 时，可以修改索引的定义，包括键列、排序方式（升序、降序）、索引选项等，还可以修改索引的特殊属性（如唯一和非唯一属性的转换），如果表中没有聚集索引，还可以将非聚集索引转化为聚集索引，但不能将聚集索引转化为非聚集索引。

DROP_EXISTING 还有另外一个作用，如果聚集表中有非聚集索引，当单独删除聚集索引并重建聚集索引时，非聚集索引在内部必然会随之维护两次：第一次是删除聚集索引时让非聚集索引的行定位器改变为 RID，第二次是重建聚集索引时让非聚集索引行定位器改变为新的聚集索引键。如果使用 DROP_EXISTING 选项重建聚集索引，则可以略过删除聚集索引阶段对非聚集索引的维护，只在聚集索引重建完成后对非聚集索引维护一次，甚至如果聚集索引重建前后的索引键无任何变化，将完全不会对非聚集索引进行维护。

使用 DROP_EXISTING 的语句中索引名称必须和现有想要修改的索引名称相同。

例如下面的语句修改随主键生成的隐式聚集索引，将其聚集键由原来的 id 改为 id 和 name。

```
--使用 DROP_EXISTING，修改主键隐式聚集索引 PK__T1__3213E83F56E8E7AB
CREATE UNIQUE CLUSTERED INDEX PK__T1__3213E83F56E8E7AB ON T1(id,name)
WITH (DROP_EXISTING=ON)
```

虽然 DROP_EXISTING 选项允许修改索引的部分属性，但是如果修改对象是主键约束或唯一性约束生成的隐式索引时，应该要满足约束的限制。例如修改主键约束的索引时必须保留其 UNIQUE 属性，并且主键列必须保留（如上面示例的 id 列）。

也可以使用兼容语法 WITH DROP_EXISTING，它等价于 WITH(DROP_EXISTING = ON)。

2. 重组索引（Reorganize Index）

重组索引可以将索引的叶级进行重新排列并整理。重组索引使用的是原有的叶级页，重组完成后如果有空页则会释放空页。因为索引重组没有涉及创建索引的过程，因此重组语句中不能指定填充因子，只能默认使用创建索引时指定的填充因子进行重组。

重组时会根据内部算法（冒泡排序算法）合理地移动行到合理的位置，尽可能地填充页面空间并使页的逻辑顺序和物理顺序尽量保持一致，这样可以减少内部碎片和外部碎片。

重组索引使用的是 ALTER INDEX 语句，不能修改索引的名称和键列。因此，重组聚集索引不会影响非聚集索引。

下面的语句是对 Clu_test 表中的聚集索引 idx_clu_test 进行重组。

```
ALTER INDEX idx_clu_test ON dbo.Clu_Test REORGANIZE
```

3. 重建索引（Rebuild Index）

和重组索引相比，重建索引更彻底。重建索引会为索引 B 树（不只是叶级）重新分配一套页面并释放旧页。

重建索引实现的是删除旧碎片，但是并不能保证重建后完全无碎片。例如，新分配的页面之间本身就不连续，或者分配页面的时候正好有其他进程（例如多个 CPU 并行重建索引时）抢占了中间的页面导致两个进程的页面有交错区域。实际上 B 树结构中拆分出新层次的页（如第一个中间页或者新的根页）时都会为新层次的页分配一个中间的页码，如果某聚集索引重建最初只有一个页码为 208 的叶级页，出现第二个叶级页的同时会分配一个根页，根页页码为 209，第二个叶级页码为 210，这样根页页码就挤在了叶级页的中间，这也是外部碎片只能无限趋于 0 但不可能完全被删除的原因之一。

使用 ALTER INDEX 语句可以重建索引，由于该语句无法修改索引的键列，因此重建聚集索引不会影响非聚集索引。由于它涉及了索引创建的过程，因此可以在语句中指定填充因子并作为元数据被保存。

下面的语句是对 Clu_test 表中的聚集索引 idx_clu_test 进行重建过程，并指定填充因子为 30。

```
ALTER INDEX idx_clu_test ON dbo.Clu_Test REBUILD
WITH(FILLFACTOR = 30)
```

也可以使用 DROP_EXISTING 来重建索引，并且使用它可以改变键列以及其他一些索引的属性。例如下面的语句是使用 DROP_EXISTING 来重建 idx_clu_test 的。

```
CREATE UNIQUE CLUSTERED INDEX idx_clu_test ON dbo.Clu_Test(StudentID)
WITH (DROP_EXISTING=ON,FILLFACTOR=100)
```

重建索引的过程是不断排序填充页面的过程，因此是不断向表尾插入记录的动作，这样聚集索引非叶级和非聚集索引的所有索引页会不断页分裂（具体内容查看图 9-37 所示的上下文），它们的空间使用率不会因为重建的过程而有很大改善。如图 9-42 所示是重建 Clu_test 表中所有索引（指定填充因子为 100）后的碎片检测信息。可以看到聚集索引和非聚集索引的中间级空间使用率并没有因为重建而有太大提高，而聚集索引的叶级则效果显著。至于非聚集索引的叶级空间使用率高是因为非聚集索引重建时索引键是字符串类型的，排序时会把部分记录回插到已经分裂过的页中，而不是一直向表尾插入，例如其中两个索引键值 a12 和 a99，当插入 a100 时会回插在 a12 的前面而不是 a99 的后面。

	name	index_id	index_type	index_level	frag_precent	used_percent
1	Clu_Test	1	CLUSTERED INDEX	0	0.076219512195122	99.1341116876699
2	Clu_Test	1	CLUSTERED INDEX	1	25	78.9967877440079
3	Clu_Test	1	CLUSTERED INDEX	2	0	1.26019273535953
4	Clu_Test	2	NONCLUSTERED INDEX	0	0.221238938053097	99.606622189276
5	Clu_Test	2	NONCLUSTERED INDEX	1	25	69.0820360761058
6	Clu_Test	2	NONCLUSTERED INDEX	2	0	3.23696565357055

图 9-42　重建索引后的碎片情况

4. 删除索引、禁用索引和重命名索引

（1）删除索引。

删除索引时分两种情况：一种是使用 CREATE INDEX 语句创建的索引，这样的索引可以直接使用 DROP INDEX index_name ON table_name 语句来删除；一种是通过创建主键或唯一性约束时隐性创建的索引，这样的索引需要通过 ALTER TABLE 删除约束来删除对应的索引，并且如果主键列或唯一键列被其他表的外键引用，则需要先删除外键约束，参看 9.5.1 节中的示例方法。

如果删除聚集索引的目的只是为了新建新的聚集索引，应该尽量考虑使用 REBUILD 或者 DROP_EXISTING 选项来重建，这样可以减少因为聚集索引的改变对非聚集索引的维护。

（2）禁用索引。

禁用索引会使索引完全不可用，因此不能再为查询提供快速的查找。禁用索引后，索引不再受维护，即新数据的插入不会影响索引。如果禁用聚集索引，将导致整个表和所有非聚集索引都不能使用，因为聚集索引的叶级包括表，禁用聚集索引基本上等于禁用了表。

可以使用 DISABLE 选项来禁用一条索引或所有索引，由于禁用索引后只能通过重建索引的方式来启用索引，因此没有 ENABLE 选项。但是禁用索引会保存索引创建时的元数据，因此可以直接使用 REBUILD 来重建。重建被禁用的聚集索引，不会自动启用非聚集索引，需要手动重建。

例如下面的语句禁用了 Clu_test 表中的聚集索引，结果导致非聚集索引也被禁用，且不能对表进行查询和修改。

```
ALTER INDEX idx_clu_test ON dbo.Clu_Test DISABLE      --禁用聚集索引
SELECT * FROM dbo.Clu_Test        --查询无法进行
ALTER INDEX idx_clu_test ON dbo.Clu_Test REBUILD      --重建聚集索引
ALTER INDEX idx_non_test ON dbo.Clu_Test REBUILD      --重建同时被禁用的非聚集索引
```

（3）重命名索引。

使用 sp_rename 存储过程可以重命名索引，命名后的索引名称会被保存到元数据中。参考下面的语句。注意，旧索引名称需要使用表名来限定标识。

```
EXEC sys.sp_rename 'clu_test.idx_non_test','idx_non_test1','INDEX'
```

9.9　复合索引

可以在多个列上建立索引，这样的索引称为复合索引或组合索引。相对地，只有一列的索引称为单列索引。复合索引的列数据会包含在叶级和非叶级页中。对于聚集索引而言，由于叶级本身就包含了所有的列和数据，在满足需求的情况下，聚集键列越小越好、越少越好，考虑在多列上建立聚集索引只是因为一列可能无法满足需求。对于非聚集索引而言，建立合理的复合索引可以提高查询性能。本书后面所说的复合索引都默认为复合非聚集索引。

使用下面的语句将 idx_non_test1 重建为 Sname 和 Email 上的组合索引。

```
CREATE NONCLUSTERED INDEX idx_non_test1 ON dbo.Clu_Test(Sname,Email)
WITH DROP_EXISTING
```

此时在 idx_non_test1 的叶级上就包含了这两列和聚集键列 StudentID 的数据。打开"包括实际的执行计划"，执行下面 4 个语句并比较执行计划，返回结果如图 9-43 所示。

```
SELECT Sname,Email FROM dbo.Clu_Test WHERE Sname='蔡毓发'
SELECT Sname,Email FROM dbo.Clu_Test WHERE Email='caiyufa@91xueit.com'
SELECT Sname,Email FROM dbo.Clu_Test WHERE Sname='蔡毓发' AND Email='caiyufa@91xueit.com'
SELECT Sname,Email FROM dbo.Clu_Test WHERE Email='caiyufa@91xueit.com' AND Sname='蔡毓发'
```

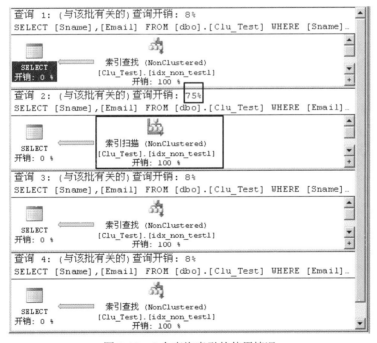

图 9-43　4 个查询索引的使用情况

第一个与第二个查询相比，它们在 WHERE 子句中都使用了索引列，因为 Sname 和 Email 列是对应的，因此两个查询返回完全相同的行，区别是第一个查询使用的是组合列的第一列，第二个查询使用的是第二列，但是从图中可以看出，它们的执行计划不同，第二个查询使用的是索引扫描方式，它的开销要比第一个查询大很多。但是第一个、第三个和第四个查询它们的执行计划和开销都完全一样，说明它们基本是等价的查询。

因此对于复合索引，如果 WHERE 子句中不使用索引列的第一列，则查询将不会使用索引。并且只要使用了第一列，子句中条件的顺序是无关的，因为在逻辑上 WHERE 子句中的条件是同时被处理的。

从上面的示例分析中可以知道，复合索引起决定作用的是它的第一列，这由复合索引创建时随之同时创建的统计信息（本章后面会介绍）决定，该统计信息只对第一列进行统计，因此完全没有必要在太多列上建立一个复合索引。极端一点的例子是复合索引包括了表中的所有列，此时的复合索引实际上就是另一张更大的表，这是最不可取的。另外，出于存储方面的考虑，复合索引的列数量太多，存储复合索引将占用更多的页。

9.10　包含列索引

包含列索引是从 SQL Server 2005 开始提供的。创建包含列索引可以将某些列作为非键列存放在叶级页中，但不会存放在非叶级页中，并且这些列作为非键列是不计入键数量和大小的。而且 varchar(max)、nvarchar(max)、varbinary(max)数据类型不能作为索引键的类型，但是可以通过包含列索引将它们作为非键列包含在非聚集索引的叶级页中。

使用包含列索引最大的优点是可以实现覆盖查询。当索引包含查询引用的所有列时，B 树的页扫描只需要进行到叶级即可获取所有所需数据，这样的查询称为覆盖查询，实现覆盖查询的索引称为覆盖索引。覆盖查询避免了对数据页的读取，对于返回大量记录的查询将减少大量 IO。这也说明了在 SELECT 语句中使用星号"*"不是一个好的选择。

在索引创建语句中使用 INCLUDE 关键字就可以实现包含列，只需将需要作为非键列的列放在 INCLUDE 后的括号中即可，非键列的顺序不会影响索引。例如下面的语句重建 idx_non_test1 索引并将 Class 和 Email 列作为包含列。只要查询中只引用这三列或聚集列则可以实现覆盖查询。

```
CREATE NONCLUSTERED INDEX idx_non_test1 ON dbo.Clu_Test(Sname)
INCLUDE(Class,Email)
WITH DROP_EXISTING
```

9.11　索引交叉

在 SQL Server 中，一个查询语句可以使用多个索引，当查询语句使用多个索引查询索引对应数据时称为索引交叉。

下面的语句，首先在 Clu_test 表上的 Email 列新建一个索引，然后打开"包含实际的执行计划"并执行指定 Sname 和 Email 条件的查询语句。

```
SELECT Email,Sname FROM dbo.Clu_Test
WHERE Sname='韩利刚 1' AND Email='hanligang@network.com'
```

执行计划如图 9-44 所示,可以看到该语句使用了 idx_non_test 和 idx_non_email 两个索引,从 idx_non_test 中获取 Sname 的值,从 idx_non_email 中获取 Email 的值,然后将这两列值进行联接匹配,最终返回需要的数据。

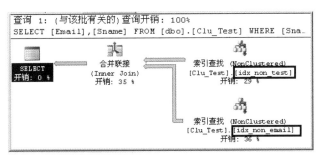

图 9-44 索引交叉

在实际环境中,非聚集索引的交叉可以看做是复合索引或包含列索引的扩展,其目的也是为了实现覆盖查询。比如,现有复合索引或包含列索引的索引键已经很宽,或者不能随意修改已有索引,这时候可以新建一个或多个索引,使它们和现有索引之间可以形成索引键的多种组合,从而实现覆盖查询。

9.12 筛选索引

前面讨论的索引都是建立在整个表上,这样的索引是全表索引。建立索引时可以使用 WHERE 子句来筛选部分行建立索引,这样的索引称为筛选索引或过滤索引。建立筛选索引时,只会对筛选的行进行 B 树的构建,未筛选的行将不能由 B 树导航,这样的索引减小了索引的体积,减少了数据修改对索引的维护,并且在某些情况下可以极大地提升性能。

例如只筛选出 Clu_test 表中 Class 为开发班的记录建立索引。

```
CREATE NONCLUSTERED INDEX idx_non_test1 ON dbo.Clu_Test(Sname)
INCLUDE(Class,Email)
WHERE Class='开发班'
WITH DROP_EXISTING
```

使用 DBCC PAGE 分析该索引的某一叶级页,结果如图 9-45 所示。

要使用筛选索引,应该在查询语句中指定和筛选索引建立时一样的条件,或者在此条件基础上再加上其他条件。例如要使用上面建立的筛选索引,应该在语句中指定 WHERE Class = '开发班'。

	FieldId	PageId	Row	Level	Sname (key)	StudentID (key)	Class	Email	KeyHashValue
1	1	3824	0	0	蔡毓发	2	开发班	caiyufa@91xueit.com	(e27c34aa97cc)
2	1	3824	1	0	蔡毓发	11	开发班	caiyufa@91xueit.com	(aa136d312253)
3	1	3824	2	0	蔡毓发	20	开发班	caiyufa@91xueit.com	(abb39f9a543a)
4	1	3824	3	0	蔡毓发	29	开发班	caiyufa@91xueit.com	(e3dcc601e1a5)
5	1	3824	4	0	蔡毓发	38	开发班	caiyufa@91xueit.com	(2b20c3f1ab1b)
6	1	3824	5	0	蔡毓发	47	开发班	caiyufa@91xueit.com	(634f9a6a1e84)
7	1	3824	6	0	蔡毓发	56	开发班	caiyufa@91xueit.com	(d3cc5acd387e)
8	1	3824	7	0	蔡毓发	65	开发班	caiyufa@91xueit.com	(20d2c69e7b4d)
9	1	3824	8	0	蔡毓发	74	开发班	caiyufa@91xueit.com	(71c5da1def62)
10	1	3824	9	0	蔡毓发	83	开发班	caiyufa@91xueit.com	(b10c74a81072)

图 9-45　筛选开发班的记录建立索引

筛选索引条件中引用的列在索引创建时被绑定，因此不能删除、重命名这些列，也不能更改这些列的定义。

以下是几种使用筛选索引的场景，实际中可能会有更多的需求需要使用筛选索引。

● 某列或某几列包含大量的 NULL 值，但是只想检索其中的非 NULL 值记录。

● 表中部分行不常用，只想检索其中常用的行。比如表中包含了一年中四个季度的记录，对于离现在较远的两个季度的记录较少使用，可以筛选出最近的两个季度建立索引。

● 希望对某一组值实现强制唯一性。例如，希望"身份证号"字段可以为空，但是不为空部分必须不重复，如果使用唯一性约束，则只能允许一个 NULL 值，可以使用非空条件筛选建立索引，这时空值或者将来插入的空值将不受影响，但不为空值的部分受到了唯一性的限制。

9.13　全文搜索

刚开始接触或学习查询语句的时候是否有想过在数据库中的查询能否和百度、谷歌等搜索引擎一样，输入一个字、词或句就会快速返回相关的信息呢？答案是肯定的，实现这项功能的技术称为全文搜索。实际上，百度和谷歌使用的就是全文搜索引擎。全文搜索的内容较多，它的基本内容本身就可以独立成章，并且由于它的检索机制以及结构和本章所讲述的索引几乎完全不同，因此本章只对其创建和使用方法做简单的介绍，读者若有兴趣，可以查看链接 https://msdn.microsoft.com/zh-cn/library/ms142571.aspx 中的官方文档。

对于普通的 T-SQL 语句，对文本信息（或字符串）查询的处理手段是有限的，在匹配的过程中大概可以使用以下两种方法：

（1）使用 LIKE 子句。如果 LIKE 子句中以一个显式的值开头（如 LIKE '韩%'），将可能会使用相关的索引，但如果不知道第一个字符，使用 LIKE 子句进行检索将不会应用索引，这样的检索效率是非常低的。

（2）通过其他字符串函数进行处理来匹配，如 SUBSTRING、CHARINDEX、PATINDEX 等。通常这样的方法效率更低，因为它们很少使用上相关索引。但是它们可以实现 LIKE 实现不了的情况。

全文索引本质上是一个通过内部算法计算过的基于语言的大词典。例如，如果选择简体中文，则它是存放了简体中文字、词的大词典，如果选择英文，则它是存放了单词的大词典。通过它，可以快速检索到所需的文本内容或者相关的内容（模糊搜索，例如搜索 sport 也会返回 sports），具体返回精确的结果还是不精确匹配的结果取决于全文搜索的搜索方式。

9.13.1　创建和修改全文目录

在使用全文索引之前必须先创建全文目录，全文目录的作用是存放全文索引，它相当于一个容器。在 SQL Server 2008 以前，全文目录会在磁盘中占用一个实体目录，全文索引和其他相关的内容会存放在这个目录中；从 SQL Server 2008 开始，全文目录不再占用磁盘中独立的目录，它存放在数据库文件的虚拟目录中。

全文目录的创建方式很简单，只需要指定是否区分重音（例如 a 的第一声和第四声）、全文目录的所有者以及是否设置为默认目录，前两个选项选择默认即可，对于默认目录则视需求而定：如果设置为默认目录，以后创建的全文索引可以不显式指定全文目录，将默认放在该目录下。例如下面的语句创建一个名为 TeacherFullIndex 的全文目录，如果全部选择默认，则只需第一行语句就可以了。

```
CREATE FULLTEXT CATALOG TeacherFullIndex
/*
WITH ACCENT_SENSITIVITY=ON   --是否区分重音，默认为 ON
AS DEFAULT                   --是否设置为默认全文目录，默认不设置
AUTHORIZATION dbo            --指定全文目录所有者为 dbo，如果不写则默认是语句的执行者
*/
```

全文目录可以在 SSMS 的对象管理器中管理，具体路径为对象资源管理器→数据库→存储→全文目录。

如果想修改、重组或重建全文目录，可以使用 ALTER 语句。

```
ALTER FULLTEXT CATALOG catalog_name [ REBUILD | REORGANIZE | AS DEFAULT ]
```

如果是重建（REBUILD），则可以选择所有创建时能够设置的选项。

删除全文目录使用 DROP FULLTEXT CATALOG 语句。

```
DROP FULLTEXT CATALOG catalog_name
```

9.13.2　创建全文索引

全文索引存放字或词，为全文搜索提供快速和高效的查询。每个表或视图只能有一个全文索引，它存放在全文目录中，一个全文目录可以存放同一数据库中多个表的全文索引。

若要对表或视图创建全文索引，则该表或视图必须具有唯一的、不可为 NULL 的单列索引用于唯一标识，全文引擎会将表中的每一行映射到这个唯一的标识上。

一个全文索引可以包括以下数据类型的列：char、varchar、nchar、nvarchar、text、ntext、image、xml、varbinary 和 varbinary(max)。上面列出的数据类型中没有数值和日期数据类型，

即不能在数值、日期类型的列上创建全文索引。应该注意，聚集和非聚集索引的列不能是 text、ntext 和 image，甚至 varchar(max)、nvarchar(max)、varbinary(max)类型的列也只能通过 INCLUDE 作为非键列包含在非聚集索引中，而全文索引支持这些列。

运行下面的语句创建本节的测试表 Teacher。

```
USE testdb
GO
CREATE TABLE Teacher
(TeacherID INT CONSTRAINT [PK_teacher] PRIMARY KEY CLUSTERED,
Tname varchar(10),
Taddress varchar(800))
GO
INSERT Teacher VALUES
(1,'蒯本辉','广东省深圳市罗湖区国威路 119 号罗湖区残疾人综合服务中心'),
(2,'刘波','安徽省合肥市经济技术开发区始信路 62 号（合肥美桥公司）'),
(3,'王辛培','北京市海淀区上地东路 9 号得实大厦北京万步健康科技有限公司'),
(4,'叶坚勋','北京市海淀区上地信息路甲 28 号科实大厦 B 座'),
(5,'张新','广东省广州市天河珠江新城华利路 61 号政务中心 4 楼'),
(6,'许平','广东省广州市番禺区钟村镇市广路广州敏捷投资有限公司'),
(7,'缪烨','上海市普陀区丹巴路 28 弄 21 号 5 楼上海风格服饰有限公司')
```

使用下面的语句创建 Teacher 表上的全文索引。

```
CREATE FULLTEXT INDEX ON dbo.Teacher(Tname,Taddress)
KEY INDEXPK_teacher          --指定 Teacher 表的单列唯一索引
ON TeacherFullIndex          --指定存放全文索引的全文目录
```

上述语句的意思是在表 Teacher 的 Tname 和 Tadddress 列上创建全文索引，该全文索引使用了表的单列、唯一且非空的标识索引 PK_teacher，存放全文索引的全文目录是在上一小节中创建的 TeacherFullIndex。注意，全文索引是没有名称的，但是由于每张表或视图只能创建一个全文索引，因此可以通过表来识别全文索引。

9.13.3 全文搜索的查询方法

全文搜索有 4 种查询语句：CONTAINS、FREETEXT、CONTAINSTABLE 和 FREETEXT-TABLE。其中前两种类似于 EXISTS，只要 TRUE 就返回 SELECT 列表中的列，后两种返回的是包含唯一标识索引的键值和匹配程度值的表集；第一种和第三种返回的是精确匹配结果，第二种和第四种返回的是模糊匹配结果。

1. CONTAINS

CONTAINS 语句返回的是一个布尔值，当指定全文索引列中包含指定的匹配字符时返回 TRUE，它是精确匹配的结果。例如下面的语句，在 Taddress 列中检索包含"普陀区"三个字的行，包含就返回该行的所有列。

```
SELECT * FROM dbo.Teacher WHERE CONTAINS(Taddress,'普陀区')
```

CONTAINS 限定了只会在指定的索引列中搜索，不会在其他未指定的或者非全文索引列搜索。在 CONTAINS 语句中也可以使用星号 "*" 代替所有的全文索引列。如果想要指定多个但不是所有的全文索引列，则可以使用多个 CONTAINS 然后使用 AND 连接起来。

2. FREETEXT

和 CONTAINS 使用方法完全相同，只是它返回的是一个模糊匹配的结果。

例如下面的两条语句，第一条语句使用 FREETEXT，只要 Taddress 列中有 "海" "淀" "钟" 或 "村" 四个字中的任意一个字的行都符合条件，而第二条语句则要求 Taddress 列有 "海淀钟村" 四个字，而表中没有这样的行，所以第二条语句没有返回结果。

```
SELECT * FROM dbo.Teacher WHERE FREETEXT(Taddress,'海淀钟村')
SELECT * FROM dbo.Teacher WHERE CONTAINS(Taddress,'海淀钟村')
```

3. CONTAINSTABLE

CONTAINSTABLE 语句和 CONTAINS 处理的方式一样，但是返回一个结果集，因此可以当作表用于联接。事实上，它返回的结果很简单，也很可能不是真正想要的结果。

执行下面的两个查询语句，返回结果如图 9-46 所示。

```
SELECT * FROM CONTAINSTABLE(Teacher,Taddress,'北京市海淀区')
--将 CONTAINSTABLE 结果与原表进行 JOIN
SELECT T.TeacherID,C.[RANK],T.Tname,T.Taddress
FROM dbo.Teacher T
  JOIN CONTAINSTABLE(Teacher,Taddress,'北京市海淀区')C
  ON T.TeacherID = C.[KEY]
```

图 9-46　使用 CONTAINSTABLE 语句

上述两个查询语句中 CONTAINSTABLE 都是作为表使用的。第一个语句中只返回了两列，一列是 KEY，一列是 RANK，其中的 KEY 对应于唯一标识索引键值，即 TeacherID 值，RANK 是匹配字符串的相关度，值越大匹配程度越高，可以从图 9-46 中的下面一个结果中看出，对于 "北京市海淀区" 而言，Taddress 越短匹配度必然更高。第二个语句可能才会返回希望的结果，它以 KEY 和 TeacherID 作为联接条件将两个结果集进行联接。

4. FREETEXTTABLE

FREETEXTTABLE 语句和 FREETEXT 处理的方式一样是模糊匹配，又和 CONTAINSTABLE 一样返回一个结果集，因此也可以当作表用于联接。

执行下面的两个查询语句，返回结果如图 9-47 所示。

```
SELECT * FROM FREETEXTTABLE(Teacher,Taddress,'海淀钟村')
--将 FREETEXTTABLE 结果与原表进行 JOIN
SELECT T.TeacherID,C.[RANK],T.Tname,T.Taddress
```

```
FROM dbo.Teacher T
  JOIN FREETEXTTABLE(Teacher,Taddress,'海淀钟村')C
  ON T.TeacherID = C.[KEY]
```

	KEY	RANK
1	3	71
2	4	98
3	6	199

	TeacherID	RANK	Tname	Taddress
1	3	71	王辛培	北京市海淀区北京市上地东路9号得实大厦4楼南区北京市万北
2	4	98	叶坚勋	北京市海淀区 上地信息路甲28号科实大厦B座
3	6	199	许平	广东省广州市番禺区钟村镇市广路钟三路段9号广州敏捷投资

图 9-47　使用 FREETEXTTABLE 语句

9.14　统计信息

当一个指定条件的查询返回较多记录（占表百分比较大）时，可能不使用索引查找而是使用表扫描或索引扫描，而对于那些选择度高的记录，几乎都会通过索引查找。选择何种方式查找数据由查询优化器计算成本来决定，其中影响成本计算的一个因素是统计信息。

9.14.1　了解统计信息的作用

执行以下语句来了解统计信息的作用，并在 Part 1 最后一个 SELECT 语句执行前打开"包括实际的执行计划"。

```
--Part 1：以下语句测试默认情况
ALTER DATABASE testdb SET AUTO_UPDATE_STATISTICS ON    --开启自动更新统计信息
SET STATISTICS IO ON
IF OBJECT_ID('test1','U')IS NOT NULL DROP TABLE test1
SELECT * INTO test1 FROM clu_test        --插入 test1 表 405000 条记录
CREATE INDEX idx_non_test1 ON test1(StudentID)    --在 StudentID 上创建索引
INSERT test1 SELECT TOP(100000)Sname,Sex,Birthday,Email,Class FROM dbo.Clu_Test
SELECT * FROM Test1 WHERE StudentID>=404000      --在插入记录后查询使用表扫描
```

在执行完 Part 1 部分的语句后，test1 表中实际有 505000 条记录，使用谓词 StudentID >= 404000 进行查询，SQL Server 会选择表扫描的方式查询记录。执行计划和 IO 次数如图 9-48 所示，在该计划中估计要返回的行数是 103575，实际返回的行数是 101001，逻辑读取次数是 4903 次。

执行 Part 2 部分的语句，该部分语句和 Part 1 部分的语句的区别仅在于关闭了自动更新统计信息。执行计划和 IO 次数如图 9-49 所示。可以看出估计要返回的行数是 1248 行左右，这些记录占整个表记录的百分比较小，优化器决定使用的是索引查找方式，但是实际返回的行数是 101001，显然估计行数和实际行数相差很大，并且逻辑读取次数是 101193 次，几乎是 Part 1 部分 IO 次数的 20 倍。比较 Part 1 和 Part 2 的结果，可以得知这样的情况下使用索引查找方式比表扫描的方式效率低得多。

--Part 2：以下语句测试统计消息过期后的情况

ALTER DATABASE testdb SET AUTO_UPDATE_STATISTICS OFF   --关闭自动更新统计信息

SET STATISTICS IO ON

IF OBJECT_ID('test2','U')IS NOT NULL DROP TABLE test2

SELECT * INTO test2 FROM clu_test   --插入 test1 表 405000 条记录

CREATE INDEX idx_non_test2 ON test2(StudentID)   --在 StudentID 上创建索引

INSERT test2 SELECT TOP(100000)Sname,Sex,Birthday,Email,Class FROM dbo.Clu_Test

SELECT * FROM Test2 WHERE StudentID>=404000   --在插入记录后查询使用索引查找

图 9-48　默认情况下的查询方式

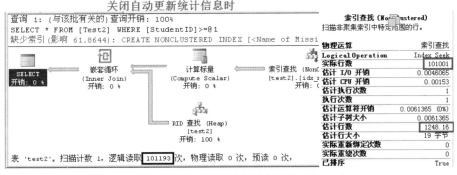

图 9-49　关闭自动更新统计信息后的查询方式

之所以上述 Part 1 和 Part 2 测试的性能差距很大，是因为关闭了自动更新统计信息，使得优化器估算返回的行数和实际返回的行数相差很大，优化器根据估算的信息生成了不合理的查询计划——索引查找，从而导致查询性能降低。由此可知，统计信息会影响优化器生成查询计划。

9.14.2　查看和分析统计信息

统计信息是系统对表进行抽样（可能是抽取全表，也可能是抽取部分记录）计算后基于某列的估算信息，记录了列值是如何分布的。通过它可以知道符合查询条件的记录占表百分比或者密度，从而生成合适的查询计划。统计信息分为索引统计信息和非索引统计信息，索引统计信息是在创建索引时自动创建的，非索引统计信息是手动创建或者由系统基于查询谓词（如 JOIN 子句、WHERE 子句和 GROUP BY 子句中引用的列）自动创建的，基于查询谓词创建的统计信息使用"_WA"开头来命名。不论是索引统计信息还是非索引统计信息，它们的作用和行为在本质上是一样的。在对象资源管理器中可以查看到它们的信息，如图 9-50 所示。

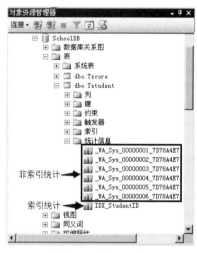

图 9-50　统计信息

使用下面的语句创建示例表并插入 2000 个学生的信息，其中分数是 0～100 的随机数，最后建立一个 Name 列和 Mark 列的复合索引。

```
CREATE TABLE stat_test
(StudentId INT IDENTITY NOT NULL,name VARCHAR(10)NOT NULL,
Sex CHAR(2)NOTNULL,Mark INT NOT NULL)
--插入数据，插入时请关闭"包括实际的执行计划"
INSERT INTO stat_testSELECT RTRIM(Sname)+CAST(FLOOR(RAND()*100)AS CHAR(4)),
Sex,CAST(100*RAND()AS INT)
FROM dbo.Clu_TestWHERE StudentID=CEILING(RAND()*10000)
GO 2000
--在 Name 和 Mark 列上创建复合非聚集索引
CREATE NONCLUSTERED INDEX idx_non_stat_NameMark ON stat_test(Name,Mark)
```

在索引创建时，系统会自动创建与索引名称相同的索引统计。可以使用工具 DBCC SHOW_STATISTICS 查看指定的统计信息。例如使用下面的语句查看上面的复合索引的统计信息，返回结果如图 9-51 所示。

```
DBCC SHOW_STATISTICS (stat_test,idx_non_stat_NameMark)        --指定表名和统计信息名
```

结果中有三组信息：统计信息的标头信息、列密度估算信息和统计信息直方图。

（1）统计信息的标头信息。

这部分包括了最近一次统计信息的更新时间（Updated）、更新统计信息时表中的行数

（Rows）、统计时抽样的行数（Rows Sampled）、直方图的分段数（Steps），以及其他一些信息。

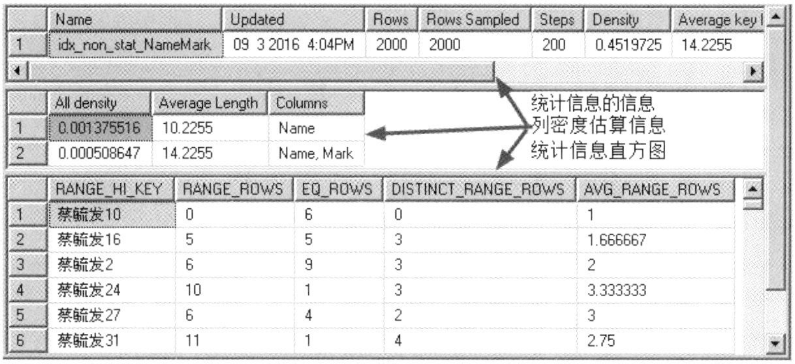

	Name	Updated	Rows	Rows Sampled	Steps	Density	Average key l
1	idx_non_stat_NameMark	09 3 2016 4:04PM	2000	2000	200	0.4519725	14.2255

	All density	Average Length	Columns
1	0.001375516	10.2255	Name
2	0.000508647	14.2255	Name, Mark

	RANGE_HI_KEY	RANGE_ROWS	EQ_ROWS	DISTINCT_RANGE_ROWS	AVG_RANGE_ROWS
1	蔡毓发10	0	6	0	1
2	蔡毓发16	5	5	3	1.666667
3	蔡毓发2	6	9	3	2
4	蔡毓发24	10	1	3	3.333333
5	蔡毓发27	6	4	2	3
6	蔡毓发31	11	1	4	2.75

图 9-51 索引统计信息

（2）列密度估算信息。

这部分信息用于衡量第三列 Columns 中的列的唯一性。衡量方法是 1/第一列的 density 值，density 值越高，非重复记录就越少，如果 density 等于 1，则列值全部是重复值。

例如第一行的值为 0.001375516，1/0.001375516=727，说明表中 Name 列有 727 个唯一值。通过下面的语句验证确实是 727 行唯一值。

```
SELECT COUNT(DISTINCT Name)FROM stat_test
```

（2）统计信息直方图。

第一列是统计列（分段列），列的每两个邻近的值形成一个分段，如果创建多列的统计信息，则只基于第一列进行统计，这就是复合索引的第一列很重要的原因；第二列是处于分段中的记录数量（不包括分段值）；第三列是等于分段值的记录数量；第四列是分段中非重复值的数量；第五列是分段值每个不同值的平均数量，如果没有重复值则为 1。

例如图 9-51 中直方图部分的第 4 行值为“蔡毓发 24”，在“蔡毓发 2”和“蔡毓发 24”之间（不包括“蔡毓发 24”）有 10 条记录，值为“蔡毓发 24”的有 1 条记录，分段中的 10 条记录之中只有 3 个不同的记录值，不重复值的平均数量为 10/3。

将上述直方图转换为图形的方式也许更容易理解，如图 9-52 所示，该图简化了分段信息。矩形内的数字代表这一分数段内的人数，每个矩形右边的使用加粗黑线表示等于分段值的人数（图中未给出数值），阴影部分表示分段内不重复记录的数量。

如果在分数上建立了索引，当查询分数为 20 分以下时，因为人数占比低可能会使用索引进行查找，当查询的是 50～60 或者 60～70 这种人数占比大的分数段，使用索引进行一次次的书签（RID 或聚集键）定位不如直接进行索引扫描或表扫描效率更高。假如现在新来了 50 个 0～20 分数段的学生，但还没有更新统计信息，查询低分数的学生就会使用旧的统计信息，让优化器选择使用索引查找的查询计划，但实际上用表扫描或索引扫描效率会更高。因此当大量更新了直方图的某段或某几段数据时，应该更新统计信息以选择更适合的查询计划。

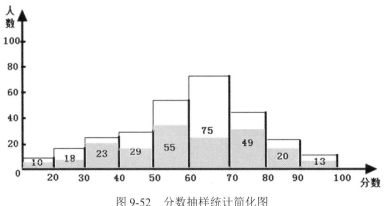

图 9-52　分数抽样统计简化图

9.14.3　创建统计信息

统计信息在以下三种情况下被创建：

（1）创建索引时自动创建，此时的统计信息称为索引统计信息。该选项无法通过设置来控制。

（2）基于查询谓词自动创建，该选项可以通过修改数据库的 AUTO_CREATE_STATISTICS 设置来开启或关闭，该设置默认处于 ON。除非有特殊需求，否则建议开启该选项。例如自动创建统计信息开启时，如果在 WHERE 子句中引用了 Sname，并且表中尚未存在包含 Sname 列的统计信息，则会自动创建基于 Sname 列的统计信息。该选项的开启方法参考如下语句：

```
ALTER DATABASE testdb SET AUTO_CREATE_STATISTICS ON
```

（3）手动创建统计信息，可以使用 CREATE STATISTICS 语句创建，创建方法和索引很相似。如果是多列统计信息，则只基于第一列进行统计。例如使用下面的语句手动创建 T 表上基于 col1 列和 col2 列的统计信息 stat_T。

```
CREATE STATISTICS stat_T ON T(col1,col2)
```

如果创建的是筛选索引，则自动创建筛选统计信息，它将筛选符合条件的行作为抽样行数进行统计和估算。也可以在 CREATE STATISTICS 语句中使用 WHERE 子句来筛选数据从而创建筛选统计信息。但是基于查询谓词自动创建的统计信息不会是筛选统计信息，而是严格的全表统计信息。

9.14.4　更新统计信息

更新统计信息有两种方式：由系统检测是否过期并自动更新和人为更新。何时自动更新以及何时应该人为干涉更新，下面将给出介绍。

经过一系列的 INSERT、UPDATE、DELETE 后，统计信息可能不会是最新的，这在本节的开头就做出了验证。默认情况下，当一个查询编译时会检测是否有查询谓词中对应列的统计信息，如果没有则自动创建（需要开启 AUTO_CREATE_STATISTICS），如果有则检测统计信息是否过期，若已过期则自动更新统计信息（需要开启 AUTO_UPDATE_STATISTICS，默认为开启）；如果查询已经有执行计划留在缓存中，则在执行查询语句时会检测计划依赖的统计信息是否过期，如果过期则会在缓冲中移除，统计信息会被更新。总而言之，就是在两种情况下会检测是否过期：编译时和执行时。

SQL Server 使用基于列修改计数器来检查统计信息是否过期。在下列情况下，常规表（除临时表、表变量和筛选后统计信息之外）上的统计信息被认为过期：

- 表的大小从 0 行变成了大于 0 行。
- 当统计信息收集时，表的行数为 500 或更少，统计的第一列对象的计数器，自改变为大于 500 时。
- 当统计信息收集时，表的行数大于 500，统计的第一列对象的计数器，受表里超过 500 +20%的行数而改变。

如果数据库设置 AUTO_UPDATE_STATISTICS 为 ON，当检测到以上情况时会在语句编译时或执行时自动更新。对于上面第三种情况，如果表中数据量很大，则可能需要修改大量的记录才能检测到统计信息过期。例如 Clu_test 表中有 405000 条记录，只有当修改 500+8100=8600 条记录或更多时才会检测到统计信息过期，否则默认将使用旧的统计信息。

而一般数据库中需要关注性能的表的记录肯定远远多于 500 条记录，如果大量数据被修改甚至多次进行了大量数据的修改但是尚未达到过期检测的阈值，统计信息不会被自动更新，旧的统计信息可能会"误导"优化器生成或使用不合理的执行计划。如果使用旧的统计信息对查询性能影响不大，可以选择使用旧统计信息，如果影响较大，应该人为地对统计信息进行更新。具体可以通过执行计划中反映的信息来决定，例如图 9-49 所示的执行计划中估计行数和实际行数相差很大时应该更新统计信息。但是更新统计信息会导致语句重新编译，因此不能频繁更新统计信息。

自动更新统计信息由数据库级别的设置 AUTO_UPDATE_STATISTICS 决定，默认该选项是开启的。一般情况下，建议和自动创建 AUTO_CREATE_STATISTICS 选项一样设置为 ON 状态。使用下面的语句开启或关闭数据库的自动更新设置：

```
ALTER DATABASE database_name SET AUTO_UPDATE_STATISTICS { ON | OFF }
```

注意：除了数据库级别，还有索引级别的设置 STATISTICS_NORECOMPUTE 以及统计信息级别的设置 NORECOMPUTE，这些不在本书关注范围内。

使用 UPDATE STATISTICS 语句人为更新统计信息，例如下面的语句更新 stat_test 表上的 idx_non_stat_NameMark 统计信息。

```
UPDATE   STATISTICS   dbo.stat_testidx_non_stat_NameMark
```

9.14.5　同步和异步统计信息更新

同步或异步统计信息更新决定了统计信息自动更新的时机：在语句编译时或执行时是使用新的统计信息还是旧的统计信息。

对于同步统计信息更新，查询将始终用最新的统计信息编译和执行，如果统计信息过期，查询优化器将在编译和执行查询前等待更新的统计信息。对于异步统计信息更新，查询将用现有的统计信息编译，即使现有统计信息已过期。如果在查询或编译时统计信息过期，查询优化器可能选择非最优查询计划。在异步更新完成后编译的查询才使用更新的统计信息。

默认设置是同步统计信息更新。使用数据库级别设置 AUTO_UPDATE_STATISTICS_ASYNC 控制同步或异步统计信息更新，语句如下：

```
ALTER DATABASE database_name SET AUTO_UDPATE_STATISTICS_ASYNC { ON | OFF }
```

应该在大百分比修改表中数据的情况下使用同步统计信息，以确保查询执行时使用的是最新的统计信息。如果需要频繁执行相同的查询、类似的查询或类似的缓存查询计划，使用异步统计信息可能更佳，因为不需要等待最新的统计信息而产生一些延迟。

9.15　基于索引设计的考虑

本章对索引相关的知识做了非常详细的介绍，读者应该已经能够明白索引对查询性能的重要性，但是在提高查询性能的过程中总是会伴随着其他方面的牺牲。因此，以全面的知识做好利弊的权衡对索引的设计是非常重要的。作为本章最后的一个小节，将给出前面关于性能方面的内容的总结，以便在设计索引时不会因为未考虑全面而在大方向上出错。

1. 聚集键的选择

由于每张表中只能有一个聚集索引，并且非聚集索引对聚集索引的依赖性很强，因此选择合适的聚集键是应该的也是必要的。

从需求上考虑，如果某列常用于范围值查询，如使用 BETWEEN、>、<、=或其他运算符规定范围，由于聚集索引对范围值查找非常高效，因此可以考虑将该列作为聚集键；对于经常用于 JOIN 联接条件的列，可以考虑作为聚集键；主键和外键，可以考虑作为聚集键；对于经常需要排序或分组的列，可以考虑作为聚集键；选择度高的列，也可以考虑作为聚集键；包含 NULL 值的列不应该作为聚集键。

从存储上考虑，非聚集索引依赖于聚集索引主要体现在聚集键上，如果聚集键宽度大，也将拓宽非聚集索引，需要更多的页来存储索引，这将导致查询时读取更多的页，特别是表中非聚集索引的数量较多时，影响更为严重；如果聚集键不唯一，系统内部将通过 4 字节的 uniquifier 列来配合聚集键实现唯一性，如果非聚集索引也是不唯一的，该内部列也将添加到非聚集索引中，从而拓宽了整个索引，因此选择聚集键时应该考虑其唯一性；如非特殊需求，不要选择多列作为聚集键。

一般聚集键都选择在不断增长且宽度较小的唯一非空整数列上创建。

2. 非聚集索引列的选择

非聚集索引列的选择在查询需求上和聚集键的选择差不多。需要额外考虑的是复合列和包含列，其目的是为了实现覆盖查询。对于复合索引，应该选择合适的第一列。同时复合列和包含列的列不能选择太多，选择太多列其实是将表以另一种方式重新存储了一遍。

3. 考虑索引 B 树是排序过的

根据这个特点，可以对那些经常排序的列创建索引。由于索引扫描有正方向的扫描，也有反方向的扫描（很少数情况下还有按照 IAM 页跟踪的顺序进行无序索引扫描），因此无论是降序查询还是升序查询，都可以因为索引的存在而减少非常消耗性能的排序过程。

另外，这个特点也适用于 MAX 和 MIN 函数，这意味着经常用于取最大值或最小值的列也可以建立索引。这是因为索引的扫描总是从正或反方向进行，取最值时只需扫描最边界的值即可，这样的效率将比通过排序得到的最值高几个数量级。如果有重复最值，则会扫描从边界开始的所有最值。

除了 MAX 和 MIN，还有一些可以从隐式排序的行为中受益的操作，如 GROUP BY、JOIN、DISTINCT。

4. 考虑索引中存储了索引键值

索引中存储了索引键值可以实现覆盖查询，避免了通过 RID 查找或键查找的"回表"行为，这可以大幅度提升某些查询的性能，因此应该在合适的情况下建立复合索引和包含列索引。

另外，对于 COUNT()统计函数，既然在堆中可以扫描所有的行进行统计，那么在存储了所有索引键值的索引中也可以进行统计，并且一般非聚集索引比表小得多，通过非聚集索引来统计效率将更高。

5. 适时使用筛选索引

筛选索引体积小，同时维护成本也比全表索引小，在合适的时候使用筛选索引能够实现查询性能的提升。

10

视图

 主要内容

📖 理解什么是视图

📖 掌握视图的存储形式

📖 熟练创建、更新和修改视图

📖 掌握视图的选项和它们的作用

📖 了解索引视图和索引视图的作用

在本章之前已经介绍过两种表表达式：派生表和公用表表达式（CTE）。它们的作用范围相对有限，只能在单个语句范围中使用，当包含这些表表达式的外部语句执行完毕后，它们就失效了，因此它们的重复使用性不高。

在本章中将详细介绍另一种表表达式：视图（VIEW）。表表达式的基本目的是一样的，都是通过查询语句将满足条件的数据筛选出来作为中间结果集以作他用。相比前面介绍的两种表表达式，视图和表一样是数据库的一种对象，它实实在在存储在数据库中，只要不显式删除它们就可以重复使用。

10.1　视图简介

在实际使用中，往往会对数据有一些固定的查询方式。例如需要从学生表、成绩表和课程表中获取学生的学号、姓名、班级、课程和对应的成绩。像这样的查询会被反复调用，可以采用一种方法使得每次这样的查询更方便更快捷，并且会以直观的方式将那些需要的数据呈现出来，使用视图就可以达到这一目的。

　　视图是根据查询语句计算或整理出来的虚拟表。虽然可以通过视图访问或操作数据，但是视图本身以 SELECT 语句的方式存储在数据库中，除非为视图创建了唯一聚集索引，否则视图不会存储实际的物理数据，这是视图与普通表的不同之处。

　　与普通表一样，视图由一组命名的列和数据行组成，数据行和列来自于引用的表，在每次引用视图时动态生成。视图中查询语句引用的表称为基表。图 10-1 描述了由 Tstudent 基表创建的 v_netStudent 视图，该视图只显示网络班学生的学号、姓名、性别、班级和通过计算得到的年龄信息。请注意，视图可以基于一张或多张表建立，也可以基于其他视图建立。

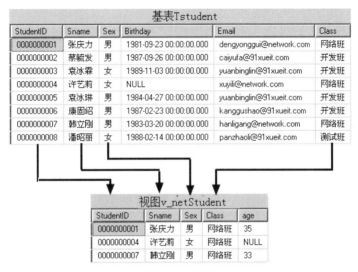

图 10-1　视图

　　视图分为标准视图、索引视图和分区视图，本章将详细介绍前两种视图。

　　1．标准视图

　　标准视图将来自一张表或多张表（或视图）的数据整理计算，最后合并成一张新的虚拟表。标准视图存储在数据库中的是查询语句而不是实际数据。

　　2．索引视图

　　创建了唯一聚集索引的视图称为索引视图。在创建唯一聚集索引时，该视图的结果集会立即具体化（或称为物理化），并持久保存在数据库的物理存储中。因此索引视图是被具体化了的视图，它会存储排序后的数据。索引视图可以显著提高某些类型查询的性能，但是对索引视图的基表进行修改时同时要修改索引视图，这需要消耗性能，因此它们不太适用于经常要更新的基本数据集。

　　3．分区视图

　　在视图中，可以使用 UNION 运算符将两个或多个查询的结果组合在一起，这在用户看来是一张单独的表，但实际上引用的数据来自于多个表（或视图）甚至多个服务器实例中，这样的视图称为分区视图。

10.2　使用标准视图

10.2.1　创建标准视图

创建视图的方式是定义一个 SELECT 语句，通过 SELECT 语句检索并整理需要表示的数据。例如基于 Tstudent 表创建一个视图，筛选出 StudentID 列、Sname 列、Sex 列和 Class 列，并且只包含网络班的学生信息。

```
CREATE VIEW v_netStudent
AS
SELECT StudentID,Sname,Sex,Class FROM Tstudent
WHERE Class = '网络班'
```

查询这个新建的视图，结果如图 10-2 所示。视图创建完成后就存储在数据库中，可以随时引用这个视图来进行相关的操作。每次引用这个视图时，SQL Server 都会展开对应的 SELECT 语句，再去操作对应的基表，在本示例中基表是 Tstudent。

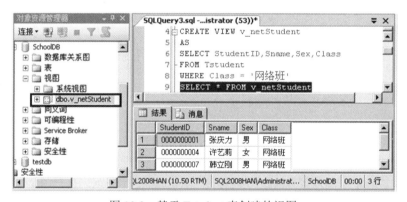

图 10-2　基于 Tstudent 表创建的视图

作为一种表表达式，它同派生表和 CTE 一样，每一列（包括计算列）都必须指定列名且唯一，不能使用 ORDER BY 子句，除非使用了 TOP 关键字。别名的命名方式有两种：外部命名方式和内部命名方式。外部命名方式即在视图名称后面紧跟列名，列名必须和 SELECT 查询语句中的列列表对应。内部命名方式即常用的在 SELECT 语句中命名。

```
--外部命名方式
CREATE VIEW v_netStudent1(学号,姓名,性别,班级)
AS
SELECT StudentID,Sname,Sex,Class FROM Tstudent
WHERE Class = '网络班'
```

修改前面创建的视图 v_netStudent，添加一列 getdate()，由于没有为该列指定列名，因此视图修改会失败，如图 10-3 所示。

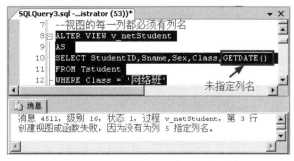

图 10-3　视图的每一列都要指定列名

```
CREATE VIEW v_netStudent
AS
SELECT StudentID,Sname,Sex,Class,GETDATE()FROM Tstudent
WHERE Class = '网络班'
```

在创建视图时，应尽量避免使用"*"来代表所有列。因为如果修改了基表的定义或增加了几列，这些修改不会自动刷新到已创建的视图中。

例如基于 Tstudent 表使用"*"创建视图 v_test1，创建完毕之后在表 Tstudent 中新增一列 age 列。

```
CREATE VIEW v_test1
AS
SELECT * FROM Tstudent
--新增 age 列
ALTER TABLE TstudentADD age AS DATEDIFF(yy,Birthday,getdate())
```

查询基表 Tstudent 和该视图，结果如图 10-4 所示。容易发现，虽然基表已经添加了 age 列，但是并没有将这种表结构的变化刷新到视图中，这样视图查询的结果就出现了数据丢失。

	StudentID	Sname	Sex	Birthday	Email	Class	age
1	0000000001	邓永桂	男	1981-09-23 00:00:00.000	dengyonggui@network.com	网络班	35
2	0000000002	蔡毓发	男	1987-09-26 00:00:00.000	caijyufa@91xueit.com	开发班	29
3	0000000003	袁冰霖	女	1989-11-03 00:00:00.000	yuanbinglin@91xueit.com	开发班	27
4	0000000004	许艺莉	女	NULL	xuyili@network.com	网络班	NULL
5	0000000005	袁冰琳	男	1984-04-27 00:00:00.000	yuanbinglin@91xueit.com	开发班	32
6	0000000006	康固绍	男	1987-02-23 00:00:00.000	kanggushao@91xueit.com	开发班	29

	StudentID	Sname	Sex	Birthday	Email	Class
1	0000000001	邓永桂	男	1981-09-23 00:00:00.000	dengyonggui@network.com	网络班
2	0000000002	蔡毓发	男	1987-09-26 00:00:00.000	caijyufa@91xueit.com	开发班
3	0000000003	袁冰霖	女	1989-11-03 00:00:00.000	yuanbinglin@91xueit.com	开发班
4	0000000004	许艺莉	女	NULL	xuyili@network.com	网络班

图 10-4　使用"*"创建视图时结构不同步

虽然不建议创建视图时使用"*"，但是 SQL Server 还是提供了存储过程 sp_refreshview 来解决类似这样的基表和视图关于结构不同步的问题。执行下面的语句后再去查询视图 v_test1， age 列和该列的数据已经添加到结果中了。

> EXEC sp_refreshview v_test1

修改、删除视图对应的基表列，结构的变化也不会自动反映到视图中。例如执行下面的语句将 Tstudent 表中刚才新增的 age 列删除，再去查询视图 v_test1 将会出错，结果如图 10-5 所示。

> ALTER TABLE Tstudent DROP COLUMN age

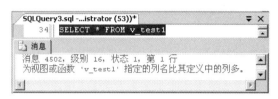

图 10-5　基表中缺少视图对应的列

由此可知，视图中定义的列在创建视图时就已经被编译好，而且由于数据不存储在视图中，因此修改基表的结构会对视图产生影响。

还可以通过引用其他视图来创建视图。例如创建一个基于 v_netStudent 视图的新视图。

> CREATE VIEW v_netStudent2
> AS
> SELECT StudentID,Sname,Sex FROM v_netStudent

10.2.2　通过视图更新数据

视图不仅可以作为 SELECT 的查询目标，也可以通过它来修改基表的数据。和修改表中的数据一样，可以通过 DML 语句来修改视图。注意，对视图的修改会反映到基表中，除非拒绝对基表的增、删、改权限。

例如下面的语句通过视图修改了学号为"0000000001"的学生姓名。修改成功后，再去查询基表 Tstudent，会发现对应的记录行也被修改了。

> UPDATE v_netStudent SET Sname='张庆力' WHERE StudentID='0000000001'

但是，通过视图修改数据无法像直接修改基表那样可以"为所欲为"，因为在定义视图时可能对基表的列进行了"加工"，这些"加工列"属于派生列，无法通过视图来修改。因此通过视图修改数据时应该注意以下几个常见的限制：

（1）只能修改基表中被直接引用的列。

例如 v_netStudent 引用了 StudentID、Sname、Sex 和 Class 列，那么只能修改这 4 列，未引用的列如 Birthday 列不能修改。

（2）无法修改使用了聚合函数（如 MAX、COUNT、SUM、MIN、AVG、GROUPING等）的计算列。

（3）无法修改受 GROUP BY、HAVING、DISTINCT 子句影响的列。

（4）无法修改经过表达式计算得到的结果列。

例如创建视图时，通过表达式 DATEDIFF(yy,Birthday,getdate())计算得到的年龄列无法修改。

（5）使用集合运算符（UNION、UNION ALL 等）得到的列相当于计算得到的列，也不可更新。

尽管有的视图定义时指定了筛选条件（如 WHERE 条件），但当更新视图时，有与筛选条件冲突的操作也不会被拒绝。例如，v_netStudent 视图通过 WHERE 条件筛选了网络班的学生，但是下面将网络班的某位学生修改为测试班的语句仍然可以正确执行。这时候再去查询 v_netStudent，发现结果中由原来的 3 行记录变为了 2 行记录，刚才被更新的记录已经在视图查询中丢失，因为该学生已经不是网络班的学生了。

```
UPDATE v_netStudent SET Class='测试班' WHERE StudentID='0000000001'
```

为了防止出现丢失行的现象，确保在数据经修改后仍可以通过视图查询到，应让视图使用 CHECK OPTION 选项。关于视图选项的内容会在稍后的小节中讲述。

另外，更新视图时应注意该视图是否是多个表联接后得到的结果，这种情况下更新只会影响联接的一端。尤其是用户修改时不知道修改的对象不是表而是视图时，视图更新后很可能会出现意料之外的结果。

执行下面的语句，创建示例表 Customers 和 Orders。

```
--创建实验环境
IF OBJECT_ID('Customers')IS NOT NULL DROP TABLE Customers
IF OBJECT_ID('Orders')IS NOT NULL DROP TABLE Orders
GO
CREATE TABLE Customers
(
    cid int NOT NULL PRIMARY KEY,
    cname varchar(25)NOT NULL
)
GO
INSERT INTO Customers VALUES(1,'cust1'),(2,'cust2')
CREATE TABLE Orders
(
    oid int NOT NULL PRIMARY KEY,
    cid int NOT NULL REFERENCES Customers
)
GO
INSERT Orders VALUES(1001,1),(1002,1),(1003,1),(2001,2),(2002,2),(2003,2)
--创建使用了联接的视图 v_custorders
IF OBJECT_ID('v_custorders','V')IS NOT NULL DROP VIEW v_custorders
GO
CREATE VIEW v_custorders
AS
SELECT c.cid,c.cname,o.oid FROM Customers c
    JOIN Orders o    ON c.cid=o.cid
```

--查询该视图
SELECT * FROM v_custorders

图 10-6 所示的视图查询结果中，cid=1 的顾客有 3 笔订单，订单号 oid 分别是 1001、1002 和 1003。执行下面的语句更新记录并查询结果，仅按照更新语句的逻辑，应当只会修改图 10-6 中的第一行记录，而从图 10-7 显示的实际结果中可以发现，前 3 条记录都被更改，同时基表 Customers 对应的记录也被修改。实际上，更新视图时更新的是基表 cid=1 的 cname 列。

```
UPDATE v_custorders SET cname='cust3' WHERE oid=1001        --更新视图中的某一行
SELECT * FROM Customers            --查询基表
SELECT * FROM v_custorders         --查询更新后的视图
```

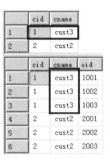

	cid	cname	oid
1	1	cust1	1001
2	1	cust1	1002
3	1	cust1	1003
4	2	cust2	2001
5	2	cust2	2002
6	2	cust2	2003

图 10-6　基于联接的视图　　　　图 10-7　oid 为 1002 和 1003 的记录也被修改

关于视图更新和查询，应该根据视图的原理分析。标准视图的存储形式只是查询语句，因此更新或查询视图时会连带更新或查询基表。如果对视图赋予增、删、改、查的权限，同时又对基表拒绝增、删、改、查的权限，则这样只能对视图进行操作，保证了基表的安全性和不可见性。

10.2.3　修改和删除视图

1. 修改视图

如果需要更改视图，可以使用 ALTER VIEW 语句进行修改。因为视图的结构是通过 SELECT 语句定义的，因此关于结构上的修改应直接修改视图中的 SELECT 语句。例如新增一列、删除一列或重命名某一列等。

例如使用下面的语句在 v_netStudent 视图中添加 age 列。

```
ALTER VIEW v_netStudent
AS
SELECT StudentID,Sname,Sex,Class,DATEDIFF(YY,Birthday,GETDATE())AS age
FROM Tstudent
WHERE Class = '网络班'
```

重命名视图可以使用存储过程 sp_rename 来完成。例如下面的语句将 v_test1 重命名为 v_test2。

```
EXEC sys.sp_rename 'v_test1','v_test2','object'
```

当然，对视图中列的重命名也可以使用 sp_rename。例如下面的语句将 v_test2 中的 Class 列重命名为 Class1。注意语句中旧列指定了视图名作标识限定。

```
EXEC sp_rename 'v_test1.Class','Class1','column'
```

2．删除视图

使用 DROP VIEW 从当前数据库中删除一个或多个视图。

下面的语句同时删除前面创建的 v_test2、v_netStudent1、v_netStudent2 和 v_custorders 四个视图。

```
DROP VIEW v_test2,v_netStudent1,v_netStudent2,v_custorders
```

10.3　视图选项

在创建视图时，可以指定视图选项以满足某些特定需求。在 CREATE VIEW 或 ALTER VIEW 语句中，可以通过 WITH 指定 ENCRYPTION、SCHEMABINDING 和 CHECK OPTION 选项。

10.3.1　使用 ENCRYPTION 选项

在一般情况下，定义对象的语句会存储在数据库中的一张底层表中，通过某些方式可以查询到这些定义语句。视图也是一种对象，创建它的语句也能够查询到。

例如前面创建视图 v_netStudent 的语句可以通过下面的两种方式查询得到，结果如图 10-8 所示。

```
EXEC sp_helptext 'v_netStudent'
SELECT OBJECT_DEFINITION(OBJECT_ID('v_netStudent'))
```

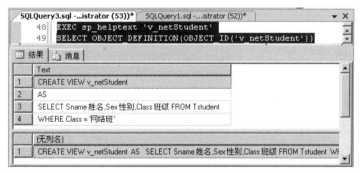

图 10-8　查询创建视图的语句

小知识

　　使用 sp_helptext 或者 OBJECT_DEFINITION 除了可以查询视图的定义语句外，还可以查询存储过程、用户自定义函数、触发器和计算列的定义语句。

　　如果不想让定义语句被查询，可以在创建或修改视图时使用 WITH ENCRYPTION 选项加密这些显式文本。

　　还是以视图 v_netStudent 为例，通过 ALTER VIEW 加上 ENCRYPTION 选项。

```
ALTER VIEW v_netStudent WITH ENCRYPTION
AS
SELECT StudentID,Sname,Sex,Class FROM Tstudent
WHERE Class = '网络班'
```

　　再去查询视图的创建语句时，将得到"对象 'v_netStudent' 的文本已加密"的结果。

10.3.2　使用 SCHEMABINDING 选项

　　在一般情况下，视图创建后可以修改基表的定义，甚至还可以删除基表。显然在这样的情况下，查询已经定义好的视图有可能会失败。如果指定 SCHEMABINDING 选项将视图绑定到基表的架构上，则不能删除参与了视图的基表或基视图，也不能删除视图引用列，并且不能修改引用列的定义。必须首先修改或删除视图定义本身，才能删除或修改它们之间的依赖关系。

　　如果使用 SCHEMABINDING 选项，则定义视图时的查询语句中引用的表或视图必须以两部分名称（schema.object)的方式引用，而不能是一部分、三部分或四部分的方式，并且视图定义语句中 SELECT 列列表不能使用"*"。

　　只凭文字介绍，SCHEMABINDING 的作用和限制并不容易理解，下面的示例能很好地做出解释。修改 v_netStudent 视图，加上 SCHEMABINDING 选项。

```
ALTER VIEW v_netStudent WITH ENCRYPTION,SCHEMABINDING
AS
SELECT StudentID,Sname,Sex,Class FROM dbo.Tstudent
WHERE Class = '网络班'
```

　　如图 10-9 所示，在查询语句中引用表时以两部分名称 dbo.Tstudent 引用，并且 SELECT 列表中不使用"*"代表所有列。

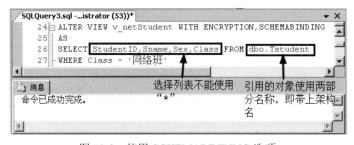

图 10-9　使用 SCHEMABINDING 选项

　　将视图绑定到基表架构上后，再去修改影响到视图定义的基表时，数据库引擎将会报错，错误如图 10-10 所示。

```
ALTER TABLE Tstudent ALTER COLUMN Sname varchar(20)        --修改 Sname 列数据类型
GO
```

```
ALTER TABLE Tstudent DROP COLUMN Sname          --删除 Sname 列
GO
DROP TABLE Tstudent      --删除 Tstudent 表
```

```
消息 5074，级别 16，状态 1，第 1 行
对象'v_netStudent' 依赖于 列'Sname'。
消息 4922，级别 16，状态 9，第 1 行
由于一个或多个对象访问此列，ALTER TABLE ALTER COLUMN Sname 失败。
消息 5074，级别 16，状态 1，第 1 行
对象'v_netStudent' 依赖于 列'sname'。
消息 4922，级别 16，状态 9，第 1 行
由于一个或多个对象访问此列，ALTER TABLE DROP COLUMN sname 失败。
消息 3729，级别 16，状态 1，第 1 行
无法对 'Tstudent' 执行 DROP TABLE，因为对象 'v_netStudent' 正引用
```

图 10-10　视图绑定后无法修改受影响的列

若需要删除或修改基表中被绑定的列，必须先修改或删除视图以移除 SCHEMABINDING 属性，才能成功删除或修改这些绑定列。

使用 WITH SCHEMABINDING 选项不会影响基表中那些未被绑定的列。如 v_netStudent 没有绑定 Birthday 列，因此可以修改该列的属性。

10.3.3　使用 CHECK OPTION 选项

在第 8 章中讲述了数据的完整性，其中 CHECK 约束是通过检查指定的条件来实现域完整性。在创建视图时，同样可以添加条件检查选项，限制修改视图数据对基表数据的影响。

在创建视图 v_netStudent 时指定了用于筛选网络班学生的条件，但是未指定 WITH CHECK OPTION 选项，这就意味着可以通过该视图把不是网络班的学生插入到基表中，也可以通过视图将查询到的记录修改为非网络班。例如下面的代码就实现了通过视图插入测试班学生的记录。

```
INSERT INTO v_netStudent VALUES('0000000009','张庆力','男','测试班')
```

但是因为 v_netStudent 查询的只有网络班的学生，所以这个视图无法查询到刚才插入的记录。要查询刚才插入的记录，需要直接去查询基表。如图 10-11 所示，在输出结果中确实显示了刚才插入的新记录，但是查询视图的结果中却缺少了该条记录。

	StudentID	Sname	Sex	Birthday	Email	Class
1	0000000001	邓咏桂	男	1981-09-23...	dengyonggui@ne...	网络班
2	0000000002	蔡毓发	男	1987-09-26...	caiyufa@91xueit....	开发班
3	0000000003	袁冰霖	女	1989-11-03...	yuanbinglin@91x...	开发班
4	0000000004	许艺莉	女	NULL	xuyili@network.com	网络班
5	0000000005	袁冰琳	男	1984-04-27...	yuanbinglin@91x...	开发班
6	0000000006	康固绍	男	1987-02-23...	kanggushao@91...	开发班
7	0000000007	韩立刚	男	1983-03-20...	hanligang@netw...	网络班
8	0000000008	潘昭丽	女	1988-02-14...	panzhaoli@91xue...	测试班
9	0000000009	张庆力	男	NULL	NULL	测试班

	StudentID	Sname	Sex	Class
1	0000000001	邓咏桂	男	网络班
2	0000000004	许艺莉	女	网络班
3	0000000007	韩立刚	男	网络班

图 10-11　无法查询通过视图插入的非网络班学生

类似地，如果通过视图来更新学生信息，将 Class 修改成非网络班，这些修改也会传递给基表 Tstudent，再去使用视图查询时，被修改的这些记录就无法显示，因为它们已经不满足视图的筛选条件了。

如果要避免这种通过视图修改基表而与视图筛选条件冲突的情况，可以使用 CHECK OPTION 选项，代码参考如下：

```
ALTER VIEW v_netStudent WITH ENCRYPTION,SCHEMABINDING
AS
SELECT StudentID,Sname,Sex,Class FROM dbo.Tstudent
WHERE Class = '网络班'
WITH CHECK OPTION
```

加上 CHECK OPTION 后，再执行刚才的插入和修改操作，数据库引擎将会报错。

> **注意**：ENCRYPTION 选项是对创建视图的语句进行加密，SCHEMABINDING 选项是作用在表结构层面上的，而 CHECK OPTION 选项是作用在数据层面上的。

完成后删除插入的示例数据。

```
DELETE Tstudent WHERE StudentID='0000000009'
```

10.4 使用索引视图

在视图上创建了唯一聚集索引后的视图称为索引视图，它能提高查询的性能。索引视图与标准视图最大的区别在于索引视图会存储物理数据，而且数据是有序的。在视图上创建唯一聚集索引时，视图的结果集会被物理化，这些结果集存储在索引的叶级页中。

索引视图的索引是动态的，因为基表数据的更改会自动反映到索引视图中。可以用两种方式来使用索引视图：一种是直接在查询语句中引用索引视图，另一种是查询语句中未引用索引视图，但查询的数据经过查询优化器计算，比使用基表查询开销更低。也就是说，即使 SQL 语句中 FROM 子句没有引用索引视图，SQL Server 查询优化器也会尝试使用索引视图，这是索引视图与常规索引最大的区别。

创建索引视图有许多要求和限制，主要需要满足以下条件：

（1）必须引用基表创建索引视图而不能引用视图来创建，并且引用的表和要创建的索引视图要位于同一数据库，二者的所有者要相同。

（2）在视图上创建的第一个索引必须是 unique 并且 clustered 的索引，之后才可以创建 nonclustered 索引。

（3）必须设置 WITH SCHEMABINDING 选项。这一点要求引用的对象必须使用两部分名称，并且在 select 的选择列表中不能使用 "*"。

（4）当使用了聚合函数时必须在选择列表新增 COUNT_BIG(*)聚合列，并且使用聚合函数的列应该有 NOT NULL 限制。

COUNT_BIG(*)的作用和 COUNT(*)相同，唯一不同的是 COUNT_BIG(*)返回的是 bigint 数据类型。

10.4.1　创建索引视图

与常规索引创建方式一样，可以使用 CREATE INDEX 语句对视图创建索引。下面的语句首先创建了视图 v_idx_SumScore，该视图用于查询学生的学号、姓名和每个学生的总分，然后在该视图上创建了唯一聚集索引 idx_SumScore。可以发现，在创建视图前，首先将需要参与聚合的列 Mark 属性修改为 NOT NULL，然后定义视图时还指定了 WITH SCHEMABINDING 选项，同时在视图的 SELECT 列表中添加了一列 COUNT_BIG(*)，最后在创建索引时还指定了唯一聚集索引。

```
--将需要聚合的列改为 NOT NULL
ALTER TABLE Tscore ALTER COLUMN Mark decimal(18,0)NOT NULL
GO
--创建视图
CREATE VIEW v_idx_SumScore WITH SCHEMABINDING
AS
SELECT a.StudentID 学号,Sname 姓名,SUM(Mark)总分,COUNT_BIG(*)AS COUNT
FROM dbo.Tstudent a
    JOIN dbo.Tscore b
        ON a.StudentID = b.StudentID
GROUP BY a.StudentID,Sname
GO
--在视图 v_idx_SumScore 上创建唯一聚集索引
CREATE UNIQUE CLUSTERED INDEX idx_SumScore ON v_idx_SumScore(学号)
```

10.4.2　索引视图的性能

打开"包括实际的执行计划"并执行下面的查询语句。

```
SELECT 学号,姓名,总分 FROM v_idx_SumScore
```

该查询语句得到的执行计划如图 10-12 所示，发现在查询视图时已经使用了视图自己的索引，而不是扫描的基表数据。

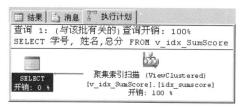

图 10-12　查询使用了视图索引

再执行下面的语句，执行计划如图 10-13 所示。

```
SELECT a.StudentID,Sname,SUM(Mark),AVG(Mark)
FROM Tstudent a
 JOIN Tscore b
  ON a.StudentID = b.StudentID
GROUP BY a.StudentID,Sname
```

图 10-13　未直接引用索引视图时也使用了视图索引

观察图 10-13，发现该查询也使用了索引视图上的索引 idx_sumscore。尽管在上面的查询语句中并未直接查询索引视图 v_idx_SumScore，而是查询的基表 Tstudent 和 Tscore，并且注意到在查询语句中平均分 AVG(Mark)不是索引视图 v_idx_SumScore 中的列。

由此可见，查询优化器会在有索引视图的情况下尝试使用视图索引，这是索引视图最大的优点。

和常规索引一样，当数据更改时也会消耗性能去维护视图索引，而且基表的数据更改也会修改索引视图。因此，如果经常更改基表数据，维护索引视图数据的成本可能超过使用索引视图带来的性能收益。

10.4.3　更新索引视图

尽管索引视图存储了属于自己的数据，但是更新索引视图数据时也一样会连带修改基表数据。

下面的语句基于 Tstudent 表创建了索引视图 v_test3。

```
CREATE VIEW v_test3 WITH SCHEMABINDING
AS
SELECT StudentID,Sname,Sex,ClassFROM dbo.Tstudent
GO
CREATE UNIQUE CLUSTERED idx1 ON v_test3(StudentID)
```

使用下面的更新语句，将 StudentID 为 "0000000001" 的学生姓名由 "张庆力" 更改为 "邓咏桂"。查询 Tstudent，结果如图 10-14 所示。

```
UPDATE v_test3 SET Sname='邓咏桂'WHERE StudentID='0000000001'
```

更新索引视图时，也一样要满足视图的更新条件。如只能更新直接引用的列，不能更新受聚合函数影响的列，不能更新受 GROUP BY 影响的列等。

下面的语句更新索引视图 v_idx_SumScore 中的姓名列，因为定义索引视图时姓名列参与了 GROUP BY 子句的分组，所以更新会失败。

```
UPDATE v_idx_SumScore SET 姓名='张庆力' WHERE  学号='0000000001'
```

	StudentID	Sname	Sex	Birthday	Email	Class
1	0000000001	邓咏桂	男	1981-09-23 00:00:00.000	dengyonggui@network.com	网络班
2	0000000002	蔡毓发	男	1987-09-26 00:00:00.000	caiyufa@91xueit.com	开发班
3	0000000003	袁冰霖	女	1989-11-03 00:00:00.000	yuanbinglin@91xueit.com	开发班
4	0000000004	许艺莉	女	NULL	xuyili@network.com	网络班
5	0000000005	袁冰琳	男	1984-04-27 00:00:00.000	yuanbinglin@91xueit.com	开发班
6	0000000006	康固绍	男	1987-02-23 00:00:00.000	kanggushao@91xueit.com	开发班
7	0000000007	韩立刚	男	1983-03-20 00:00:00.000	hanligang@network.com	网络班
8	0000000008	潘昭丽	女	1988-02-14 00:00:00.000	panzhaoli@91xueit.com	测试班

图 10-14　修改索引视图也会修改基表

10.5　视图的优点

本章对视图做了详细的讲述，可以总结出视图在数据库中的一些优点。

（1）视图可以帮助用户集中数据。

定义视图时，可以将一张表或多张表（或视图）中用户需要的数据计算整理并呈现出来，用户可以像处理表中的数据一样来处理视图中的数据。创建视图也就创建了一个受控的环境，它允许对特定数据的访问，同时又隐藏非必要的、敏感的或不合适的数据，这也提高了数据的安全性，因为用户只能看到视图中定义的数据，而不是基表中的数据。

（2）隐藏底层数据的复杂性。

视图对用户隐藏了底层数据的复杂性。在一个视图中，可能引用了多个基表甚至这些基表来源于不同服务器实例，也许每张表中的数据和查询语句也很复杂，但是只要视图定义完成，用户面对的就只是一个视图，视图呈现出来的数据正是用户所感兴趣的，同时也不会影响用户和数据库的交互。

此外，可以用更易于理解的别名来创建视图，而不是数据库中常用的晦涩难懂的英文名称，这样呈现给用户的数据名称会更友好。

（3）简化对数据的操作。

视图可以简化用户处理数据的方式。可以将频繁使用的 JOIN 语句、UNION 查询等定义为视图，以使用户不必每次在对这些数据执行操作时都指定所有条件和限定。例如，如果要从一组表中执行子查询、多表联接和聚合操作，这样复杂而又频繁使用的查询可以定义为视图，以后需要执行这些操作查询需要的数据时，只需要简单地查询视图即可，而且还可以在视图中再次简化查询。

（4）简化用户权限的管理。

数据库管理员可以授予用户只通过视图查询数据的权限，而不是授予他们查询基表中特定列的权限，这也可以防止对基表的设计进行更改。

除了以上 4 个优点外，视图还有其他的优点，如导入和导出数据、限制用户访问等。总之，在合适的场景应用视图是很有必要的甚至是必须的。

10
Chapter

11

存储过程

 主要内容

- 📖 了解存储过程的分类
- 📖 熟练创建和修改无参数、有参数的存储过程
- 📖 掌握存储过程的命名规范
- 📖 掌握在存储过程中添加流程控制语句的方法
- 📖 了解存储过程的优缺点

顾名思义，存储过程（Stored Procedure）是"过程"的，和其他编程语言的过程相似。存储过程是一段可执行的服务端程序，一个存储过程可以集合多条 SQL 语句，当它和服务器进行数据交互时，不管存储过程中包含有多少条 SQL 语句，服务器都会将它们作为一个事务进行处理并缓存它的执行计划。

存储过程封装了语句，在编程角度考虑，它提高了复用性。和视图类似，它隐藏了数据库的复杂性，通过和视图类似的授权方式它还提高了数据库的安全性。同时，作为一种数据库对象，存储过程可以在需要时直接调用。

本章主要介绍存储过程的创建、修改以及注意事项和存储过程的特性。

11.1 存储过程的类型

存储过程可分为系统存储过程、扩展存储过程和用户自定义存储过程，其中用户自定义存储过程是学习存储过程的重点。

11.1.1　系统存储过程

在前面出现的 sp_help、sp_helpdb、sp_rename 等，它们的存在有些是为了简化操作，有些是具有特殊执行意义，在 SQL Server 中，这种存储过程被称为系统存储过程。在 master 数据库中存储了所有的系统存储过程，它们都使用"sp_"作为命名前缀；在其他系统数据库（如 tempdb）和用户自定义数据库中存储了部分系统存储过程，这些存储过程都包含在数据库的 sys 架构中，因此可以在任何数据库下直接使用这些系统存储过程。

例如使用 sp_helpdb 这个系统存储过程查看 SchoolDB 数据库的相关信息。

```
EXEC sys.sp_helpdb 'SchoolDB'
```

11.1.2　扩展存储过程

扩展存储过程是使用编程语言创建的存储过程，在物理上，它们存储在外部文件（.dll 文件）中，执行扩展存储过程时会将其加载到 SQL Server 中；在逻辑上，它们仅存在于 master 数据库中，使用"xp_"作为命名前缀。

过去，只靠基本的 T-SQL 语言和系统提供的基本功能无法完成所需的要求时，使用扩展存储过程就可以帮助解决问题。由于从 SQL Server 2005 开始，SQL Server 开始支持.NET 语言，现在可以直接使用.NET 语言来编写函数、存储过程和触发器来替代类似于扩展存储过程的功能，这种类型的函数、存储过程和触发器分别称为 CLR 函数、CLR 存储过程、CLR 触发器。因此，对于 SQL Server 来说，扩展存储过程的比重大大降低，它离被淘汰已经不远了，在微软官方也已经说明了将在未来的版本中删除扩展存储过程的功能，我们应当尽量避免使用扩展存储过程。

因为扩展存储过程执行时会加载文件，而且有些是数据库以外的功能，所以有部分扩展存储过程的功能默认是未开启状态，例如 xp_cmdshell，该扩展存储过程可以在 SQL Server 中执行 cmd 中的命令。

下面是开启 xp_cmdshell 功能并使用它的一个示例。

```
--sp_configure 用来配置服务器级别的设置
EXEC sp_configure 'show advanced options',1
RECONFIGURE
--开启 xp_cmdshell 功能
EXEC sp_configure 'xp_cmdshell',1
RECONFIGURE
--使用 xp_cmdshell 来 ping 百度
EXEC xp_cmdshell 'ping www.baidu.com'
```

返回结果如图 11-1 所示，这和直接在 cmd 窗口 ping 的结果是一样的。

11.1.3　用户自定义存储过程

用户可以自己定义存储过程。根据所使用的语言，可以分为 SQL 存储过程和 CLR 存储过程。SQL 存储过程是保存在服务器中的一个 SQL 语句集合，它可以接收和返回用户提供的参数、添加流程控制语句、提供错误捕获并给出提示信息等。它的功能非常灵活，是数据库开发人员应该重点掌握的知识。

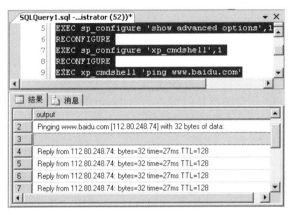

图 11-1　xp_cmdshell 的 ping

11.2　SQL 存储过程

存储过程可以使用 CREATE PROCEDURE 或者简写的 CREATE PROC 来创建。在存储过程的定义语句中可以包含任意数量和类型的 SQL 语句，但是下面的语句除外：

CREATE AGGREGATE	CREATE RULE
CREATE DEFAULT	CREATE SCHEMA
CREATE 或 ALTER FUNCTION	CREATE 或 ALTER TRIGGER
CREATE 或 ALTER PROCEDURE	CREATE 或 ALTER VIEW
SET PARSEONLY	SET SHOWPLAN_ALL
SET SHOWPLAN_TEXT	SET SHOWPLAN_XML
USE database_name	

可以看出，在存储过程的定义语句中不能创建和修改大部分对象，事实上大部分非表对象的 CREATE 或 ALTER 语句都不能和其他对象的 CREATE 或 ALTER 语句共存。但是可以包含输入/输出参数、局部变量、数字和字符运算、赋值过程、数据库操作和流程控制的逻辑语句。

根据存储过程定义语句中是否包含参数可以分为无参存储过程和有参存储过程。

11.2.1　创建无参数的存储过程

无参数的存储过程的创建和视图很相似，都使用 AS 关键字，在 AS 关键字后都是代码主体，有所区别的是视图的代码主体只能是 SELECT 语句，而存储过程的代码主体在规则范围内可以千变万化。

例如以下代码，它创建了一个最基本最简单的存储过程 getNetwork，在这里它的创建语句和视图的创建语句如出一辙。

```
CREATE PROC dbo.getNetwork     --PROC 可以替换为 PROCEDURE
AS
SELECT * FROM Tstudent WHERE Class='网络班'
```

执行或调用存储过程使用 EXECUTE 或者简写的 EXEC 语句。如果要执行的存储过程是批处理中的第一条语句，则可以省略 EXEC 直接写存储过程名执行，否则必须加上 EXEC。

例如使用 dbo.getNetwork 查询网络班的学生，得到的结果如图 11-2 所示。

```
dbo.getNetwork
EXEC dbo.getNetwork
```

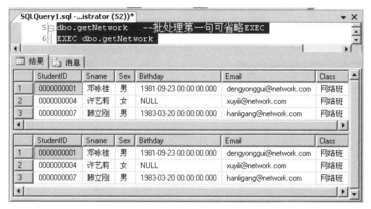

图 11-2　执行存储过程 dbo.getNetwork

除了在存储过程中使用查询语句外，还可以使用其他几乎所有的逻辑和语句。例如创建存储过程用于创建表、向表中插入记录、删除记录、删除表等功能。

```
USE tempdb
GO
CREATE PROC usp_test
AS
CREATE TABLE tab_test(a INT NOT NULL ,b VARCHAR(10));
INSERT INTO tab_test VALUES ( 1,'A'),(2,'B');
CREATE INDEX idx_test ON dbo.tab_test(a);
```

建议命名存储过程时不要使用"sp_"作为前缀，因为 SQL Server 的系统存储过程是以"sp_"开头的，这很可能会导致自定义创建的存储过程和系统存储过程冲突而不执行自定义创建的存储过程。

下面的示例就演示了这种行为。sp_who 是一个系统存储过程，它的架构是 sys，尽管创建sp_who 时指定了 dbo 架构（不指定时默认也是 dbo），但执行时还是会冲突，结果如图 11-3 所示。

```
CREATE PROC dbo.sp_who
AS
SELECT * FROM Tstudent WHERE Class='网络班'
GO
EXEC sys.sp_who        --执行系统存储过程 sys.sp_who
EXEC dbo.sp_who        --虽然指定了架构名，但还是执行了 sys.sp_who
```

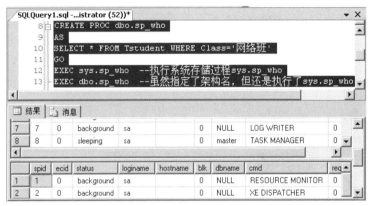

图 11-3　和系统存储过程冲突的 dbo.sp_who 不会被执行

11.2.2　修改和删除存储过程

需要修改存储过程时可以使用 ALTER PROC 语句，它和修改视图的方式是一样的。

删除存储过程使用 DROP PROC 语句。

```
--修改 dbo.getNetwork 存储过程
ALTER PROC dbo.getNetwork
AS
SELECT * FROM Tstudent WHERE Class='网络班'
UNION
SELECT * FROM Tstudent WHERE Class='测试班'
GO
--重命名存储过程为 getNetwork1，注意新名称不显式指定架构
EXEC sp_rename 'dbo.getNetwork' ,'getNetwork1','OBJECT'
GO
DROP PROC dbo.sp_who     --删除刚才创建的 dbo.sp_who
```

删除存储过程时，应该先查询它的依赖性，其他调用程序是否会因为删除存储过程而引发问题。可以使用系统存储过程 sp_denpends 来查询当前数据库对象的引用和被引用信息。

例如查询 dbo.getNetwork1 的依赖信息，结果如图 11-4 所示。在结果中给出了依赖的对象和相关信息，在消息框中指明了是存储过程引用了结果中的 dbo.Tstudent 表。

```
EXEC sp_depends 'getNetwork1'
```

使用 sp_denpends 查询 dbo.Tstudent 表的依赖性，结果如图 11-5 所示，可以发现，在消息框中给出的是 Tstudent 被哪些对象引用的信息。

EXEC sp_depends 'Tstudent'

	name	type	updated	selected	column
1	dbo.Tstudent	user table	no	yes	StudentID
2	dbo.Tstudent	user table	no	yes	Sname
3	dbo.Tstudent	user table	no	yes	Sex
4	dbo.Tstudent	user table	no	yes	Birthday
5	dbo.Tstudent	user table	no	yes	Email
6	dbo.Tstudent	user table	no	yes	Class

	name	type
1	dbo.getNetwork1	stored procedure
2	dbo.usp_getCount	stored procedure
3	dbo.usp_getStudent	stored procedure

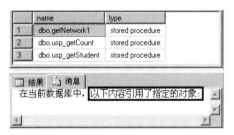

图 11-4　查询 dbo.getNetwork1 的依赖信息　　　　图 11-5　查询 Tstudent 表的依赖性

11.2.3　创建带参数的存储过程

存储过程之所以功能丰富灵活，是因为在定义存储过程时可以包含参数，而且通过参数配合逻辑可以创建出更通用的功能。

存储过程的参数定义在存储过程名称后面，AS 关键字前面。存储过程的参数分为输入参数和输出参数，当程序执行存储过程时，可以通过输入参数向该存储过程传递值，也可以通过 OUTPUT 将值输出到调用存储过程的程序。每个参数都有参数名称、数据类型、方向（输入参数、输出参数）和默认值这几个选项。

1.　指定参数的名称和数据类型

对于含参存储过程，指定参数名和数据类型是必须的。参数名都使用@符号（和变量名一样）开头，但不能使用@@开头，因为这是 SQL Server 用于标识系统内置特殊函数的符号，名称中不能使用空格。

例如下面创建的 usp_getStudent 存储过程用于查询某个班级中高于指定分数的学生，这里面包含了@SumMark 和@Class 两个参数，分别用于传递指定的分数和指定的班级。

```
CREATE PROC dbo.usp_getStudent
@SumMark int,
@Class varchar(20)
AS
SELECT a.StudentID,a.Sname,a.Class,SUM(b.Mark)AS SumMark
FROM Tstudent a
    JOIN Tscore b
    ON a.StudentID=b.StudentID
GROUP BY a.StudentID,a.Sname,a.Class
HAVING SUM(b.Mark)>@SumMark AND Class=@Class
```

例如使用这个存储过程查询开发班里总分高于 180 分的学生。下面的语句中，前三次调用都能正确执行，因为指定的参数都能正确传递到存储过程中；第四次调用语句执行失败，因为 SQL Server 会试图将"开发班"这个 varchar 类型的参数值传递给 int 类型的@SumMark，这两种数据类型是不能转换的。

```
EXEC dbo.usp_getStudent @SumMark=180,@Class='开发班'        --显式指定参数名
EXEC dbo.usp_getStudent @Class='开发班',@SumMark=180        --显式指定参数名
EXEC dbo.usp_getStudent 180,'开发班'      --未指定参数名,但和参数列表顺序一样
EXEC dbo.usp_getStudent '开发班',180      --执行失败
```

也就是说,在执行存储过程时,既可以直接指定要传递的参数值,也可以显式指定参数名和对应的参数值。如果以显式指定参数名的方式传递参数,则可以按任意顺序指定参数名;如果不指定参数名直接传递参数,则参数的顺序必须和存储过程定义语句中的参数顺序(从左到右)一致。另外,执行存储过程时指定的参数数据类型应保证和定义的参数数据类型兼容。

2. 指定参数的默认值

还可以按需求在存储过程定义语句中为参数设定默认值,这样可以在执行存储过程的语句中不指定该参数值而使用默认值。参数默认值的设定方式也和变量默认值的设定方式一样,在数据类型后面直接赋值。

例如修改上面的存储过程 usp_getStudent,设置@SumMark 的默认值为 0。

```
ALTER PROC dbo.usp_getStudent
@SumMark int =0,
@Class varchar(20)
AS
SELECT a.StudentID,a.Sname,a.Class,SUM(b.Mark)AS SumMark
FROM Tstudent a
    JOIN Tscore b
    ON a.StudentID=b.StudentID
GROUP BY a.StudentID,a.Sname,a.Class
HAVING SUM(b.Mark)>@SumMark AND Class=@Class
```

以后执行 usp_getStudent 时,可以只为@Class 参数提供参数值,也可以使用关键字表示默认值。

```
EXEC dbo.usp_getStudent @Class='开发班'
EXEC dbo.usp_getStudent DEFAULT,'开发班'
```

但是下面的语句是错误的,因为默认值参数@SumMark 定义在@Class 的前面。所以最好将具有默认值的参数定义在参数列表的末尾,以便参数能正确传递。

```
EXEC dbo.usp_getStudent '开发班'
```

3. 设定输出参数

默认情况下,所有的参数都是输入参数。可以指定输出参数用于满足部分需求。

例如创建存储过程 usp_getCount,用于查询指定班级中总分高于指定分数的学生总共有多少人。下面的语句中使用 CTE,该 CTE 的作用和前面创建的存储过程 usp_getStudent 的作用一样,用于获取指定班级中总分高于指定分数的学生;@Sum 作为输出参数,设置了该参数的值为 COUNT(StudentID);最后在调用该存储过程时先声明了变量@id,并在 EXEC 语句中指定了 OUTPUT 关键字。

```
--创建含有输出参数的存储过程 usp_getCount
```

```
CREATE PROC usp_getCount
@SumMark int =0,
@Class varchar(20),
@Sum int OUTPUT        --输出参数指定 OUTPUT 关键字
AS
BEGIN
    WITH T1 AS
    (SELECT    a.StudentID,a.Sname,a.Class,SUM(b.Mark)AS SumMark
    FROM Tstudent a
        JOIN Tscore b
        ON a.StudentID=b.StudentID
    GROUP BY a.StudentID,a.Sname,a.Class
    HAVING SUM(b.Mark)>@SumMark AND Class=@Class)
    SELECT @Sum=COUNT(StudentID)FROM T1
END
--调用该存储过程
DECLARE @id int        --声明一个变量用于接收输出参数
EXEC usp_getstudent 180,'开发班',@id OUTPUT        --在输出参数位置指定变量和 OUTPUT
SELECT @id
```

从上面的示例中可以总结出，要使用输出参数应该注意以下几点：

（1）在存储过程的参数定义中使用 OUTPUT（或 OUT）关键字。

（2）根据需求在存储过程中为输出参数设定好输出值，一般使用 SET 或 SELECT 来设定。

（3）调用存储过程前先定义用于接收输出参数的变量，并在 EXEC 语句中使用 OUTPUT（或 OUT）关键字告诉 SQL Server 该参数需要特殊处理。

（4）接收输出参数的变量名和输出参数名可以不相同。

11.2.4　获取存储过程的执行结果

执行有些存储过程会获得表格结果，有时候需要将这些结果保留下来或者当成一个临时结果集。要完成这一需求，只需要进行以下两步：

（1）创建一张和存储过程执行结果集结构兼容的表（或临时表、表变量）。

（2）使用 INSERT INTO table_name EXEC proc_name 的语句格式完成数据保存。

例如下面的代码用于将 usp_getStudent 的执行结果保存下来。

```
--创建接收结果集的临时表
CREATE TABLE #tab(ID VARCHAR(10),Name VARCHAR(10),Class VARCHAR(10),SumMark int)
GO
--执行插入操作
INSERT #tab EXEC dbo.usp_getStudent @SumMark = 0, @Class = '开发班'
SELECT * FROM #tab        --查询临时表中的数据
```

上述处理方法只适用于结果集只有一个的存储过程。有些存储过程有多个结果集，例如执行"EXEC sp_help 'Tstudent'"得到的结果，对这类存储过程的结果集无法使用上述方法进行处理。

11.3　存储过程示例分析

以下代码是用于创建数字辅助表的一个经典方法。数字辅助表是一个只包含从 1 到 n（n 通常很大）之间所有整数的表，表结构虽然简单，但是用处很大。

```
USE tempdb
GO
SET NOCOUNT ON;
IF OBJECT_ID('usp_num')IS NOT NULL DROP PROC usp_num;
GO
CREATE PROC dbo.usp_num
@num INT = 100        --指定参数@num 用于接收要插入的行数，默认 100 行
AS
BEGIN
    IF OBJECT_ID('Num')IS NOT NULL DROP TABLE Num;
    CREATE TABLE Num(n INT NOT NULL PRIMARY KEY);          --创建数字辅助表 Num
    DECLARE @rn INT;                  --定义@rn 变量记录已插入的行数
    DECLARE @starttime DATETIME;      --@starttime 记录插入数据开始时间
    DECLARE @endtime DATETIME;        --@endtime 记录插入数据结束时间
    SET @rn = 1;
    SET @starttime=GETDATE()
    INSERT INTO dbo.Num VALUES(1);
    WHILE @rn * 2 < @num          --进入循环
        BEGIN
            INSERT INTO dbo.Num SELECT @rn + n FROM dbo.Num;
            SET @rn = @rn * 2;
        END;
    INSERT INTO dbo.Num SELECT n + @rn FROM dbo.Num WHERE @rn + n <= @num;
END;
SET @endtime=GETDATE();
SELECT DATEDIFF(ms,@starttime,@endtime);        --计算时间差
```

这段过程中，指定了参数@num 用于接收要插入的行数，并定义了变量@rn 用于记录已经插入到表中的行数。首先记录插入的开始时间并插入第一条记录，然后开始进入循环，每次@rn*2 小于@num 时，就翻倍插入后面的值，如前四次循环插入{2}、{3,4}、{5,6,7,8}、{9,10,11,12,13,14,15,16}，也就是说它是按照 2 的指数次循环插入的。直到插入的记录比@num 的一半多一点（如果再循环一次将超过@num）时循环结束，然后通过循环语句后的一条 INSERT 语句插入剩下的记录。

例如执行下面的语句插入 100 万条记录，所花时间为 5 秒多一点，结果如图 11-6 所示。

```
EXEC dbo.usp_num 1000000;
```

```
SELECT * FROM dbo.Num
```

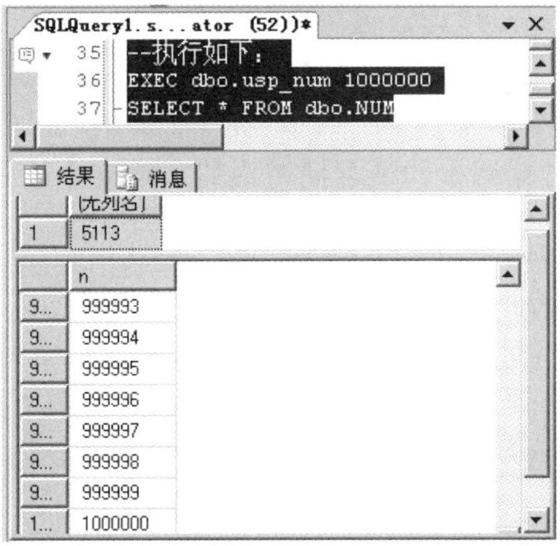

图 11-6　创建 100 万条记录的数字辅助表

该存储过程之所以效率较高，是因为大量减少了 INSERT 的执行次数。如上面插入 100 万条记录，INSERT 的执行次数为 21 次，第一次插入 n=1 的记录，进入循环后执行 19 次 INSERT，因为 2^{19}=524288，循环结束后执行一次 INSERT 批量插入 524289～100 万的记录。因此该过程极大地减少了对事务日志的写操作。

11.4　存储过程的解析特点

存储过程的解析和其他 T-SQL 语句创建的对象解析过程有所区别。创建存储过程时，SQL Server 会分析 SQL 语句的语法，语法正确的情况下会检查语句中包含的对象名和列名，如果对象名存在但是列名不存在，则存储过程会创建失败并报错，但是如果对象名不存在，则仍能够成功地创建存储过程。

存储过程成功创建后会将创建存储过程的文本存储在 sys.sql_modules 目录视图中。在执行存储过程时，查询处理器从 sys.sql_modules 目录视图中读取存储过程的文本并检查语句中包含的对象名是否存在，如果不存在则报错。这种特性称为延迟名称解析，能够延迟名称解析的对象只能是表、视图或内联表值函数。

下面的语句演示了存储过程的解析过程。

创建存储过程 usp_test，其中引用了表 T1。虽然在创建存储过程之前已经删除了 T1 表，但是该存储过程还是能成功创建。

```
USE tempdb
GO
IF OBJECT_ID('T1')IS NOT NULL DROP TABLE T1
IF OBJECT_ID('usp_test')IS NOT NULL DROP PROC usp_test
GO
```

```
CREATE PROC usp_test
AS
SELECT * FROM T1
GO
```

这个时候执行语句"EXEC usp_test"调用该存储过程将会报错，提示对象名 T1 无效。

创建 T1 表并插入一条数据用于验证存储过程的正确执行。

```
CREATE TABLE T1(a int)
INSERT INTO T1 VALUES(1)
```

再去执行该存储过程，发现可以执行成功。

执行下面的语句修改 usp_test，引用 T1 表中的 b 字段，因为此时 b 字段还没有创建，所以会报错，提示列名"b"无效。

```
ALTER PROC usp_test
AS
SELECT a,b FROM T1
```

关于存储过程的这种解析特性，可以将其理解为：SQL Server 认为创建对象是常用的操作，但是修改表结构（增、删、改列）是基本不进行的操作。

11.5　存储过程的编译、重编译

第一次执行创建的存储过程将会进入编译阶段。在编译阶段，将开始为 SQL Server 的查询生成执行计划并将执行计划缓存在内存中，以后再执行存储过程将可以重用已缓存的执行计划，从而减少了重新生成执行计划所需的资源。

在必要时（如添加了有利于存储过程的新索引、传递的参数和索引选择有关系时），会选择强制重新编译存储过程。SQL Server 提供了以下 4 种方式来强制存储过程的重编译：

（1）指定下次执行时重新编译。

可以使用系统存储过程 sp_recompile 来指定在下一次执行存储过程时进行重编译。例如以下语句对 Tstudent 表进行标记，使得依赖它的存储过程在下次运行时重新编译。

```
EXEC sp_recompile 'Tstudent'
```

也可以直接指定重新编译存储过程。

```
EXEC sp_recompile 'usp_getStudent'
```

（2）每次执行时都重编译存储过程。

在创建存储过程的语句中使用 WITH RECOMPILE 选项强制每次执行存储过程时都重新编译。使用了该选项后，将不会在缓存中保存存储过程的执行计划。如果存储过程每次执行时接受不同的参数值，而且这些值之间差异很大，从而造成每次都需要创建不同的执行计划，这种情况下使用该选项将会获益。该选项一般不用，因为每次执行存储过程都必须重新将其编译，从而导致存储过程执行得更慢。

例如修改 usp_getStudent 存储过程，指定它每次执行时都重新编译。

```
ALTER PROC dbo.usp_getStudent
@SumMark int = 0,
@Class varchar(20)
WITH RECOMPILE          --指定 WITH RECOMPILE 选项
AS
SELECT a.StudentID,a.Sname,a.Class,SUM(b.Mark)AS SumMark
FROM Tstudent a
    JOIN Tscore b
    ON a.StudentID=b.StudentID
GROUP BY a.StudentID,a.Sname,a.Class
HAVING SUM(b.Mark)>@SumMark AND Class=@Class
```

（3）语句级的重新编译。

指定 WITH RECOMPILE 选项将很可能得不偿失，如果只需要编译存储过程中的个别查询语句而不是整个存储过程，可以在需要重编译的查询语句内部指定 RECOMPILE 提示，这样其他的查询语句将仍可以使用原有已缓存的执行计划。

例如仍然修改 usp_getStudent 存储过程，在查询语句后面加上 RECOMPILE 提示。

```
ALTER PROC dbo.usp_getStudent
@SumMark int = 0,
@Class varchar(20)
AS
SELECT a.StudentID,a.Sname,a.Class,SUM(b.Mark)AS SumMark
FROM Tstudent a
    JOIN Tscore b
    ON a.StudentID=b.StudentID
GROUP BY a.StudentID,a.Sname,a.Class
HAVING SUM(b.Mark)>@SumMark AND Class=@Class
OPTION(RECOMPILE)       --该查询将每次都进行重编译
```

如果存储过程中只有一个查询语句，那么加上 RECOMPILE 和 WITH RECOMPILE 的效果是一样的，但是在存储过程中如果有多个查询语句，那么它将更有优势。

（4）在 EXEC 执行存储过程时指定重编译。

可以在执行存储过程时指定 WITH RECOMPILE 选项来强制本次重编译。

例如下面的语句指定该次执行过程要进行重新编译。

```
EXEC dbo.usp_getStudent @SumMark = 0, @Class = '开发班'   WITH RECOMPILE
```

11.6　使用存储过程的优缺点

存储过程具有很多优点，这些优点是仅仅使用 T-SQL 代码查询所不能比拟的。

（1）封装代码并创建可重用的应用程序逻辑。

（2）隐藏数据库的复杂性和细节。

（3）提供更好的安全性机制。用户可以无权访问存储过程所引用的表或视图，但是仍可以授予用户执行存储过程的权限。

（4）提高性能。存储过程将多个逻辑任务实现为一系列的语句，例如条件逻辑可应用在第一条语句的结果，以确定随后执行哪条 T-SQL 语句，所有这些语句称为服务器上单个执行计划的一部分。

（5）减少网络流量。用户只需要发送单条语句即可执行重复操作，而不是发送多条 T-SQL 语句，从而减少了在客户端和服务器之间传递的请求数。

一般来说，存储过程有助于提高性能，但是这不是绝对的。对于存储过程，最大的弊端在于它的"一次优化，多次使用"策略：除非手动干预（强制重编译），否则只会在第一次执行存储过程的时候或者当查询所涉及的表更新了统计信息时，才对存储过程进行优化。这种策略是一把双刃剑，应该根据实际情况进行选择。

12

用户自定义函数

 主要内容

- 熟练创建标量 UDF
- 掌握内联表值 UDF
- 掌握多语句表值 UDF
- 注意函数的调用事项和性能影响

在第 2 章中介绍了一些内置的系统函数,有聚合函数 AVG()和 SUM()、字符串函数 SUBSTRING()和 LTRIM()等,这些函数的作用就是实现特定的功能,简化并封装频繁执行的逻辑操作。除了这些内置函数,SQL Server 还允许创建用户自定义函数(User-Defined Functions, UDF)来扩展 SQL 语句功能。

12.1 UDF 简介

和存储过程类似,UDF 是一组有序的 T-SQL 语句,被预先优化和编译并作为一个事务来进行调用。函数可以接收 0 个或多个输入参数,但是它不支持输出参数。它和存储过程主要的区别在于返回结果的方式,函数的返回值可以是一个标量值,也可以是一个结果集。根据这一点,UDF 可以分为标量 UDF 和表值 UDF,表值 UDF 又可以分为内联表值函数和多语句表值函数。

在讲述 UDF 之前,需要明确 UDF 能干什么,不能干什么。UDF 可以嵌套到查询、约束和计算列中,也可以嵌套到其他的 UDF 中,正如系统函数一样使用;UDF 的定义语句中不能出现修改 UDF 外部对象的语句，也不能使用具有随机性的函数（如随机函数 RAND()），并且不能创建和访问临时表。

UDF 定义语句中可以使用的 SQL 语句类别如下：

- DECLARE 语句，用于声明函数内部的局部变量。
- 为函数内部的局部变量赋值操作，如 SET。
- EXECUTE 语句，调用扩展存储过程。
- SELECT 语句。
- INSERT、UPDATE 和 DELETE 语句，这些语句只能用于多语句表值函数，且只能针对函数内的局部表操作，而不能修改函数外部的表。

12.2 标量 UDF

返回单个数据值的 UDF 称为标量 UDF。它的创建方式很简单，在 UDF 的定义语句中，函数名后接输入参数列表并指定参数的数据类型，随后使用 RETURNS 子句设定该标量函数返回值的数据类型，在 AS 关键字之后是函数体，标量 UDF 的函数体都使用 BEGIN...END 来控制 SQL 语句块，最后使用 RETURN 语句来返回值，返回值的数据类型应当和 RETURNS 子句中声明的数据类型一致。

例如下面的语句创建了一个标量 UDF，用于根据输入参数@Mark 来返回对应的分数等级信息。

```
CREATE FUNCTION fn_getmark ( @Mark INT )
RETURNS VARCHAR(10)
AS
BEGIN
    RETURN CASE WHEN @Mark < 60 THEN '不及格'
            WHEN @Mark >=60 AND @Mark<70 THEN '及格'
            WHEN @Mark >=70 AND @Mark <90 THEN '良好'
            ELSE '优秀'
        END
END
```

现在可以在查询语句中调用该 UDF，将 Tscore 表的 Mark 列作为输入参数，结果如图 12-1所示。

```
SELECT a.StudentID 学号,a.Sname 姓名,a.Class 班级,b.subjectID 课程,
        b.Mark 分数,dbo.fn_getmark(b.Mark)信息
FROM Tstudent a
JOIN Tscore b
ON a.StudentID = b.StudentID
```

在调用用户自定义函数时有以下一些限制：

（1）必须指定它的架构名。

图 12-1　使用 UDF

（2）不能忽略函数的输入参数，哪怕输入参数设定了默认值，如果要使用默认值作为输入值，则可以指定 DEFAULT 来表示。

（3）默认情况下调用函数时如果输入的参数中含有 NULL，函数会继续执行下去，可以在创建函数时指定 RETURNS NULL ON NULL INPUT 选项来跳出函数的执行并直接返回 NULL。

再例如下面的示例，以学生的 Birthday 作为函数的输入参数返回学生的年龄信息。

```
CREATE FUNCTION fn_GetAge(@age DATE)
RETURNS INT
AS
BEGIN
    RETURN DATEDIFF(yy,@age,GETDATE())
END
```

通过下面的语句调用该函数。

```
SELECT StudentID 学号, Sname 姓名,dbo.fn_GetAge(Birthday)年龄, Class 班级
FROM Tstudent a
```

上面展示的小示例也许并不能很好地体现函数的价值，毕竟直接在查询语句中使用 CASE WHEN 语句也一样可以得到可读性很好的语句。在任何一门开发语言中，代码的重用和封装都是非常必要且有价值的，特别是有大量重复需求时函数将体现出极大的价值。

这里来看一个简单的示例，它的语句如下：

```
--抽取开发班学生信息和成绩到新表 test_tab 中
SELECT a.StudentID,a.Sname,b.subjectID,b.Mark INTO test_tab
FROM dbo.Tstudent a
JOIN dbo.Tscore bON a.StudentID=b.StudentID
WHERE a.Class='开发班'
--使用普通查询语句查询开发班平均成绩和成绩差值
SELECT StudentID,Sname,subjectID,Mark,
    (SELECT AVG(Mark)FROM test_tab)AS average,
    Mark - (SELECT AVG(Mark)FROM test_tab)AS diff
FROM test_tab;
```

它将返回一组简单的结果，如图 12-2 所示。

	StudentID	Sname	subjectID	Mark	average	diff
1	0000000002	蔡毓发	0001	67	78.000000	-11.000000
2	0000000002	蔡毓发	0002	63	78.000000	-15.000000
3	0000000002	蔡毓发	0003	68	78.000000	-10.000000
4	0000000003	袁冰霖	0001	90	78.000000	12.000000
5	0000000003	袁冰霖	0002	79	78.000000	1.000000
6	0000000003	袁冰霖	0003	82	78.000000	4.000000
7	0000000005	袁冰琳	0001	98	78.000000	20.000000
8	0000000005	袁冰琳	0002	65	78.000000	-13.000000
9	0000000005	袁冰琳	0003	67	78.000000	-11.000000
10	0000000006	康固绍	0001	66	78.000000	-12.000000
11	0000000006	康固绍	0002	96	78.000000	18.000000

图 12-2　开发班学生成绩和平均分的差值

现在使用函数的方式把计算平均值和差值的代码封装到两个函数中。

```
CREATE FUNCTION fn_AvgMark ()
RETURNS MONEY
AS
BEGIN
    RETURN (SELECT AVG(mark)FROM test_tab);
END;
GO
CREATE FUNCTION fn_DiffMark(@mark int)
RETURNS MONEY
AS
BEGIN
    RETURN @mark-dbo.fn_AvgMark()        --函数嵌套
END
```

调用函数进行查询，结果和上面使用子查询的方式是一样的。

```
SELECT StudentID,Sname,subjectID,Mark,
    dbo.fn_AvgMark()AS average,
    dbo.fn_DiffMark(Mark)AS diff
FROM test_tab
```

12.3　内联表值函数

内联表值 UDF 是一个可以返回表的 UDF，它一般用在外部查询的 FROM 子句中或用于表的联接。它的 RETURNS 语句只能是 RETURNS TABLE，且函数体不能使用 BEGIN...END 块，而是只有一个包含 SELECT 语句的 RETURN 子句，这些是内联表值 UDF 固定的格式。

例如创建一个简单的内联表值 UDF 用于获取开发班的学生。

```
CREATE FUNCTION fn_GetNet()
RETURNS TABLE
AS
RETURN(SELECT * FROM dbo.Tstudent WHERE Class = '开发班')
```

既然它返回的是表，那么就可以像表一样使用它。例如直接查询：SELECT * FROM

dbo.fn_GetClass()。

前面的章节中介绍了表表达式的三种类型：派生表、公用表表达式 CTE 和视图。现在内联表值函数正是第四种表表达式，它的功能和视图几乎一样，只是它提供了灵活的参数功能，实际上它就是参数化的视图。

如果使用视图的方式获取开发班的学生，则可以使用下面的语句创建这样的视图。

```
CREATE VIEWv_GetClass
AS
SELECT * FROM dbo.Tstudent WHERE Class = '开发班'
```

如果还需要分别获取网络班、测试班的学生，则需要新建对应的视图，这将使得视图不够灵活。而使用内联表值函数，提供表示班级的参数即可解决这样的问题。

```
CREATE FUNCTION fn_GetClass (@Class varchar(10))
RETURNS TABLE
AS
RETURN (SELECT * FROM dbo.Tstudent WHERE Class = @Class)
```

现在即可输入对应的参数来获取对应的班级学生。

```
SELECT * FROM dbo.fn_GetClass('网络班')
SELECT * FROM dbo.fn_GetClass('开发班')
SELECT * FROM dbo.fn_GetClass('测试班')
```

虽然存储过程也能完成内联表值函数所能完成的一系列动作，但是和内联表值函数相比，存储过程的缺点在于它不能当成表使用，不能和其他表进行 JOIN。

内联表值函数创建完成后查询处理器就为其生成了执行计划；引用内联表值函数时会展开定义语句映射到基表中对应的记录行来替代其引用；通过内联表值函数可以修改基表中的数据；授予内联表值函数权限的同时拒绝操作基表的权限能起到保护数据安全的作用。

例如通过函数修改 StudentID 为"0000000007"的学生姓名，然后查询基表 Tstudent 发现记录被更改。

```
UPDATE dbo.fn_GetClass('网络班')SET Sname='韩利辉' WHERE StudentID='0000000007'
SELECT * FROM dbo.Tstudent    WHERE StudentID='0000000007'
```

12.4　多语句表值函数

多语句表值函数是一种返回表变量的函数。它的功能更为强大，在它的函数体中可以包含多个语句和逻辑。当需要一段程序来实现一些操作或逻辑判断（如循环控制、if 判断），最终还需要返回表时，只能使用多语句表值 UDF。

定义多语句表值 UDF 时，RETURNS 子句定义了函数体末尾 RETURN 子句要返回的表变量，这个表变量是一个局部表变量，它的属性定义方式和普通表相同，如字段名、数据类型、约束等。多语句表值 UDF 的函数体语句必须包含在 BEGIN...END 中；函数体中应当包含向表变量中插入数据的语句（如果不插入数据，这个函数便没有存在的意义）；可以使用 INSERT、UPDATE 和 DELETE 语句对这个表变量进行数据修改；不能对外部对象进行增、删、改操作；

在函数末尾的 RETURN 自己必须是独立成行的，不能有参数或表达式。

例如下面是一个逻辑简单的多语句表值 UDF 的创建语句，当传入参数为"不及格"时返回 3 门课程总分数低于 180 的学生信息，当传入参数为"及格"时返回 3 门课程总分数高于 180 且低于 240 的学生信息，当传入参数为"优秀"时返回 3 门课程总分数高于 240 的学生信息。

```
CREATE FUNCTION dbo.fn_MarkInfo (@info VARCHAR(10))
RETURNS @Marktab TABLE    --定义表变量
    (
        StudentID VARCHAR(10)NOT NULL PRIMARY KEY,
        Sname VARCHAR(10),
        Class VARCHAR(10),
        SumMark INT,
        Info VARCHAR(10)
    )
AS
BEGIN
    IF @info = '不及格'          --当参数为"不及格"时插入对应数据
        INSERT INTO @Marktab
        SELECT a.StudentID,a.Sname,a.Class,SUM(b.Mark),'不及格'
        FROM Tstudent a JOIN Tscore b
        ON a.StudentID = b.StudentID
        GROUP BY a.StudentID,a.Sname,a.Class
        HAVING    SUM(b.Mark)< 180;
    IF @info = '及格'        --当参数为"及格"时插入对应数据
        INSERT INTO @Marktab
        SELECT a.StudentID,a.Sname,a.Class,SUM(b.Mark),'及格'
        FROM Tstudent a JOIN Tscore b
        ON a.StudentID = b.StudentID
        GROUP BY a.StudentID,a.Sname,a.Class
        HAVING    SUM(b.Mark)>= 180
                    AND SUM(b.Mark)< 240;
    IF @info = '优秀'        --当参数为"优秀"时插入对应数据
        INSERT INTO @Marktab
        SELECT a.StudentID,a.Sname,a.Class,SUM(b.Mark),'优秀'
        FROM Tstudent a JOIN Tscore b
        ON a.StudentID = b.StudentID
        GROUP BY a.StudentID,a.Sname,a.Class
        HAVING SUM(b.Mark)>= 240;
    RETURN;      --返回表@Marktab,子句独立成行,不接受任何参数和表达式
END;
```

现在即可通过这个函数进行指定信息的查询，如图 12-3 所示。

```
SELECT * FROM fn_MarkInfo('不及格')
SELECT * FROM fn_MarkInfo('及格')
SELECT * FROM fn_MarkInfo('优秀')
```

图 12-3　根据是否及格查询学生

多语句表值 UDF 与内联表值 UDF 的使用方式类似，但是不能通过它来修改外部数据。也就是说，多语句表值 UDF 只能用于 SELECT 查询的 FROM 子句。在内部，SQL Server 对这两种函数的处理方式不同，对待内联表值 UDF 更像是视图，而对多语句表值 UDF 的处理更像是存储过程。

在使用返回单个结果集的存储过程时，如果想将结果集当成表使用，除了使用 INSERT INTO table_name EXEC proc_name 的方式将结果集插入到表中使用外，不妨试试创建和存储过程逻辑相同的多语句表值函数。

12.5　UDF 的修改和删除

UDF 的修改和删除与视图和存储过程类似：使用 DROP 语句删除 UDF；使用 ALTER 修改 UDF；使用 sp_rename 重命名 UDF；使用 SCHEMABINDING 选项对函数与基表进行绑定，使用 ENCRYPTION 选项对 UDF 的定义文本进行加密。前面的章节中已经多次使用这些语句，本章中就不再赘述了。

12.6　UDF 的调用分析

UDF 被调用时是逐行调用的。比如在 SELECT 语句中，将外部表的字段作为输入参数提供给 UDF，对于筛选后的每一行都会执行一次函数操作。对于表值 UDF，由于它们一般用于表的联接和 FROM 子句之后，几乎不会出现频繁调用的可能，因此就不讨论它们了。

例如本章"标量 UDF"小节的最后一个查询如下：

SELECT StudentID,Sname,subjectID,Mark,

    dbo.fn_AvgMark() AS average,
    dbo.fn_DiffMark(Mark) AS diff
FROM test_tab

因为 FROM 阶段筛选出 12 行记录，所以在 SELECT 阶段调用的函数 dbo.fn_DiffMark()
将会被调用 12 次，dbo.fn_AvgMark()会被调用 24 次，之所以是 24 次而不是 12 次，是因为
dbo.fn_DiffMark()中嵌套了一次 dbo.fn_AvgMark()。

下面创建的标量函数示例能更好地解释逐行调用行为，该函数的作用是将某一列的多行
数据合并到一列中去，此处是将 Tscore 表中根据提供的学号参数将他们的 3 门课程成绩合并
到一行中。对 WHERE 子句筛选出的每一行记录都执行一次参数的递归。

```
CREATE FUNCTION fn_ColToLine(@StudentID AS VARCHAR(10))
RETURNS VARCHAR(8000)
AS
BEGIN
    DECLARE @Mark VARCHAR(8000)
    SELECT @Mark=ISNULL(@Mark+'、',")+ CAST(Mark AS VARCHAR(10))
    FROM dbo.Tscore
    WHERE StudentID=@StudentID
    ORDER BY StudentID,subjectID
    RETURN @Mark
END
```

使用下面的语句进行查询，经过 JOIN...ON 联接筛选后有 8 组 24 行，尽管每组 3 行的值
是完全一样的，但是每组也还是执行了函数的 3 次重复调用。加上 DISTINCT 选项去除重复
记录后的结果如图 12-4 所示。

```
SELECT DISTINCT a.StudentID,a.Sname,          --首先测试不加 DISTINCT 的情况
        dbo.fn_ColToLine(a.StudentID)AS "网络管理、软件测试、软件开发"
FROM dbo.Tstudent a
JOIN dbo.Tscore b
ON a.StudentID = b.StudentID;
```

图 12-4　将列值合并成行

在逐行调用 UDF 时还会展开函数的定义，这也会影响性能。通过下面演示的示例可以得出这个结论。

在 11.3 节中曾经创建了一个数字辅助表 dbo.Num，在示例中向其中插入了 100 万行记录，使用下面的查询可以获得所有行加 1 的结果和消耗的时间。

```
SET STATISTICS TIME ON
SELECT n+1 AS n2 FROM dbo.Num
```

上面的 SELECT 语句应该执行两次，因为第一次会从磁盘中读取数据到缓存中，第二次查询消耗的时间大约为 4.5 秒。

现在创建一个将传入参数加 1 的 UDF，语句如下：

```
CREATE FUNCTION dbo.fn_AddOne(@i AS INT )
RETURNS INT
AS
BEGIN
    RETURN @i+1
END
```

通过这个 UDF 同样来查询 n+1 的结果，观察消耗的时间为 5 秒多。

```
SELECT dbo.fn_AddOne(n)AS n2 FROM dbo.Num
```

上面两个查询语句在得到 n+1 的结果时都是逐行调用的，它们的执行计划是完全一样的，如图 12-5 所示。

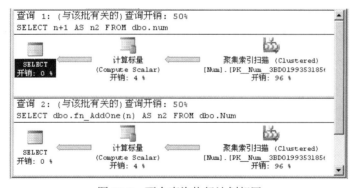

图 12-5　两个查询执行计划相同

但是多次执行这两个查询语句，会发现始终是第二个查询消耗的时间更多，这部分时间差就是调用 UDF 时展开它的定义语句造成的。可以通过打开 SHOWPLAN_ALL 这个选项来查看这两个查询语句是如何进行的。

```
SET SHOWPLAN_ALL ON
GO
SELECT n+1 AS n2 FROM dbo.Num
GO
SELECT dbo.fn_AddOne(n)AS n2 FROM dbo.Num
```

图 12-6 中展示了这两个查询的执行过程的区别，它们的区别仅在于第二个查询多了一个

过程，这个过程就是 UDF 定义的展开。因为 UDF 会逐行调用，因此这个定义的展开也会逐行进行。

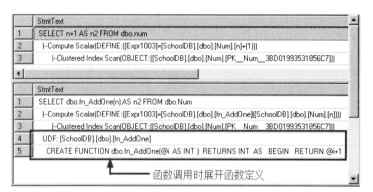

图 12-6　两个查询的执行过程的对比

　　由上面的分析应该明确一点，UDF 的不当使用会影响性能，因此在创建 UDF 时应该将逐行调用的因素考虑在内。

13

触发器

 主要内容

- 📖 了解触发器的分类和对应的功能
- 📖 理解并掌握 AFTER 触发器的作用
- 📖 掌握触发器工作的逻辑顺序
- 📖 理解触发器的事务控制

　　顾名思义，触发器实现的是一种通过某些操作的触发来完成另一个操作过程的功能。例如，当删除一张表中的某些记录时同时希望删除另一张表中的某些相关记录，当然这可以通过外键引用来实现，但是对有些表没有必要定义外键，这时候就可以通过触发器来触发实现。触发器是被动触发执行的，它不像函数、存储过程一样可以被显式调用。本章中会详细讲述常用的 AFTER 触发器及其工作原理，在介绍过程中会涉及简单的事务概念，弄不明白的时候建议先阅读 14.1 节关于事务的内容。

13.1　触发器的概念和分类

　　使用触发器更多的可能是用来强制实施数据完整性和一致性，以作为约束的补充。某些情况下约束可能也会无能为力，这时候使用触发器可以更好地实现业务需求。例如不允许一次性删除学生表中 5 条以上的记录，通过约束不太容易实现这个条件，但是通过触发器就会非常方便。

　　在 SQL Server 2008 之前触发器还用来审核跟踪数据记录的变化，但是在 SQL Server 2008

中使用触发器实现审核跟踪便逐渐被内置的变更数据捕获和更改跟踪两个功能所替代。

触发器可以在执行 DML 的增、删、改操作时自动触发，也可以在执行某些 DDL 操作时触发，因此根据触发模式可以分为 DML 触发器和 DDL 触发器。

DML 触发器根据 DML 类型分为 insert 触发器、delete 触发器和 update 触发器，根据触发器触发是在约束之前还是之后可以分为 AFTER 触发器和 INSTEAD OF 触发器，在本章中主要介绍 AFTER 触发器。

13.2 DML 触发器

DML 触发器使用最多的就是 AFTER 触发器或 FOR 触发器，这两者是一个概念。为什么称之为 AFTER 触发器呢？因为在对表执行增、删、改操作时会先执行其他检查以实现数据完整性，如检查是否符合数据类型、是否是默认值、是否符合主键要求、检查 check 约束等，在检查均允许的情况下执行完了 DML 语句后该触发器才触发。也就是说只有 DML 语句执行完成后才会执行 AFTER 触发器。

AFTER 触发器只能依附于表，不能以视图作为基表创建 AFTER 触发器。

13.2.1 两张特殊的临时表

AFTER 触发器有 INSERT、DELETE 和 UPDATE 三种触发模式的触发器。如果为表指定了一个 insert 触发器，在该表上执行 INSERT 操作时，新插入的行将同时被复制到 inserted 这张表中；如果为表指定了一个 delete 触发器，删除记录时删除的行将同时被复制到 deleted 表中；如果为表指定了一个 update 触发器，由于 UPDATE 操作类似于先删除旧记录再插入新记录的操作，因此在执行 UPDATE 操作时会将旧记录复制到 deleted 表中，将新插入的记录复制到 inserted 表中。

但是不论是哪一种模式触发，这两张表都是同时存在的，只不过 insert 触发器触发时 deleted 表是空表，deleted 触发器触发时 inserted 表是空表。这两张表是在触发开始时由数据库引擎在内存中自动创建的临时表，并且在触发器执行完毕后消失，因此只能在定义触发器的语句里引用这两张表。

这两张表的记录存放如下表所示。

对表的操作	inserted 表	deleted 表
增加记录（INSERT）	存放增加的记录行	空表
删除记录（DELETE）	空表	存放删除的记录行
更新记录（UPDATE）	存放更新后的记录行	存放更新前的记录行

这两张表的结构和基表的结构完全一样，只不过在这两张表中没有索引，因此读取这两

张表数据时将进行全表扫描。不过如果是在 EXISTS 子句中引用这两张表则不需要进行全表扫描，因为 EXISTS 子句仅需要一个记录存在与否的答案，只要扫描到有一条符合条件的记录将停止扫描。

13.2.2 insert 触发器

先通过下面的语句为 Tstudent 表创建一个 insert 触发器，用于检验插入学生记录时是否和现有表中的记录有重复。因为 Tstudent 表的 StudentID 列已经存在主键约束，出于实验的目的，此处先删除该列上的主键。

```
--删除 Tstudent 表的主键
EXEC sp_helpconstraint 'Tstudent'      --查找出 Tstudent 表上的主键名称
GO
ALTER TABLE dbo.Tstudent DROP PK_Tstudent        --删除 Tstudent 表上的主键
GO
--创建 insert 触发器
CREATE TRIGGER trg_insert_tstudent
ON dbo.Tstudent
AFTER INSERT
AS
DECLARE @sum INT    --定义变量记录重复记录数
SELECT @sum = COUNT(StudentID)FROM dbo.Tstudent
WHERE    StudentID IN (SELECT StudentID FROM inserted)
IF @sum > 1
BEGIN
    RAISERROR('你不能插入和现有表重复的学号!',16,1)
    ROLLBACK
END
```

在上面创建触发器的语句中，使用 CREATE TRIGGER 表示创建触发器；ON 关键字后面接的是表名，指该触发器创建于 Tstudent 表上，即该触发器的基表是 Tstudent，只有对 Tstudent 表进行相关操作时才会触发这个触发器；AFTER 子句表示创建的是 AFTER 触发器，并指定了激活触发器的 DML 语句类型，此处 AFTER 关键字可以使用 FOR 关键字代替，并且可以创建混合的 AFTER 触发器，如 "AFTER INSERT,DELETE,UPDATE"，这表示这三种操作的任意一种操作都会触发该触发器；AS 关键字后指定触发器触发后执行什么样的操作。

注意上面的 IN 子句中的 FROM 子句使用了 inserted 作为查询表。在插入记录的同时，插入的行也被复制到 inserted 表中，如果插入的记录和现有表中的 StudentID 重复，通过 COUNT(StudentID)赋值的@sum 变量就会大于 1，这时候就执行错误提示语句并回滚插入操作。从这里可以知道，在触发触发器之前记录已经插入到表中，否则@sum 不会大于 1。

执行下面的 INSERT 语句测试结果。

```
INSERT INTO dbo.Tstudent VALUES
('0000000009','韩利辉','男','19870314','hanlihui@qq.com','测试班')
INSERT INTO dbo.Tstudent VALUES
```

```
('0000000009','韩利辉','男','19870314','hanlihui@qq.com','测试班')
GO
SELECT * FROM dbo.Tstudent WHERE StudentID='0000000009'          --查询结果
```

从图 13-1 中可知，第一条插入语句执行成功了，因为原 Tstudent 表中没有学号为 "0000000009" 的学生记录；第二条插入语句失败，并且说明了是因为违反了触发器中定义的规则而失败的。

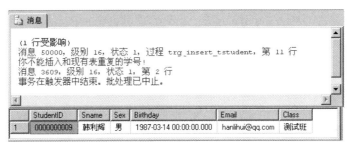

图 13-1　触发器阻止插入重复记录

13.2.3　delete 触发器

delete 触发器的工作方式和 insert 触发器是一样的,包括 update 触发器也一样,只不过 delete 触发器触发时只向 deleted 表填充了数据，而 inserted 表则是空的。

下面的语句演示了通过在 Tstudent 表上创建 delete 触发器限制一次只能删除一条记录，如果一次删除两条或更多则提示 "一次只能删除一条记录！" 的错误提示语句并且撤消这个错误的删除动作。

```
CREATE TRIGGER trg_delete_Tstudent ON Tstudent
AFTER DELETE
AS
DECLARE @sum INT
SELECT @sum=COUNT(*)FROM deleted
IF @sum>=2
BEGIN
    RAISERROR('一次只能删除一条记录！',16,1)
    ROLLBACK
END
```

使用下面的两条语句分别测试删除学号为 8 和 9 这两名学生的学生信息和只删除学号为 9 的学生记录。第一条语句的结果是返回错误信息，如图 13-2 所示。查询 Tstudent 表，结果中也没有记录被删除。第二条语句则可以正常删除。

```
DELETE dbo.Tstudent WHERE CONVERT(INT,StudentID)>=8
DELETEdbo.Tstudent WHERE CONVERT(INT,StudentID)=9
```

删除触发器还能实现和外键约束一样的级联删除功能，实现方式也很简单，参考如下语句：

```
CREATE TRIGGER trg_delete_Tscore ON Tstudent
```

```
AFTER DELETE
AS
DELETE Tscore WHERE StudentID IN (SELECT StudentID FROM deleted)
```

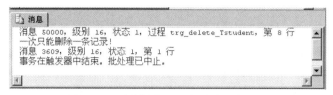

图 13-2 删除触发器阻止删除多条记录

注意，在上面的 ON 关键字后是 Tstudent 表而不是 Tscore 表，因为是通过删除 Tstudent 表记录来触发触发器进而删除 Tscore 中记录的。

依次执行下面的每条语句进行测试，这里开启了一个事务，用于测试完成后回滚删除的记录。

```
BEGIN TRAN
DELETE dbo.Tstudent WHERE StudentID='0000000008'
SELECT * FROM dbo.Tstudent
SELECT * FROM dbo.Tscore
ROLLBACK
```

在执行 DELETE 语句时，结果如图 13-3 所示，在消息区可以看到返回了两条消息，其中 3 行受影响的是因为触发删除了 Tscore 表中的 3 行记录，每个学生有 3 门成绩，而 1 行受影响的则是 Tstudent 表中被删除的记录。

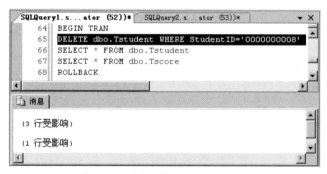

图 13-3 删除触发器实现级联删除

如果删除的记录在基表上根本就不存在，则删除触发器还是会被触发，只不过此时 deleted 表是空表。

但不是所有在基表上的数据删除操作都会触发删除触发器，比如对基表执行 truncate 操作，虽然也会删除表中的所有记录，但是并不会触发删除触发器。因为 truncate 表时只是释放空间，不会在事务日志中记录行的删除，而触发器的被动触发是根据事务日志中的记录来触发的。这一点将会在触发器的工作原理小节中给出解释。

13.2.4 update 触发器

使用 update 触发器会同时填充 deleted 表和 inserted 表，灵活运用这两张表能够更好地实现业务逻辑。

下面创建的 update 触发器实现的功能是限制只能更改学生的姓而不能更改名。在这个语句里将 inserted 表和 deleted 表进行了联接，如果有人改了姓，通过 WHERE 子句筛选后的记录数量@SumLastname 将小于 update 的总记录行数@Sum，如果没有修改姓则它们会相等。例如通过语句修改了 5 名学生的信息，并且修改了两名学生的姓，则@SumLastname=3，而@Sum=5。

```
CREATE TRIGGER trg_update_Tstudent ON Tstudent
AFTER UPDATE
AS
DECLARE @SumLastname INT    --变量用于存储两表同姓的记录数量
DECLARE @Sum INT    --用于存储总共修改的记录数量
SELECT @SumLastname=COUNT(*)
FROM deleted a JOIN inserted b ONa.StudentID=b.StudentID
WHERE LEFT(a.Sname,1)=LEFT(b.Sname,1)
SELECT @Sum=COUNT(*)FROM Deleted
IF @SumLastname<>@Sum
BEGIN
    RAISERROR('只能更改姓不能更改名！',16,1)
    ROLLBACK
END
```

使用下面的两条 update 语句进行测试。第一条语句会返回错误信息，第二条语句则能正常修改。

```
UPDATE dbo.Tstudent SET Sname='王利辉' WHERE StudentID='0000000007'
UPDATE dbo.Tstudent SET Sname='韩立刚' WHERE StudentID='0000000007'
```

13.2.5 禁用和启用触发器

如果想让某个触发器暂时失效，可以禁用该触发器。

可以在对象资源管理器的触发器条目上右键单击禁用或启用，也可以使用 T-SQL 语句来禁用或启用，语法如下：

```
ALTER TABLE table_name { DISABLE | ENABLE } TRIGGER { ALL | trigger_name }
```

例如禁用 Tstudent 表上的 trg_update_Tstudent 触发器。

```
ALTER TABLE dbo.Tstudent DISABLE TRIGGER trg_update_Tstudent
```

13.2.6 检测基于列修改的触发器

如果只想通过某一列或某几列的变化作为判断条件来触发一系列操作，则可以使用函数 UPDATE()来检测。该函数本身就是一个判断，它只返回 TURE 和 FALSE，当 UPDATE(column)中指定的列 column 发生了改变时返回 TRUE，否则返回 FALSE。

UPDATE()用于触发器的定义语句中，指定的列只能是 ON 关键字后面的基表中的列，并且指定列时不能是两部分名称，即不能带上表名。

UPDATE()函数只能应用于 INSERT 或 UPDATE 触发器中，不能应用于 DELETE 触发器中。由于 INSERT 语句总是会修改所有列的值，所以应用于 INSERT 触发器时 UPDATE()总是返回 TRUE。

下面的示例为 Tstudent 表创建了 update 触发器，当检测到学号列被修改时则返回一个错误信息并且执行回滚操作。

```
CREATE TRIGGER trg_UpdateColumn_Tstudent ON Tstudent
AFTER UPDATE
AS
IF UPDATE(StudentID)
BEGIN
    RAISERROR('不能修改学号',16,1)
    ROLLBACK
END
```

在对此触发器进行测试时，可能会因为没有禁用 trg_update_Tstudent 触发器而产生非预期的结果，因为这两个触发器都是通过 Tstudent 表的 update 事件触发的，所以应该先禁用该触发器。

一个 UPDATE()只能检测一列是否发生了变化，如果需要检测多列，可以通过 UPDATE(column1)OR UPDATE(column2)的方式来实现。

13.2.7 FIRST 触发器和 LAST 触发器

如果在一个表上定义了多个相同触发事件（INSERT、DELETE、UPDATE）的触发器，则可能需要某一个触发器最先被触发或者最后被触发。例如某个触发器触发产生的结果是另一个触发器的基础时则可能需要定义为 FIRST 触发器。

甚至如果不进行顺序定义可能会产生非预期的冲突。例如前面的 trg_update_Tstudent 和 trg_UpdateColumn_Tstudent 这两个触发器，因为在这两个触发器中都定义了回滚操作，因此当一个 UPDATE 操作触发其中一个触发器并满足回滚条件进行了回滚时，由于回滚操作清空了事务日志，这将导致另一个触发器不会被触发，至于这两个触发器默认先触发哪一个，则由数据库引擎决定，是不可控的。

要想让某个触发器一定被执行，解决方案是禁用部分无关触发器，或者将该触发器定义为 FIRST 触发器，还可以修改触发器的定义语句控制 ROLLBACK 的执行。这三种方案最符合实际的是定义为 FIRST 触发器，毕竟只有在某些特定情况下才会禁用触发器，而对 ROLLBACK 的控制则更应该是在定义触发器之前根据实际提前考虑到。

可以使用存储过程 sp_settriggerorder 指定 AFTER 触发器的顺序，除了定义为 FIRST 和 LAST 顺序的触发器按照指定顺序触发外，其他的触发器是无序执行的。例如下面的语句设置 trg_UpdateColumn_Tstudent 为 UPDATE 操作第一个被触发的触发器。

```
EXEC sp_settriggerorder 'trg_UpdateColumn_Tstudent','first','UPDATE'
```

在定义 FIRST 触发器时特别需要注意的是，这个 FIRST 顺序触发器中的 rollback 不能随便定义，否则一回滚将导致后面所有的同模式的触发器都不会被触发。但是从性能和数据安全上考虑，如果 DML 修改的数据会触发多个触发器，由于该 DML 操作可能已经完成了某几个触发器的操作，但是在后面触发的某个触发器中进行了回滚操作，这将可能导致数据的不一致性和不安全，这时应该定义一个 FIRST 触发器并且尽可能地将各种情况考虑周全，然后在这个 FIRST 触发器中定义 rollback 操作，尽可能地将错误操作提前回滚。

一个表中的某一种触发模式只能有一个 FIRST 触发器和 LAST 触发器，如果使用了 ALTER TRIGGER 语句修改了 FIRST 或 LAST 触发器，则它们对应的顺序失效，需要使用存储过程来重新设置。

13.3　使用触发器实现审核跟踪

在 SQL Server 2008 发布以前，通常会通过创建触发器来审核一些 DML 的操作。例如审核谁在什么时候操作了什么。但是在 SQL Server 2008 出现之后，由于其集成了变更数据捕获和更改跟踪这两大功能，并且这两大功能效率更高、性能更好、自定义性更强，导致触发器的审核功能被逐渐替代。但是仍有必要掌握如何使用触发器实现审核功能，因为这有助于了解通过触发器可以实现什么样的功能。

例如下面创建的基于 Tsubject 表的 insert 触发器就实现了将 insert 插入的行记录到另一张表中的功能，在这张新表中记录了插入的行和 INSERT 操作。

```
--创建和基表同架构的表并添加一列记录所做的操作
SELECT * INTO insert_check_table FROM dbo.Tsubject WHERE 1=0
ALTER TABLE insert_check_table ADD Actions VARCHAR(2000)NOT NULL
GO
--创建审核插入操作的触发器
CREATE TRIGGER trg_insert_audit ON Tsubject for INSERT
AS
INSERT insert_check_table(SubjectID,SubjectName,BookName,Publisher,Actions)
SELECT *,'INSERT' FROM inserted
```

向 Tsubject 表中插入一行数据。查询审核表 insert_check_table，查询结果中已经记录了这一操作。

```
INSERT dbo.Tsubject VALUES('0004','JAVA 开发','Thinking JAVA','邮电出版社')
```

也可以实现 DELETE、UPDATE 或者这三种 DML 混合的审核触发器，在审核表中还可以记录更详细的信息。

13.4　DML 触发器的工作原理和事务控制

在学习本节之前，如果对事务还不了解，建议先去阅读关于事务的章节（14.1 节）。

13.4.1 触发器的工作原理

前面基于 Tstudent 表创建了一个 trg_insert_Tstudent 触发器，用于限制插入和现有表重复的学生记录，如果插入了重复记录，则返回一条错误提示信息，例如前面插入学号"0000000009"的学生两次，错误结果如图 13-4 所示，但是第一条插入语句是插入成功的。

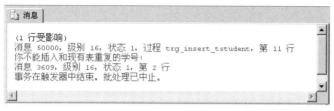

图 13-4　限制插入学号重复的记录

上面的结果毋庸置疑，但是如果不使用一条一条的 INSERT 语句呢？比如使用 INSERT INTO...SELECT 这样的插入语句插入两条重复的记录会是什么结果呢？

仍然使用前面创建的 trg_insert_tstudent 触发器，先通过下面的语句创建一张和 Tstudent 同结构的表 insert_test，再向其中插入两条完全相同的记录。

```
SELECT * INTO insert_test FROM dbo.Tstudent WHERE 1=0
INSERT insert_test VALUES
('0000000010','韩利辉','男','19870314','hanlihui@qq.com','测试班'),
('0000000010','韩利辉','男','19870314','hanlihui@qq.com','测试班')
--使用批量插入语句向 Tstudent 中插入两条相同的记录
INSERT dbo.Tstudent SELECT * FROM insert_test WHERE StudentID='0000000010'
```

插入的结果如图 13-5 所示。从图中可以看出，尽管在插入之前 Tstudent 表没有学号为"0000000010"的记录，但是插入记录时却没有插入任何记录，这可以通过查询 Tstudent 表得知。

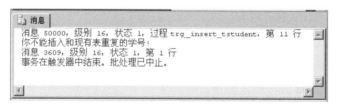

图 13-5　批量插入重复记录产生的错误

为什么同样是插入操作，结果却不同呢？

在 DML 触发器被 DML 操作触发时，该触发器会和 DML 处于同一个隐式事务中，而对于 AFTER 触发器，会先检查已经存在的约束，如果 DML 语句是约束允许的操作，该操作会先记录事务日志，然后才会将 DML 的修改执行到基表中，并同时激活触发器将日志中记录的对应的记录填充到 inserted 表和 deleted 表，填充完成后开始实现触发器中定义的操作，即 AS 子句中定义的语句，如果 AS 语句中定义了 ROLLBACK 并且 DML 正好符合 ROLLBACK 的条件，则会回滚并删除之前记录的事务日志，如果不回滚则正常提交触发器所在的事务并完成全部操作，如图 13-6 所示。

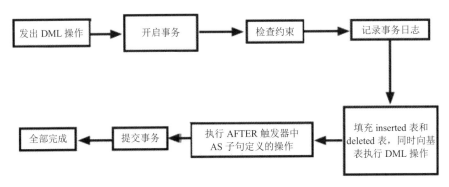

图 13-6　实现 AFTER 触发器的逻辑过程

回答前面的问题。由于执行独立的 INSERT 语句时数据库会将每一条语句记录一次日志，因此每执行完一次 INSERT 操作就代表执行一次触发器，所以插入第一条数据时由于基表中没有重复记录因此可以插入成功，这时系统默认自动提交了该条语句的事务。第二条记录由于已存在重复记录因此插入失败，而使用 INSERT INTO ... SELECT 语句时不论插入的记录行有多少，所有的插入都在同一个事务中，插入成功的不会自动提交，当出现违反触发器中定义的规则后，触发器被触发并产生错误提示后触发回滚，导致事务日志中所有属于该事务的日志被清空，所有插入的记录都被删除。

同理，在前面讲述 delete 触发器时提到并不是所有的删除操作都会触发 delete 触发器，例如 truncate 操作，因为 truncate 不是 DML 语言，但是究其本质还是因为 truncate 不会在事务日志中记录行的删除日志，而只是记录了页的释放日志，也就是说不会填充 deleted 和 inserted 表，因此不会执行图 13-6 中记录事务日志之后的动作。

13.4.2　DML 触发器的事务控制

在上一小节中分析了触发器的工作原理，了解了触发器的触发涉及了事务和事务日志，因此理清有关触发器的事务控制也是很有必要的。

在默认的自动提交事务处理模式下，在 DML 事件开始时就会开始一个事务，如果会触发触发器，则触发器也处于这个事务之中；如果在触发器被触发时就已经处于一个显式或隐式事务中，进行的操作又正好触发了触发器中定义的回滚操作，这将会对外层事务中已经完成的操作进行回滚。

如果不想让触发器中的回滚操作影响外层的事务，可以在触发器的 AS 子句中添加一个 SAVE TRANSACTION 子句，并为这个事务保存点设定一个名称，这样在后面的 ROLLBACK 子句中指定这个名称进行回滚时就不会影响外层事务。

例如下面的语句中，首先显式开始一个事务，然后向 Tstudent 表中正常插入一条记录，再

执行一个 DELETE 操作删除两条记录，触发 trg_delete_Tstudent 触发器的回滚操作，最后执行
事务提交。但是在 COMMIT 提交事务时将会产生提交错误，因为在触发回滚时将显式开启的
事务也回滚了，这将导致回滚前正常插入的记录也被回滚。

```
BEGIN TRAN
--第一条插入语句
INSERT INTO dbo.Tstudent VALUES
('0000000010','韩秋建','男','19880514','hanqiujian@qq.com','网络班')
--删除两条记录触发 trg_delete_Tstudent 触发器的回滚
DELETE dbo.Tstudent WHERE CONVERT(INT,StudentID)>=9
COMMIT            --无法提交，因为没有对应的 BEGIN 事务
```

如果在触发器的定义语句中也显式开启了事务，则触发器中的 COMMIT 将只会提交触发
器中这个显式开启的事务，如果执行 COMMIT 之后外部又执行了 ROLLBACK，则仍然会回
滚到最外层的事务，即使在触发器中已经 COMMIT 的事务也会被回滚。

在非必要的情况下不应该使用嵌套事务，这可能会导致提交和回滚对数据的混乱操作，
因此在触发器中也不推荐显式开启事务和使用 COMMIT 语句，并且 ROLLBACK 的定义也应
该考虑尽可能出现的情况。

13.5　DDL 触发器

与 DML 触发器不同，DDL 触发器不是为响应针对表的 INSERT、DELETE 或 UPDATE
语句而触发，而是为响应多种数据定义语言（DDL）语句而触发。这些语句主要是以 CREATE、
ALTER、DROP 开头的语句。DDL 触发器只支持像 AFTER 触发器一样：在触发事件完成之
后才会激活 DDL 触发器。DDL 触发器自身也会开启一个隐式事务，如果要进行 DDL 操作的
回滚，只能通过在 DDL 触发器中指定 ROLLBACK 的方法来完成。

DDL 触发器可以定义在数据库级别上，也可以定义在服务器级别上。数据库级别的触发
器作为对象存储在对应的数据库中，不像 DML 触发器是依赖于表，可以从对应数据库中的
sys.triggers 视图中获取和该数据库相关的 DDL 触发器信息；服务器级别的触发器作为对象存
储在 master 数据库中，可以在任意数据库中通过 sys.server_triggers 视图获取服务器级别的 DDL
触发器信息。

13.5.1　创建数据库级别的 DDL 触发器

DDL 触发器的创建和 DML 触发器的创建类似。例如下面的语句在 SchoolDB 数据库上创
建 DDL 触发器禁止删除该数据库上的表，如果有删除表的操作则给出提示并回滚。

```
USE SchoolDB
GO
CREATE TRIGGER trg_db_schooldb
ON DATABASE
```

```
FOR DROP_TABLE
AS
BEGIN
    RAISERROR('删除表前请先删除或禁用 trg_db_schooldb 触发器',16,1)
    ROLLBACK
END
```

上面定义触发器的语句中，ON 关键字后接的是 DATABASE 表示当前数据库，不能通过指定数据库名的方式来创建 DDL 触发器，所以创建 DDL 触发器时必须先指向要创建 DDL 触发器的数据库；FOR（也可以替换为 AFTER）关键字后是触发 DDL 触发器的 DDL 事件，此处表示当删除表的时候触发，可用于触发的 DDL 事件非常多，它们基本上是 DDL 操作类型和对象类型之间通过下划线 "_" 连接的，例如 DROP_TABLE、CREATE_INDEX、CREATE_FUNCTION 等，但并不是所有的 DDL 事件都可用于 DDL 触发器中，例如在数据库级别上的 DDL 触发器就不能通过数据库级别的 DDL 事件如 CREATE_DATABASE 事件来触发；AS 语句之后是触发器要执行的主体。

如果要为触发器定义多个事件，可以在 FOR 关键字后使用逗号分隔事件列表。

13.5.2　创建服务器级别的 DDL 触发器

与创建数据库级别的 DDL 触发器类似，只是将 ON 关键字后的 DATABASE 改为 ALL SERVER，并且服务器级别可用于触发的事件和数据库级别上的事件有所不同，一般有创建、修改、删除数据库和创建、修改、删除登录名的触发事件。

例如下面的语句定义的触发器将限制创建、删除和修改数据库。

```
CREATE TRIGGER trg_server
ON ALL SERVER
FOR CREATE_DATABASE,DROP_DATABASE,ALTER_DATABASE
AS
BEGIN
    RAISERROR('创建、删除、修改数据库前请先删除或禁用 trg_server 触发器',16,1)
    ROLLBACK
END
```

14

事务和锁

 主要内容

- 📖 掌握事务特性和不同的事务模式
- 📖 理解事务和事务日志以及检查点的工作机制
- 📖 分析出现故障后事务是应该回滚还是应该前滚
- 📖 并发可能带来的问题
- 📖 锁的行为和兼容性
- 📖 查看锁的情况
- 📖 理解各种隔离级别对锁的控制
- 📖 理解行版本工作的原理
- 📖 理清隔离级别、锁和并发问题之间的关系
- 📖 了解死锁何时出现

多个用户对同一数据进行交互称为并发。如果不加以控制，并发可能引起很多问题。数据库提供了可以合理解决并发问题的方案。在本章中，从事务开始介绍，然后介绍并发带来的问题，最后详细介绍锁的机制和事务隔离级别。本章的内容贯穿于整个数据库系统，理解本章的内容对数据库其他方面的学习有极大的帮助，由于涉及的理论较多，这些内容应当着重理解并通过实验进行验证。

14.1 事务

在现实生活中，经常要确保如果一件事情发生则另一件事情也随之发生，或者两件事情

都不发生。

例如从建设银行 A 账户转账 500 元到工商银行 B 账户，转账过程中涉及了如下两个步骤：A 账户减少 500 元和 B 账户增加 500 元。在数据库系统上，将这两件事简化为以下两条语句：

```
UPDATE CBC_Saving SET Balance = Balance - 500 WHERE Account='A';
UPDATE ICBC_Saving SET Balance = Balance + 500 WHERE Account='B';
```

假如在完成第一条语句后系统突然发生故障，结果 A 账户减少了 500 元，而 B 账户中却没有增加 500 元，在银行肯定不可能发生这样的事件，因此要确保两条语句要么全部完成，要么全部不完成。通过事务可以实现这样的需求。

数据库系统中的事务总是将指定的一条语句或多条语句看成一个全部执行或全部不执行的最小组合。

例如将上面的两条语句指定放在一个事务中，那么这两条语句将全部执行或者全部不执行。

```
BEGIN TRANSACTION      --开启一个事务
    UPDATE CBC_Saving SET Balance = Balance - 500 WHERE Account='A';
    UPDATE ICBC_Saving SET Balance = Balance + 500 WHERE Account='B';
COMMIT TRANSACTION      --提交事务
```

关于事务的开启和提交将在随后的内容中介绍。

14.1.1 显式事务处理模式

显式事务就是通过 BEGIN TRANSACTION（或 BEGIN TRAN）来标记事务的起始点。如果开启事务后执行的语句是按照期望正确执行的则以 COMMIT TRANSACTION（或 COMMIT TRAN、COMMIT）来结束事务；如果开启事务后执行的语句结果不是所需要或所期待的，并希望取消刚才的操作，则以 ROLLBACK TRANSACTION（或 ROLLBACK TRAN、ROLLBACK）来结束事务，该动作称为回滚。与回滚相对应的动作是前滚，表示恢复或者重新操作一遍已经完成的操作，即再执行一次事务中包含的操作。

例如下面的示例中在开启事务后修改学生姓名，但是最后发现修改错误，希望撤消刚才的修改动作。这时候去查询该结果将仍然是未修改状态。

```
BEGIN TRAN     --事务的起始边界，表示开启一个事务
UPDATE dbo.Tstudent SET Sname='袁冰琳' WHERE StudentID='0000000003'
ROLLBACK      --回滚操作，结束事务
```

在 SQL Server 中的正常情况下，显式事务模式下必须显式提交或回滚事务，在事务开启和结束之间运行的所有语句都属于该事务，它们不会自动提交事务；还存在一些特殊情况，例如在开启事务后执行的操作触发了某些特殊的错误（如本章后面介绍的快照隔离更新冲突、死锁），这时将自动回滚而不需要显式回滚。而在 Oracle 数据库系统默认情况下，如果一个事务中出现了 DDL 或 DCL 语句，则在执行 DDL 或 DCL 语句前会自动提交事务，然后再执行 DDL 或 DCL 语句，例如在事务中 INSERT 插入一行记录后执行了 CREATE TABLE 语句，则在执

行 CREATE TABLE 前就隐式地将当前事务提交了。但是在 SQL Server 中需要显式提交，应当注意区分这两种数据库系统对事务处理的区别。

14.1.2　自动提交事务模式

自动提交事务模式是 SQL Server 数据库默认的事务管理模式。在该模式下，每条语句都被认为是一个事务。当每个 SQL 语句完成时，不是被提交就是被回滚：如果语句执行成功则自动提交，执行失败则自动回滚。

前面章节中，基本上所有实验中执行的 DML 和 DDL 语句都未定义在事务中，这时候它们就是自动提交事务的。

在这种模式下，最应该注意的是执行的语句中出现编译错误而非运行错误将导致该批语句都不能执行，而不是执行后再进行回滚。从本质上说，编译错误会导致数据库引擎不能生成该批语句的执行计划，也就不会去执行任何语句。

例如在第 2.3.1 节中介绍批处理 GO 符号时曾引用以下示例：

```
USE SchoolDB
GO     --第一个批
CREATE TABLE TestBatch(ID varchar(3),Name varchar(8))
GO     --第二个批
INSERT INTO TestBatch VALUES('1','韩立刚')
INSERT INTO TestBatch VALUES('1','韩利辉')
INSERT INTO TestBatch VALUE ('1','韩秋建')
GO     --第三个批
```

前面两个批处理能正常执行，但是第三个批处理第三条 INSERT 语句出现关键字错误，这会导致无法生成执行计划，这个批处理中的三条 INSERT 语句都不会执行，而不是执行了前两条 INSERT 后由于第三个 INSERT 语句错误进行回滚。同时，如果第三个批处理后还有 SQL 语句也因此被终止执行。

但是在能够正常生成执行计划的情况下，在运行时出现错误将不会导致同一个批处理中已经正常提交的语句发生回滚操作。这一点很容易理解，因为它就是正常情况下的错误。例如要插入一条主键重复的记录并不会导致前面已经执行的语句回滚。

```
UPDATE dbo.Tstudent SET Sname='袁冰琳' WHERE StudentID='0000000003'
INSERT INTO dbo.Tstudent(StudentID,Sname,Sex,Class)VALUES('0000000001','张庆力','男','测试班')     --主键值重复
```

14.1.3　隐式事务处理模式

可以通过 SET IMPLICIT_TRANSACTIONS 语句启动和关闭隐式事务模式。设置为 ON 则表示开启隐式事务处理模式，设置为 OFF 则表示关闭隐式事务处理模式，默认情况下是 OFF 选项。

开启隐式事务处理模式后，不需要显式使用 BEGIN TRAN 指定事务的起始点，只需提交或回滚事务即可。从开启隐式事务处理模式之后的第一条语句开始就默认自动开启一个事务，

直到使用 COMMIT 或 ROLLBACK 结束才代表这个事务的终止。一个隐式事务终止之后，又自动进入下一个隐式事务。

例如下面的语句开启隐式事务处理模式之后，对数据的更新可以直接提交或回滚。不用声明一个事务的开始，这两个 UPDATE 语句同处于一个事务中，回滚时同时回滚。

```
SET IMPLICIT_TRANSACTIONS ON;
GO
UPDATE dbo.Tstudent SET Sname='袁冰麟' WHERE StudentID='0000000003'
UPDATE dbo.Tstudent SET Sex='男' WHERE StudentID='0000000003'
ROLLBACK
```

隐式事务处理模式和自动提交事务处理模式的区别在于：自动提交事务模式下每一条语句都自动开启事务并自动提交或回滚事务，不同的语句分属于不同的事务中；而隐式事务处理模式下多条语句可能同属一个事务，并要求手动提交或回滚事务。

14.1.4 嵌套事务的控制

在显式或隐式事务处理模式下可以实现事务嵌套，即在事务中再开启其他的事务。嵌套事务常用于支持内部定义了事务机制的存储过程。

关于嵌套事务的机制主要有以下 3 个结论：

● 回滚内部事务的同时会回滚到外部事务的起始点。

● 事务提交时从内向外依次提交。

● 回滚外部事务的同时会回滚所有已提交的内部事务。

通过下面演示的两个示例可以说明上面的结论。

```
SET IMPLICIT_TRANSACTIONS OFF
GO
--示例一演示回滚内部事务同时会回滚到外部事务的起始点
BEGIN TRAN;                    --开启外层事务
UPDATE dbo.Tstudent SET Sname = '袁冰霖' WHERE StudentID = '0000000003';
UPDATE dbo.Tstudent SET Sex = '男' WHERE StudentID = '0000000003';
    BEGIN TRAN;              --开启内层事务
    DELETE   dbo.Tstudent WHERE StudentID = '0000000009';
    ROLLBACK;        --回滚，将回滚至最外层事务的起始点
SELECT * FROM dbo.Tstudent;
```

通过最后的查询，可以发现不论是 DELETE 语句还是外层的 UPDATE 语句都被回滚了。这个时候再去单独执行 ROLLBACK 或 COMMIT 语句将会提示"请求没有对应的 BEGIN TRANSACTION"，这也说明外层事务也结束了。

```
--示例二演示回滚外部事务的同时也会将已提交的内部事务回滚
BEGIN TRAN;
UPDATE dbo.Tstudent SET Sname = '袁冰霖' WHERE StudentID = '0000000003';
UPDATE dbo.Tstudent SET Sex = '男' WHERE StudentID = '0000000003';
    BEGIN TRAN;
    DELETE dbo.Tstudent WHERE StudentID = '0000000009';
```

```
        COMMIT;      --从内向外依次提交，这里提交的是内层事务
    ROLLBACK;        --回滚外部事务，也将回滚内部已提交的事务
SELECT * FROM dbo.Tstudent;
```

查询结果显示 DELETE 和 UPDATE 语句的修改都被回滚。

因此，嵌套事务情况下，如果有外部事务不提交或回滚，即使内部事务提交了也不会释放一直被占用的日志空间。

如果在事务中引用了已经定义了事务处理机制的存储过程，这也属于嵌套事务，这时候存储过程中事务的回滚将会整体回滚至最外层事务的起始点。

为了保证回滚操作不会发生不应该发生的错误，应当注意嵌套事务的使用，特别是对定义了事务机制的存储过程的引用更应该保持谨慎。

14.1.5 事务、事务日志和检查点

在数据库的正常操作中，大多数执行的活动都会记录在事务日志上。在事务日志中按页记录什么时候进行了什么操作，这些记录是用来备份和恢复数据库最重要的文件。

例如在自动提交事务处理模式下，要完成下面这条简单的 UPDATE 语句，SQL Server 需要完成很多工作。

```
UPDATE dbo.Tstudent SET Sname = '袁冰霖' WHERE StudentID = '0000000003'
```

在 SQL Server 服务端接收到该语句后，和事务日志有关的操作大致如下：

（1）会在缓存区的日志中记录"BEGIN TRAN"标记事务开始，同时会检查在缓存区中是否有将要修改的这一条数据，如果没有则从磁盘的数据库文件中调入该数据。

（2）将需要进行的修改操作记录在缓存区的日志中。

（3）在缓存区对调入的数据进行修改。

（4）当确定以上数据修改无误后，执行 COMMIT 操作时将"COMMIT"标记记录在缓存区日志中，并将缓存区的日志写入磁盘的日志文件中。

当缓存区产生了大量日志后，这时无需接收 COMMIT 信息也会将缓存区日志写入到磁盘的日志文件中。

缓存中的数据写入磁盘前，与这部分数据关联的缓存区日志必须先写入磁盘日志文件中，因此检查点过程中也会将日志写入磁盘。检查点的功能在下面紧跟着就会介绍。

（5）将确认修改的确认信息回复给客户端。

（6）通过检查点 CheckPoint 机制将缓存中修改过的数据写入磁盘。

可见，即使到了 COMMIT 阶段，也仅仅是将日志写入磁盘的日志文件中，而不会将实际修改过的数据写入磁盘的数据文件中。应该注意的是，缓存区的数据和缓存区的日志并不在同一片缓存中，它们分属于自己的缓存管理区。

那么何时将内存中修改过的数据写入数据库呢？这就需要通过检查点机制。在缓存区已经修改过但是还没有写入磁盘的数据页称为"脏页"，没写入磁盘日志的缓存区日志称为"脏日志"。直到检查点出现，不论该事务是否已经 COMMIT，SQL Server 都会将这些缓存中的"脏

数据"和"脏日志"刷新到磁盘中，并在日志中记录下检查点这件事。这样就保证了出现故障时可以从最近的检查点开始检查恢复，该回滚的回滚，该前滚的前滚，而不是从最开始检查，这样故障后的恢复动作可以以最小量最快速的方式进行恢复。

综上所述，检查点出现后在数据库中至少进行以下过程：

- 在磁盘日志文件中标记检查点开始。
- 将所有脏日志和数据页写入磁盘。
- 在磁盘日志文件中标记检查点结束。

 除了检查点机制会将缓存中的数据写入磁盘外，惰性编写器（Lazy Writer）也负责将缓存中的数据写入磁盘，该部分内容不在本书介绍的范围内，如有兴趣可自行查阅资料了解。

但也因为可能刷入磁盘的数据是还未 COMMIT 的，在缓存中可能该数据还会被修改，这时缓存中的这些数据就形成了第二次"脏数据"。但是这是无关紧要的，因为这些操作都记录日志了，不论之后要 ROLLBACK 还是 COMMIT，都可以对照日志进行操作。

当出现故障（如断电）时，缓存中的所有数据都会丢失，这时候有些事务应该回滚，有些事务应该前滚。

- 故障点前已经提交的事务前滚。
- 故障点仍未提交的事务回滚。

如图 14-1 所示，其中给出了 5 种情况。

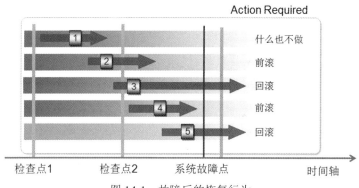

图 14-1　故障后的恢复行为

（1）事务 1。

由于在检查点 2 之前就已经完成了提交，在检查点 2 出现时，日志和数据都已经完整持久地写入了磁盘，因此出现故障后，不需要对此做任何事。

（2）事务 2。

对事务 2，由于在故障点前也完成了提交，虽然这时候数据并没有完全写入磁盘，但是日志已经记录完全，出现故障后，可以按照日志来将此事重新完成，即前滚。

（3）事务 3。

这是一个没完成的事务，出现故障后也无法继续完成，因此必须回滚。尽管事务 3 跨了检查点 2，部分"脏页"和"脏日志"已经写入磁盘，但是在故障来临时还没有完成提交，磁盘中已被写入的数据属于非预期数据，这部分数据应该回滚。

（4）事务 4。

事务 4 和事务 2 其实没有区别，在故障来临前已经完成了提交，日志已经记录完全，恢复时应该前滚。

（5）事务 5。

事务 5 未经过任何检查点，直到故障出现也没完成提交，因此故障出现后系统中完全没有记录该事务的日志记录。对于 SQL Server 来说，它就像是一个"过客"，只在曾经的缓存中出现过，消失了就再也不存在。因此事务 5 对事务本身来说，恢复过程中是进行了回滚，而对于 SQL Server 来说，则是什么也不做。

14.2　并发访问引起的问题

并发是任何一个数据库系统都要遇到的问题，也是应该着重去解决的方面。并发指的是这样一种概念：两个或两个以上的用户都尝试在同一时间与同一个对象进行交互。例如，去网上抢购演唱会门票时，开售的那一刻会有全国各地很多用户选定自己需要的票种下订单，然后进行付款，这时候就出现了并发现象，抢购的人越多，并发数就越高，对系统性能要求就越高。

如果不加以控制，修改数据的用户会影响其他修改同一数据的用户，这是并发带来的问题。例如，两个员工对同一个文档的两个副本进行修改，修改完成后他们都将副本上传覆盖原文档,那么后上传的文档肯定会覆盖先上传的文档,这就使得先上传文档的员工的工作白做了。那么，并发会引起哪些问题呢？

假如图 14-2 所示是某高校的期末考试成绩表，下面借助该图介绍并发问题。

	StudentID	Sname	sex	Class	mark
1	0000000002	何永赧	男	网络班	61
2	0000000003	江柔科	女	开发班	51
3	0000000004	孔国翠	男	网络班	95
4	0000000005	吕宁言	男	开发班	66
5	0000000006	胡辉香	女	测试班	88
6	0000000007	熊海洁	男	测试班	89
7	0000000008	严岚松	女	测试班	78
8	0000000009	吴军雪	男	开发班	86
9	0000000010	薛宁晶	男	开发班	67
10	0000000011	孟山鹃	男	开发班	94

图 14-2　学生成绩表

1. 丢失的更新

假如 ID 为 9 的学生担任了班长，辅导员要给他加 5 分，同时该学生在校期间又担任了学生会主席，书记要给他加 2 分。如果辅导员和书记在操作数据库中的这张成绩表时是按照下面的步骤进行的：

（1）辅导员开启一个事务从表中读取该行数据。

（2）书记另外开启一个事务从表中读取该行数据。

（3）辅导员对该行数据进行了加 5 分操作。

（4）书记对该行数据进行了加 2 分操作。

（5）辅导员和书记先后提交事务。

上面的操作简化如图 14-3 所示。

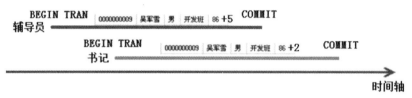

图 14-3　丢失的更新示意图

等到都提交完成之后再去查询成绩，发现分数并不是预期中的 93 分，而是 88 分。为什么会出现这种情况呢？书记开启事务后从数据库中读取的数据是 86 分，等到修改结束都提交事务后，不论更新后的数据有没有从内存刷新到磁盘，辅导员修改的数据总会被覆盖，因此结果就是 88 分了。

因此，当两个或多个事务对同一数据最初的值进行更新时，由于每个事务都不知道其他事务的存在，最后提交的事务中的更新操作就会覆盖其他事务所做的更新，这将导致其他事务所做的更新丢失。如果能控制一个事务修改某些数据时其他事务无法和这些数据进行访问，则可以避免丢失的更新问题。

2. 脏读

假如辅导员开启一个事务对 ID 为 9 的学生加 5 分，完成了更新但是还未提交时，该学生去查询自己的成绩，发现结果为 91 分，查询完成后辅导员发现分数加错对象了，所以回滚了该事务，以后该学生再去查询自己的成绩就是 86 分了。操作简化如图 14-4 所示。

图 14-4　脏读示意图

事务完成数据更新后，这时其他事务去查询该行数据时读取的数据是临时的，如果最后更新的事务被回滚，这个临时数据对于查询的事务来说就是"脏数据"。如果能控制一个有更新操作的事务在提交或回滚之前其他事务不能读取更改这部分数据，则可以避免出现脏读现象。

3. 不可重复读

如果该学生开启一个事务查询自己的成绩，在还没提交事务时辅导员开启另一个事务进行加分操作，操作提交后该学生再去查询自己的成绩，发现和第一次查询结果不一样。图 14-5 描述了该现象。

图 14-5　不可重复读示意图

在一个事务的两次查询之间，同一数据被其他事务更新，导致同一事务中两次查询结果不同，这就是不可重复读现象。

4. 幻影读

当辅导员开启一个事务要查询网络班学生时，可以使用一个 WHERE 子句指定 Class='网络班'为查询条件，如果这时候另外一个事务 DELETE 其中一条网络班的学生数据，再使用 Class='网络班'为查询条件查询网络班学生时会发现比前面查询结果少一条记录。操作如图 14-6 所示。

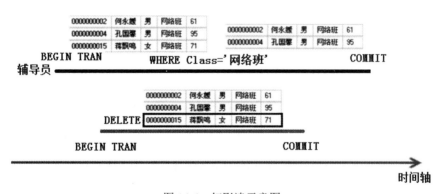

图 14-6　幻影读示意图

如上所述，一个事务中指定范围的两次查询结果因为其他事务更新了符合范围的数据，导致这两次查询结果不同，这样的现象称为幻影读。

幻影读不仅仅只适用于符合条件的范围内记录有多少，还适用于涉及到范围概念的情况。例如下面的语句是用于统计网络班的平均分，如果其他事务对符合该范围的记录进行了修改，将导致两次统计的结果不一致，这也是幻影读。

```
SELECT AVG(mark)FROM table_student GROUP BY Class HAVING Class = '网络班'
```

幻影读和不可重复读类似，都是在一个事务中的两次查询由于其他事务中的更新操作导致结果不同。它们的区别在于，幻影读与符合条件的范围数据相关，而不可重复读是确定的某条记录。

表 14-1 中是对引起并发问题的条件和结果的总结。

表 14-1　引起并发问题的条件和结果

并发访问引起 的问题	引发问题的条件和造成的结果
丢失的更新	两个或多个事务对同一数据进行更新操作，导致后提交的数据覆盖了先提交的数据
脏读	在一个事务中更新的数据在提交前被写入磁盘（如遇到检查点），这时其他事务进行了一次查询，但是更新操作被回滚，导致再次查询和前一次查询结果不同
不可重复读	在同一个事务中进行的两次查询操作之间，其他事务对查询的数据进行了更新并已经提交，导致两次查询结果不一致
幻影读	在进行两次范围查询操作之间，其他事务对符合范围条件的数据进行了更新，导致两次查询结果不一致

14.3　锁

顾名思义，锁的功能是锁定。在数据库系统中也有锁的概念：在哪些数据或对象上获取了锁就对对应的数据或对象进行了锁定，其他事务就无法获取和现有锁相冲突的锁。

锁是事务用来保护与自己交互的数据或对象不受其他事务干扰的机制，实现了事务与事务之间的隔离。换言之，如果 A 用户正在操作某个对象或数据，其他用户就无法进行冲突的操作，而且其他用户能执行哪些操作取决于 A 用户获得的锁的类型。正是由于锁的存在，才可以根据业务需求合理地解决并发访问带来的问题。

获取什么锁以及在哪些数据或对象上获取锁，这些都是由 SQL Server 通过锁管理器自动进行分配和管理的。锁管理器负责维护锁，比如管理锁类型之间的兼容性检测、死锁出现后如何解决、何时将锁升级到一个更高级别的锁。这些锁的维护不是免费的，它需要消耗一定资源，如果锁的数量非常大，在内存中锁占有的资源也会较大。

14.3.1　锁的粒度和锁升级

数据库可以在数据库中的多层次上获取锁。例如可以在某一行数据上获取锁，也可以在整张表上获取锁，还可以在整个数据库上获取锁。这种多层次的锁结构称为锁的粒度。层次越高，粒度越粗，性能越高，并发度越低。

可以在下面的几种粒度上申请锁：

- 行或行标识符（RID）：属于行级锁，用于锁定堆中单个行的行标识符。由于在内部结构中，锁是放在 RID 上的，但在功能上它锁定的就是该行。
- 键（Key）：属于行级锁，在索引的键上存放锁，用于保护事务中的键范围。
- 页（Page）：锁定该页中的所有数据或键。
- 区（Extent）：锁定整个区段，包括里面的页以及页中的数据行和键。
- 表（Table）：锁定整个表以及与表关联的所有对象，如表中的数据行、索引键。
- 数据库（Database）：锁定整个数据库。

如果要更新一张表中的绝大部分记录，与其在这些数据行上分别获取锁还不如直接获取整张表上的锁，这样可以在很大程度上降低检测和维护锁的开销，从而提升数据库的性能。但是，对高层次资源的锁定会导致低层次资源全都被锁定，那些"无辜"的数据也将被锁定，这会带来并发度降低的问题。

由低层次的锁升级到更高层次的锁称为锁升级。SQL Server 可以自动将行锁、键锁或页锁适当升级为表锁或区锁。默认设置下，低于表级别的锁在升级时都会直接升级为表锁（如行锁不会升级到页锁，而是直接跳至表锁）。发生锁升级时，较小单元上的锁被释放，并被大单元上的一个锁取代。如前所述，锁升级可以保护系统资源并提高效率，但是会降低并发度。

14.3.2　锁的类型和查看锁

数据库引擎基于事务类型（如 SELECT、INSERT、UPDATE 或 DELETE）选择使用不同的锁，这些锁决定了并发事务访问资源的方式。

锁的类型有共享锁（S 锁）、独占锁（X 锁）、意向锁、更新锁（U 锁）、架构锁和大容量更新锁。在本章范围内详细讲述前四种锁类型并介绍查看锁的两种方法：通过存储过程 sp_lock 和通过动态管理视图 sys.dm_tran_locks。

1. 共享锁（S 锁）

共享锁是一种基本的锁，它用于只需要读取不需要进行更改或更新数据的操作，如 SELECT 语句就是一种最基本最常见的申请共享锁的语句。

共享锁和共享锁是兼容的，也就是说多个用户可同时读取同一数据。但是共享锁和独占锁冲突。这就相当于共享锁告诉其他用户不介意其他用户一起查看，但是在查看的时候其他用户不能进行修改。

例如图 14-7 中选定的学生，任何人都可以在同一时间查看该学生的信息，但是在有人查看的时候其他任何人都不能对该学生信息进行修改。

可以使用下面的语句来验证它们并查看锁情况。由于 SQL Server 默认的事务隔离级别（后面会详细介绍）下，SELECT 语句申请的共享锁会在查询结束后立即释放，不便于演示对共享锁查看的实验，因此在 SELECT 语句中使用了 WITH(HOLDLOCK)，表示使用锁提示（LOCK

HINT）功能让 SELECT 语句申请的共享锁一直持有直到事务结束。一般情况下，锁的分配都是由锁管理器负责的，如果要人为干预锁，可以在查询或修改语句的表名后使用 WITH()关键字显式指定。在本章中不介绍该部分内容，在此处只需要知道 WITH(HOLDLOCK)的作用即可。

```
--打开两个新建查询窗口，这两个会话分别为 Session1 和 Session2
--在 Session1 中运行下面的语句
BEGIN TRAN
SELECT * FROM Tstudent WITH(HOLDLOCK)        --使用 WITH(HOLDLOCK)提示
WHERE StudentID='0000000009'
--在 Session2 中分次运行下面的语句
BEGIN TRAN
SELECT * FROM dbo.TstudentWHERE StudentID='0000000009'
DELETE dbo.Tstudent WHERE StudentID='0000000009'
```

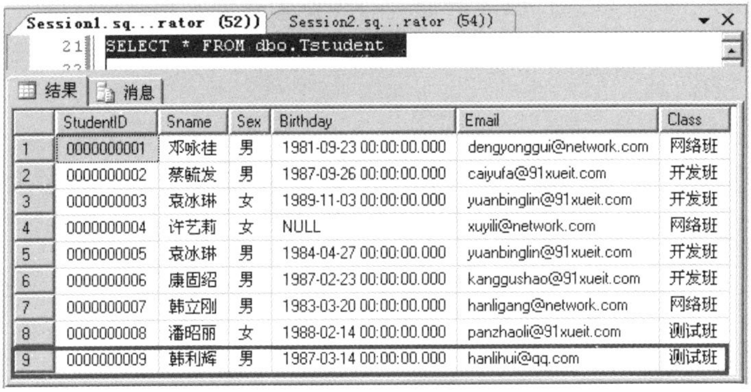

	StudentID	Sname	Sex	Birthday	Email	Class
1	0000000001	邓咏桂	男	1981-09-23 00:00:00.000	dengyonggui@network.com	网络班
2	0000000002	蔡毓发	男	1987-09-26 00:00:00.000	caiyufa@91xueit.com	开发班
3	0000000003	袁冰琳	女	1989-11-03 00:00:00.000	yuanbinglin@91xueit.com	开发班
4	0000000004	许艺莉	女	NULL	xuyili@network.com	网络班
5	0000000005	袁冰琳	男	1984-04-27 00:00:00.000	yuanbinglin@91xueit.com	开发班
6	0000000006	康固绍	男	1987-02-23 00:00:00.000	kanggushao@91xueit.com	开发班
7	0000000007	韩立刚	男	1983-03-20 00:00:00.000	hanligang@network.com	网络班
8	0000000008	潘昭丽	女	1988-02-14 00:00:00.000	panzhaoli@91xueit.com	测试班
9	0000000009	韩利辉	男	1987-03-14 00:00:00.000	hanlihui@qq.com	测试班

图 14-7　共享锁

这时候可以发现第二个会话中的 SELECT 语句能够执行并得到结果，而 DELETE 语句无法执行，一直处于等待状态，如果这时候在 Session1 中提交或者回滚事务，则 DELETE 可正常执行。

在 Session1 中事务未提交状态下，通过存储过程 sp_lock 可以查看 SELECT 持有的锁情况。查看结果如图 14-8 所示。

```
--通过 sp_lock 查看锁
EXEC sp_lock
```

	spid	dbid	ObjId	IndId	Type	Resource	Mode	Status
1	52	6	0	0	DB		S	GRANT
2	52	1	1131151075	0	TAB		IS	GRANT
3	52	6	2105058535	0	TAB		S	GRANT
4	53	6	0	0	DB		S	GRANT
5	54	6	0	0	DB		S	GRANT

图 14-8　sp_lock 查看的共享锁

在图中，除了选中的是 SELECT 查询的锁外，其他的是新建查询就进行的锁定，包括对新建查询所在数据库的共享锁以及对 Master（dbid=1）数据库中某张表的锁定。通过 sp_lock 可以查看到的信息包括：spid、dbid（databaseID）、ObjId（ObjectID）、IndexID（IndId）、锁粒度（Type）、锁位置的说明（Resource）、锁模式（Mode）和锁状态（Status）。

还可以通过查询动态管理视图 sys.dm_tran_locks 来查看锁的情况。因为是视图，所以可以和其他表或视图进行联接得到更灵活更友好的结果。参考下面与 sp_lock 字段对应后的语句，结果如图 14-9 所示。

```
--通过 sys.dm_tran_locks 查看锁
SELECT request_session_id AS spid,
        resource_database_id AS dbid,
        resource_associated_entity_id,
        resource_type AS Type,
        resource_description AS Resource,
        request_mode AS Mode,
        request_status AS Status
FROM sys.dm_tran_locks;
```

	spid	dbid	resource_associated_entity_id	Type	Resource	Mode	Status
1	54	6	0	DATABASE		S	GRANT
2	53	6	0	DATABASE		S	GRANT
3	52	6	0	DATABASE		S	GRANT
4	52	6	2105058535	OBJECT		S	GRANT

图 14-9　通过 sys.dm_tran_locks 查看锁

实验结束后回滚 Session1 和 Session2。

共享锁可以避免不可重复读问题和幻影读问题。如果在资源上获取了 S 锁，其他事务就不能修改这部分资源，这就避免了由并发带来的不可重复读问题。如果在范围内获取了 S 锁，则还可以避免幻影读问题。

2. 独占锁（X 锁）

独占锁也称排他锁。意如其名，排斥其他所有的锁类型，即和其他所有的锁都冲突。

当需要进行数据更改操作如 INSERT、UPDATE 或 DELETE 时，锁管理器就会分配 X 锁。一般情况下，数据修改时包含两个动作：读取需要的数据和修改数据，因此在数据修改时会申请独占锁和共享锁。在同一张表中修改数据，此时共享锁更应该称为更新锁，但是如果更新操作联接了其他表，那么其他表上就会存在共享锁，并在需要的数据上申请独占锁。

例如在 Session1 中要删除 StudentID='0000000009'的记录，然后查看锁情况，结果如图 14-10 所示。

```
--在 Session1 中运行下面的语句
BEGIN TRAN
DELETE dbo.Tstudent WHERE StudentID='0000000009'
--查看锁
SELECT request_session_id AS spid,
```

```
            resource_database_id AS dbid,
            resource_associated_entity_id,
            resource_type AS Type,
            resource_description AS Resource,
            request_mode AS Mode,
            request_status AS Status
FROM sys.dm_tran_locks;
```

	spid	dbid	resource_associated_entity_id	Type	Resource	Mode	Status
1	58	6	0	DATABASE		S	GRANT
2	57	6	0	DATABASE		S	GRANT
3	54	6	0	DATABASE		S	GRANT
4	53	6	0	DATABASE		S	GRANT
5	52	6	0	DATABASE		S	GRANT
6	52	6	72057594043695104	RID	1:218:8	X	GRANT
7	52	6	72057594043695104	PAGE	1:218	IX	GRANT
8	52	6	2105058535	OBJECT		IX	GRANT
9	52	6	117575457	OBJECT		IX	GRANT

与Tstudent表有依赖关系的Tscore表

图 14-10　独占锁

在图 14-10 所示的结果中，显示了在行标识符上有独占锁，其中的 1:218:8 表示在第一个数据库文件中第 218 页的第 8 行数据，即表示该行记录的在文件中的物理位置为 1:218:8。图中还有一行 OBJECT_ID=117575457 的记录，该对象是与 Tstudent 表有绑定依赖关系的 Tscore 表，这可以通过语句"SELECT OBJECT_NAME(117575457)"得知。

实验完成后回滚该事务。

3.　更新锁（U 锁）

更新锁和共享锁兼容，和独占锁冲突。更新锁和更新锁也冲突。

如前所述，修改数据时包含了两个动作：读取需要的数据和修改数据。这期间会先申请更新锁后申请独占锁，更新锁是共享锁和独占锁两者的混合锁，或者说更新锁是一种过渡锁。在进行数据搜索时持有了更新锁，由于更新锁和共享锁兼容，因此此时其他事务是允许读取数据的，当确定修改数据后，更新锁等待其他事务的共享锁释放后就会转换为独占锁，并将其他事务的相关资源的锁申请全部队列化堵在数据修改的进程外，直到独占锁释放，其他事务才能进行相关资源的锁申请。

为什么数据更新时的第一个阶段获取的是更新锁而不是共享锁呢？因为更新锁能够避免常见的死锁问题。两个事务都在等待一个资源，但同时又相互阻止对方获取资源，这时就会发生死锁现象。例如，事务 A 和事务 B 都获取了某一行数据的共享锁，当事务 A 想修改该数据时要将共享锁转换为独占锁，这就需要等待事务 B 释放共享锁，但是事务 B 也想修改数据，将共享锁转换为独占锁，它也将等待事务 A 释放共享锁，这样两个事务之间就形成了僵局。A 等待 B，同时 B 等待 A，两者又相互阻止，这就是死锁现象。更多关于死锁的内容将在本章最后一个小节中介绍。

更新锁和共享锁相互兼容，因此更新锁和共享锁可能在同一资源上相互共存，但更新锁和更新锁是相互冲突的，所以只能有一个事务对数据持有更新锁。在过渡为独占锁前，持有更新锁的事务必须先等待其他事务释放所有的共享锁，这就避免了上述的死锁问题。

4. 意向锁

意向锁并不是一种独立的锁模式，它更像是一种用于限定共享锁、独占锁、更新锁等独立锁的模式。主要有意向共享锁（IS 锁）、意向排他锁（IX 锁）和意向共享排他锁（SIX 锁）。

假如有一张 100 万条数据的表，用户 A 要修改其中的两条记录并在这两条记录上加了独占锁，现在用户 B 想在这张表上加上共享锁，那么 SQL Server 就会判断能否在表上加 S 锁。如何判断呢？SQL Server 会检测这张表中有哪些锁，如果用户 A 修改的数据正好在最后检测到，就要判断 100 万次，显然速度慢得多。如果在用户 A 申请 X 锁之前就申请表上的锁，用户 B 想申请表上的共享锁时只需要在表上判断是否有冲突的锁即可，而不需要对整张表中的记录缓慢地判断。

用户 A 申请 X 锁前在表上申请的锁就是意向锁，因为用户 A 在数据行上申请的是 X 锁，所以在表上申请的就是意向独占锁（IX 锁）。同理，在数据行上申请 S 锁之前可以在表上申请意向共享锁（IS 锁）。还有意向共享排他锁（SIX 锁），在修改的行上获取独占锁 X，在更上一级的页或区上获取意向独占锁 IX，在表上获取意向共享锁 IS。由于 SIX 和 IX、X 冲突，和 IS 兼容，所以可以实现更新表中的部分资源的同时允许其他事务通过并发的 IS 来进行表数据的读取。

意向锁可以提高性能，因为锁管理器只需要在表级检查意向锁来确定事务是否可以申请该表上的锁，而不需要检测每行或每页。

在图 14-10 中就可以看到意向锁的存在。在 RID 上有 X 锁，在 PAGE 和 TABLE 上有 IX 锁，同时在有依赖关系的 Tscore 表上也有 IX 锁。

14.3.3　锁的兼容性

锁的兼容性控制多个事务能否同时获取同一资源上的锁。如果在同一资源上要获取的锁相互冲突则只能等待已有锁释放或者锁超时，如果锁相互兼容则可以进行相应的操作。

图 14-11 中列出了常见锁的兼容性。

锁模式	IS	S	U	IX	SIX	X
IS	是	是	是	是	是	否
S	是	是	是	否	否	否
U	是	是	否	否	否	否
IX	是	否	否	是	否	否
SIX	是	否	否	否	否	否
X	否	否	否	否	否	否

图 14-11　常见锁的兼容性

14.4 设置事务隔离级别

在上一小节中详细地介绍了锁机制，知道了在进行查询和数据修改时如何加锁以及这些锁之间的兼容性。通过锁机制可以改善并发带来的问题，但是锁是数据库内部的机制，由锁管理器自行管理，人为干预（使用锁提示的方法可以人为指定锁和锁的持有时间）很可能会引发问题。因此，一般情况下用户无法直接控制锁来解决并发引起的问题。

在数据库系统中可以通过设置事务隔离级别来间接地控制锁，实现事务之间的隔离，从而解决并发问题。事务隔离级别是并发控制的整体解决方案，其实质是通过控制锁来控制事务之间如何进行隔离。

在标准 SQL 规范中定义了 4 种事务隔离级别：提交读（READ COMMITTED）、未提交读（READ UNCOMMITTED）、可重复读（REPEATABLE READ）和串行化（SERIALIZABLE）。在 SQL Server 2005 中微软公司还扩展了两种事务隔离级别：在提交读基础上增强的基于快照的提交读和快照隔离（SNAPSHOT ISOLATION），扩展的这两种隔离级别都是通过在 tempdb 中存放数据行的旧版本来实现的。

可以使用下面的语句来查看当前事务的隔离级别。例如默认情况下隔离级别为 READ COMMITTED，如图 14-12 所示。

```
DBCC USEROPTIONS
```

	Set Option	Value	
5	lock_timeout	-1	
6	quoted_identifier	SET	
7	arithabort	SET	
8	ansi_null_dflt_on	SET	
9	ansi_warnings	SET	
10	ansi_padding	SET	
11	ansi_nulls	SET	
12	concat_null_yields_null	SET	
13	isolation level	read committed	

图 14-12　默认的隔离级别

14.4.1 SQL 标准定义的 4 种事务隔离级别

1. 提交读（READ COMMITTED）

READ COMMITTED 是 SQL Server 默认的隔离级别。在该隔离级别下，查询申请的共享锁在语句执行完毕后就释放，不需要等待事务结束才释放；数据修改申请的独占锁将一直持有，直到事务结束才释放。设置提交读，可以避免脏读问题，但是对不可重复读和幻影读无能为力。

下面的语句验证了事务隔离级别为 READ COMMITTED 时只能读取提交的数据。

```
--打开两个会话 Session1 和 Session2
--在 Session1 中运行
```

```
BEGIN TRAN
UPDATE dbo.Tstudent SET Sname='韩力辉' WHERE StudentID='0000000009'
--在 Session2 中分次运行下面的两个 SELECT 语句
BEGIN TRAN
SELECT * FROM dbo.Tstudent WHERE StudentID='0000000008'
SELECT * FROM dbo.Tstudent WHERE StudentID='0000000009'
--在 Session1 中提交事务
COMMIT
--在 Session2 中查询结果并提交事务
SELECT * FROM dbo.Tstudent WHERE StudentID='0000000009'
COMMIT
```

实验过程中可以发现，第一个 SELECT 语句能够顺利执行，第二个 SELECT 语句一直处于等待状态。这是因为 Session1 的事务在该行记录上加了独占锁，且一直持有直到事务结束，所以其他事务不能对此记录申请共享锁。之所以可以查询其他记录，是因为 Session1 中的事务在 Tstudent 表上加了 IX 锁，Session2 事务要在此表上申请与之兼容的 IS 锁，然后在 StudentID='0000000008'行加共享锁。

在 Session1 提交事务后再去 Session2 执行 SELECT 语句，则可以顺利查询。

另外，如果在 Session1 中执行 SELECT 语句后查看锁，会发现没有新增的共享锁，因为 SELECT 语句执行完毕后共享锁就直接释放了。

设置和查看隔离级别的方法很简单，只需要执行下面的语句就可以设置为提交读。

```
--设置提交读事务隔离级别
SET TRANSACTION ISOLATION LEVEL READ COMMITTED
 --查看事务隔离级别
DBCC USEROPTIONS
```

查看结果如图 14-13 所示，在最后一行的 "isolation level" 值为 read committed。应该注意的是，隔离级别的设置是会话级别的，所以该设置只在当前会话有效。

图 14-13　查看事务隔离级别

2. 未提交读（READ UNCOMMITTED）

未提交读是控制级别最低的级别，设置了未提交读后，该会话的所有读操作将不申请共享锁，因此读时也将忽略所有的锁，但是更新时仍然会申请独占锁。在这种情况下，并发带来的问题都可能会发生。

以下面的示例进行演示。

```
--在 Session1 中更新记录
BEGIN TRAN
UPDATE dbo.Tstudent SET Sname='韩力辉' WHERE StudentID='0000000009'
--在 Sessio2 中设置未提交读事务隔离级别并查询记录
SET TRANSACTION ISOLATION LEVEL READ UNCOMMITTED
BEGIN TRAN
SELECT * FROM dbo.Tstudent WHERE StudentID='0000000009'
COMMIT
```

在实验中 Session2 中的 SELECT 是可以正常运行的。应该注意到，在 Session1 中不需要设置未提交读的隔离级别。

未提交读的事务隔离级别比较危险，因为它的隔离层次太低，并发情况下可能出现较多问题。因此非特殊需求，不建议设置为此隔离级别。

如果隔离级别不是设置成未提交读，但是又有需求暂时读取数据，则可以使用隔离提示的方法，在表名后使用 WITH 关键字。例如上述 Session2 中将事务隔离级别改回 READ COMMITTED，使用隔离提示 READUNCOMMITTED 或锁提示 NOLOCK 查询记录。

```
--在 Session2 中执行
SET TRANSACTION ISOLATION LEVEL READ COMMITTED
BEGIN TRAN
SELECT * FROM dbo.Tstudent WITH(READUNCOMMITTED)WHERE StudentID='0000000009'
COMMIT
```

通过隔离提示，可以指定的关键字包括：READUNCOMMITTED、READCOMMITTED、REPEATABLEREAD 和 SERIALIZABLE。

实验结束后回滚 Session1 中的事务。

3. 可重复读（REPEATABLE READ）

可重复读的事务隔离级别相比提交读级别有所提高，对事务的保护能力也更强。设置为可重复读隔离级别时，除了独占锁会一直持有直到事务结束（独占锁在任何隔离级别下都应该一直持有到事务结束，如果独占锁很快释放，数据修改后的撤回操作会变得更麻烦）外，共享锁也一样持有到事务结束。

在可重复读级别下，脏读、丢失的更新和不可重复读问题都能够避免。但是也因为共享锁一直持有，会导致其他事务不能对相关数据进行修改，降低了并发度和性能。

可重复读隔离级别无法避免幻影读问题。

一个简单的测试示例如下：

```
--在 Session1 中运行
SET TRANSACTION ISOLATION LEVEL REPEATABLE READ
BEGIN TRAN
SELECT * FROM dbo.Tstudent WHERE StudentID='0000000009'
```

```
--在 Session2 中执行修改语句
BEGIN TRAN
UPDATE dbo.Tstudent SET Sname='韩力辉' WHERE StudentID='0000000009'
```

Session2 中的更新语句无法正常执行，因为在该条记录上一直有共享锁，可以查看锁的情况，如图 14-14 所示。

	spid	dbid	resource_associated_entity_id	Type	Resource	Mode	Status
1	56	6	0	DATABASE		S	GRANT
2	55	6	0	DATABASE		S	GRANT
3	52	6	0	DATABASE		S	GRANT
4	52	6	72057594043695104	RID	1:218:8	S	GRANT
5	52	6	72057594043695104	PAGE	1:218	IS	GRANT
6	52	6	2105058535	OBJECT		IS	GRANT

图 14-14　可重复读级别下共享锁一直保持

实验结束后先回滚 Session2 中的事务，再提交或回滚 Session1 中的事务。

4. 串行化（SERIALIZABLE）

串行化隔离级别隔离层次最高，它能够避免丢失的更新、脏读、不可重复读和幻影读问题。设置为串行化隔离级别后，共享锁也将一直持有直到事务结束。比可重复读更严格的是它的锁定是范围的，还包括潜在的数据修改。它保证了在范围内的前后两次查询结果不会出现增加记录或减少记录而出现幻象。

串行化隔离级别对锁控制的方式为：如果在查询指定条件的列上有索引，则在该列符合条件的范围记录内加上 KEY 粒度的锁（键范围锁）；如果在查询条件的列上没有索引，则直接在表上加共享锁。

下面用两个示例来分别演示有索引和没有索引的情况。

```
--在条件列上没有索引时
--在 Session1 上执行
SET TRANSACTION ISOLATION LEVEL SERIALIZABLE
BEGIN TRAN
SELECT * FROM dbo.Tstudent WHERE CAST(StudentID AS INT)>7
--在 Session2 上分次执行修改语句
BEGIN TRAN
--先执行
UPDATE dbo.Tstudent SET Sname='韩力刚' WHERE StudentID='0000000007'
--再执行
UPDATE dbo.Tstudent SET Sname='韩力辉' WHERE StudentID='0000000009'
```

在这个示例演示中，可以发现 Session2 中的两个更新语句都不能顺利执行。查询锁情况，如图 14-15 所示。此时共享锁直接加在表上，因此 Session2 中执行的更新语句无论范围是否符合"WHERE CAST(StudentID AS INT)>7"都不能执行：UPDATE 语句要执行需要提前申请表级的 IX 锁，IX 锁和 S 锁冲突。

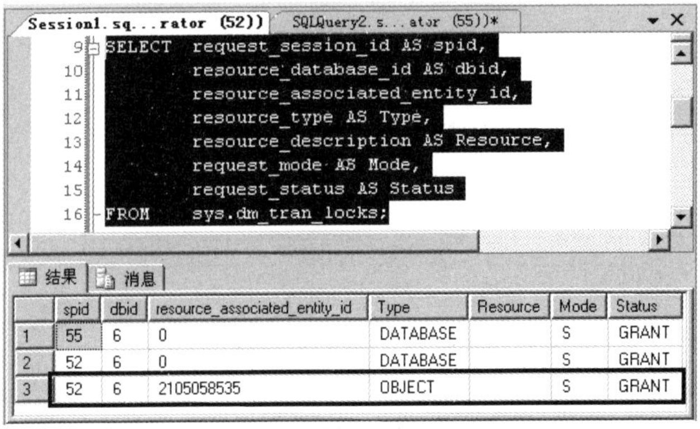

图 14-15　没有索引时在表上加共享锁

示例实验完毕后回滚两个 Session 中的事务。下面演示条件列有索引时的情况。

```
--在条件列上有索引时
--在 Session1 中执行
--在 StudentID 列上创建聚集索引
CREATE CLUSTERED INDEX IDX_StudentID ON dbo.Tstudent(StudentID)
BEGIN TRAN
SELECT * FROM dbo.Tstudent WHERE CAST(StudentID AS INT)>7
--在 Session2 上分次执行修改语句
BEGIN TRAN
--先执行
UPDATE dbo.Tstudent SET Sname='韩力刚' WHERE StudentID='0000000007'
--再执行
UPDATE dbo.Tstudent SET Sname='韩力辉' WHERE StudentID='0000000009'
```

在执行 Session2 中的更新语句时，同样两条语句都不能执行。通过执行下面的语句查看锁情况，如图 14-16 所示。

```
SELECT request_session_id AS spid,
        resource_database_id AS dbid,
        resource_associated_entity_id,
        resource_type AS Type,
        resource_description AS Resource,
        request_mode AS Mode,
        request_status AS Status,
        B.StudentID AS 对应的学号
FROM sys.dm_tran_locks A
LEFT JOIN dbo.Tstudent B
ON A.resource_description = B.%%LOCKRES%%
```

除了在页和表上加的是意向共享锁外，其他的锁都是范围共享锁（RangeS-S 锁），而且这些键范围锁不仅仅只加在"WHERE CAST(StudentID AS INT)>7"范围内，加锁的范围由数据库内部计算。此处只需要明白锁的范围不一定会加在表中的所有记录上，但是会超出查询语句中指定的范围。

	spid	dbid	resource_associated_entity_id	Type	Resource	Mode	Status	对应的学号
1	56	6	0	DATABASE		S	GRANT	NULL
2	56	6	72057594044547072	PAGE	1:205	IS	GRANT	NULL
3	56	6	72057594044547072	KEY	(ffffffffffff)	RangeS-S	GRANT	NULL
4	56	6	72057594044547072	KEY	(1559208446f2)	RangeS-S	GRANT	0000000008
5	56	6	72057594044547072	KEY	(dac2de3e3129)	RangeS-S	GRANT	0000000007
6	56	6	72057594044547072	KEY	(8aaee79c91c8)	RangeS-S	GRANT	0000000009
7	56	6	72057594044547072	KEY	(98f34c6cc3b7)	RangeS-S	GRANT	0000000001
8	56	6	2105058535	OBJECT		IS	GRANT	NULL
9	56	6	72057594044547072	KEY	(45351926e613)	RangeS-S	GRANT	0000000006
10	56	6	72057594044547072	KEY	(7bda97174866)	RangeS-S	GRANT	0000000004
11	56	6	72057594044547072	KEY	(a61cc25d6dc2)	RangeS-S	GRANT	0000000003
12	56	6	72057594044547072	KEY	(e42d500f9f5c)	RangeS-S	GRANT	0000000005
13	56	6	72057594044547072	KEY	(39eb0545baf8)	RangeS-S	GRANT	0000000002

图 14-16　条件列上有索引时的共享锁

14.4.2　行版本的事务隔离级别

前面介绍的 4 种事务隔离级别是由 SQL 标准定义的，它们通过控制锁来避免并发问题。设置级别过低容易引起并发问题，设置级别过高则会影响并发度。从 SQL Server 2005 开始，微软公司对隔离级别进行了扩展，提供了依赖于行版本控制的事务隔离级别。它通过将行复制到 Tempdb 数据库中来代替使用锁定，从而提高并发性能。实际上，触发器中的临时表（deleted 表和 inserted 表）也属于 tempdb 中的行版本数据。

依赖于行版本控制的事务隔离级别有两种：一是在现有 READ COMMITTED 事务隔离级别上提供了语句级的行版本隔离——基于快照的提交读；二是新增了一个快照隔离（SNAPSHOT ISOLATION）级别，用于提供行版本控制的事务级隔离。

快照隔离级别的开启方法参考下面的语句（以 SchoolDB 数据库为例）：

```
--下面的设置是数据库级别的，表示允许快照隔离
ALTER DATABASE SchoolDB SET ALL_SNAPSHOT_ISOLATION ON;
--下面的设置是会话级别的，设置后此会话中的事务都称为快照事务
SET TRANSACTION ISOLATION LEVEL SNAPSHOT;
```

要实现快照隔离，上面的两条语句都要执行。

基于快照的提交读隔离级别的开启方法参考下面的语句（以 SchoolDB 数据库为例）：

```
--下面的设置是数据库级别的
--设置时保证只有运行该语句的会话连接到 SchoolDB，否则设置会被阻塞
ALTER DATABASE SchoolDB SET READ_COMMITTED_SNAPSHOT ON;
--下面的设置是会话级别的
SET TRANSACTION ISOLATION LEVEL READ COMMITTED;
```

如果要将已经开启的非提交读隔离级别的会话设置为基于快照的提交读，上面的两条语句都应该执行；如果已经开启的会话隔离级别是提交读，则只需要执行上面的第一条语句将 READ_COMMITTED_SNAPSHOT 设置为 ON 即可。因为将 READ_COMMITTED_SNAPSHOT 设置为 ON 后，新开启会话的隔离级别都默认为 READ COMMITTED SNAPSHOT。

当 READ_COMMITTED_SNAPSHOT 或 ALLOW_SNAPSHOT_ISOLATION 数据库选项设置为 ON 时，代表开启了行版本，此后的每个行修改语句执行时都会向 tempdb 数据库复制行的旧版本，并且 SQL Server 数据库引擎为使用行版本控制操作数据的每个事务分配一个事务序列号（XSN）。事务在执行 BEGIN TRANSACTION 语句时开始分配。但是事务序列号在执行 BEGIN TRANSACTION 语句后的每一次读/写操作时开始增加，并且每次分配时都增加 1。

1. 基于快照的提交读（READ COMMITTED SNAPSHOT）

使用行版本控制的提交读隔离提供语句级读取的一致性。之所以是语句级读取一致性，是因为事务中的每条语句（包括 SELECT、INSERT、UPDATE 和 DELETE）执行时都将产生新的数据快照，并且读取的数据是在每条语句开启前已经提交的行版本。

由于 READ_COMMITTED_SNAPSHOT 设置为 ON 后，事务开启后每条语句的执行都会增加事务序列号（XSN）值，同时每条修改语句又都会产生一个行版本，因此 XSN 和行版本之间可以一一对应，通过 XSN 值就可以知道该版本的数据。但是每次读取数据时只能读取已提交的行版本，SQL Server 会识别哪个行版本是提交的还是未提交的。在 Tempdb 数据库中可能保存着大量未提交时产生的"废弃"版本，这些版本在所有关联事务结束时被释放，释放后由行版本控制器定时（默认 1 分钟）清理。

因为读取的数据来源于行版本而不是实际表中的数据，因此读取数据时不会加共享锁，也就不会阻塞其他事务的更新和读取操作。

下面的示例演示了基于快照的提交读隔离级别下的控制行为。

```
--先断开除 Session1 会话以外连接到 SchoolDB 的其他会话
--在 Session1 中执行
ALTER DATABASE SchoolDB SET READ_COMMITTED_SNAPSHOT ON
SET TRANSACTION ISOLATION LEVEL READ COMMITTED
```

新开启一个会话 Session2，执行下面的语句，每条语句后的注释为执行的步骤。

```
--在 Session1 中执行
BEGIN TRAN   tran1                                                        --第一步
SELECT * FROM dbo.Tstudent WHERE StudentID='0000000009'                   --第二步
SELECT * FROM dbo.Tstudent WHERE StudentID='0000000009'                   --第五步
SELECT * FROM dbo.Tstudent WHERE StudentID='0000000009'                   --第七步
UPDATE dbo.Tstudent SET Sname='韩利辉' WHERE StudentID='0000000009'        --第八步
COMMIT tran1                                                              --第九步
--在 Session2 中执行
BEGIN TRAN tran2                                                          --第三步
UPDATE dbo.Tstudent SET Sname='韩力辉' WHERE StudentID='0000000009'        --第四步
COMMIT tran2                                                              --第六步
```

下面是对每个步骤 SQL Server 所进行的动作的解释。

第一步：开启事务 tran1 时分配事务序列号，假如为 tran1-1。

第二步：查询时获取已经提交的行版本，假如为 tran1-1-A，查询完成后事务序列号加 1，假如为 tran1-2，并保存新的行版本 tran1-2-B 到 Tempdb 中。

　　第三步：开启事务 tran2 时分配事务序列号，假如为 tran2-1。

　　第四步：更新开始前获取已提交的行版本 tran1-1-A，并从行版本过渡到表中的实际数据后加独占锁修改数据。修改后事务序列号加 1，假如为 tran2-2，并存储新的行版本 tran2-2-B。

　　第五步：查询时获取已经提交的行版本，仍然为 tran1-1-A，查询完成后事务序列号加 1，假如为 tran1-3，并保存新的行版本 tran1-3-C 到 Tempdb 中。

　　第六步：提交 tran2 事务后，释放独占锁，将行版本 tran2-2-B 标记为提交版本 tran2-2-B（提交）。

　　第七步：查询时获取已经提交的行版本 tran2-2-B（提交），查询完成后事务序列号加 1，假如为 tran1-4，并保存新的行版本 tran1-4-D 到 Tempdb 中。

　　第八步：更新开始前获取已提交的行版本 tran2-2-B（提交），并从行版本过渡到表中的实际数据后加独占锁修改数据。修改后事务序列号加 1，假如为 tran1-5，并存储新的行版本 tran1-5-E。

　　第九步：提交 tran1 事务后，释放独占锁，将行版本 tran1-5-E 标记为提交版本 tran1-5-E（提交）。到此阶段，所有的事务都结束，所有的行版本被释放，以后事务读取时将获取最新的提交版本 tran1-5-E（提交）。

　　在上述实验中，尽管在第四步中进行了数据更新，第二步和第五步查询得到的结果还是一样的。直到 Session2 中的事务提交后，第七步的查询结果才是第四步更新后的结果。并且 Session2 事务提交后，Session1 中可以正常进行数据更新（和快照隔离级别的不同之处），但是如果在第五步执行更新则会被阻塞，因为独占锁是存在的，这一点可以自行实验测试。

　　因此可以验证结论：基于快照的隔离级别下读取数据不会加共享锁；事务之间的读与写不相互阻塞，但是写与写会相互阻塞；每次读取的数据都是最近提交的行版本；不可避免不可重复读问题。

　　2. 快照隔离（SNAPSHOT）

　　快照隔离提供事务级读取的一致性。每次启动事务时都将检索已提交的行版本，并根据此版本产生事务自己的行版本，该行版本在事务持续时间内一直保持直到事务结束才释放，释放后由行版本控制器定期（默认 1 分钟）清理。

　　和基于快照的提交读隔离级别相同的是，数据读取来源都是 tempdb 中的行版本，且读操作都不加共享锁，因此事务之间的读和写不相互阻塞。不同的是，快照隔离级别下，自事务开始之后的一切数据读取来源都是启动事务时产生的行版本，因此在同一个事务内读取的数据始终一致，这避免了不可重复读问题；在一个事务中更新数据时，尝试获取要修改的实际数据行上的排他锁，如果检测到数据已被其他事务修改，和当前事务的行版本数据不一致，会出现更新冲突，同时快照事务也将终止，因此事务之间的更新和更新相互阻塞冲突。

　　下面的示例演示了快照隔离级别下的控制行为。

```
--开启快照隔离级别
ALTER DATABASE SchoolDB SET ALLOW_SNAPSHOT_ISOLATION ON
SET TRANSACTION ISOLATION LEVEL SNAPSHOT
GO
```

在 Session1 中运行下面的语句。事务开启时，获取最新已提交的行版本。

```
BEGIN TRAN
SELECT * FROM dbo.Tstudent WHERE StudentID='0000000009'
UPDATE dbo.Tstudent SET Sname='韩力刚' WHERE StudentID='0000000007'
```

在 Session2 中执行下面的语句。因为和 Session1 中的更新语句更新的记录不同，所以可以完成数据更新。事务提交后，表中实际的数据被修改。

```
BEGIN TRAN
UPDATE dbo.Tstudent SET Sname='韩力辉' WHERE StudentID='0000000009'
COMMIT
```

在 Session1 中执行下面的语句。第一条查询的结果仍然是"韩利辉"，而不是 Session2 中事务提交的"韩力辉"；第二条更新语句由于更新冲突失败，并自动结束 Session1 中的事务；第三条查询语句的查询结果中，Sname 分别为"韩立刚"和"韩利辉"，说明更新冲突导致的事务结束是回滚操作，但是无法回滚其他事务完成的修改。

```
SELECT * FROM dbo.Tstudent WHERE StudentID='0000000009'
UPDATE dbo.Tstudent SET Sname='韩利辉' WHERE StudentID='0000000009'
SELECT * FROM dbo.Tstudent
```

14.5　隔离级别、锁和并发问题的关系

在前几小节中非常详细地介绍了锁模式和 6 种事务隔离级别以及它们的隔离机制。图 14-17 中列出了这 6 种事务隔离级别是否能出现并发带来的问题，其中"是"表示可能会出现，"否"表示可以避免。

并发问题 隔离级别	丢失的更新	脏读	不可重复读	幻影读
未提交读	是	是	是	是
提交读	是	否	是	是
可重复读	否	否	否	是
串行化	否	否	否	否
快照隔离	否	否	否	否
基于快照的 提交读	是	否	是	是

图 14-17　隔离级别和并发问题

图 14-18 中列出了这 6 种隔离级别下锁的生命周期。

隔离 锁	未提交读	提交读	可重复读	串行化	快照隔离	基于快照的 提交读
共享锁	无 不申请共享锁	读完即释放	读数据开始 事务结束释放	读数据开始 事务结束释放	无 行版本隔离	无 行版本隔离
独占锁	修改数据开始 事务结束释放	修改数据开始 事务结束释放	修改数据开始 事务结束释放	修改数据开始 事务结束释放	修改数据开始 事务结束释放	修改数据开始 事务结束释放

图 14-18　隔离级别对应的锁生命周期

14.6　死锁

前面在介绍更新锁时简单地介绍过死锁。当两个进程都在等待一个资源又相互阻止对方获取该资源时，就会出现僵局，称之为死锁。如果不加以干涉，无论哪个进程都不能前进。发生死锁时，SQL Server 会自动干预。

简单的锁等待不是死锁。当持有锁的进程完成时，等待进程就可以获取锁，在此期间没有出现僵局。锁等待是正常的也是必要的。

在 SQL Server 中，有多种引发死锁的可能。例如，A、B 事务都持有数据的共享锁，同时又都想修改数据获取独占锁；A 事务对数据 1 持有独占锁，B 事务对数据 2 持有独占锁，同时又都想修改对方持有独占锁的数据。只要满足锁互相等待并进入僵局的情况都可以出现死锁现象。

例如下面的语句演示了其中的一种死锁现象。

```
--在 Session1 中执行
BEGIN TRAN
UPDATE Tstudent SET Sname='韩利辉 1' WHERE StudentID = '0000000009'      --第一步
UPDATE Tstudent SET Sname='韩利刚 1' WHERE StudentID = '0000000007'      --第三步
--在 Session2 中执行
BEGIN TRAN
UPDATE Tstudent SET Sname='韩利刚 2' WHERE StudentID = '0000000007'      --第二步
UPDATE Tstudent SET Sname='韩利辉 2' WHERE StudentID = '0000000009'      --第四步
```

在上面的语句执行到第四步后，就进入了死锁阶段。SQL Server 会进行干预，并判断其中一个事务为牺牲方，另外一个事务为胜利方。结果如图 14-19 所示，说明 Session2 中的事务被判定为牺牲者，并回滚该事务。在 Session1 中事务的更新操作成功执行，提交后查询可以发现结果和 Session1 中的更新操作一致。

死锁无法完全避免，只能通过适当的方法来尽量避免。例如尽量让事务简短、使用行版本控制的隔离级别、使用较低的隔离级别、合理使用索引等。

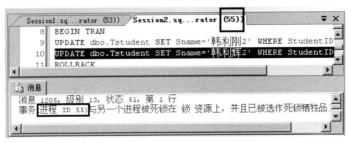

图 14-19　死锁